감각은 당신을
어떻게 속이는가

감각의 거짓말

감각은 당신을 어떻게 속이는가

감각의 거짓말

초판 1쇄 2023년 1월 30일

지은이 기 레슈차이너
옮긴이 양진성
발행인 최홍석

발행처 ㈜프리렉
출판신고 2000년 3월 7일 제 13-634호
주소 경기도 부천시 길주로 77번길 19 세진프라자 201호
전화 032-326-7282(代) **팩스** 032-326-5866
URL www.freelec.co.kr

편 집 박영주
디자인 황인옥

ISBN 978-89-6540-350-0

감각은 당신을
어떻게 속이는가

감각의 거짓말

The Man Who Tasted Words

기 레슈차이너 지음 | 양진성 옮김

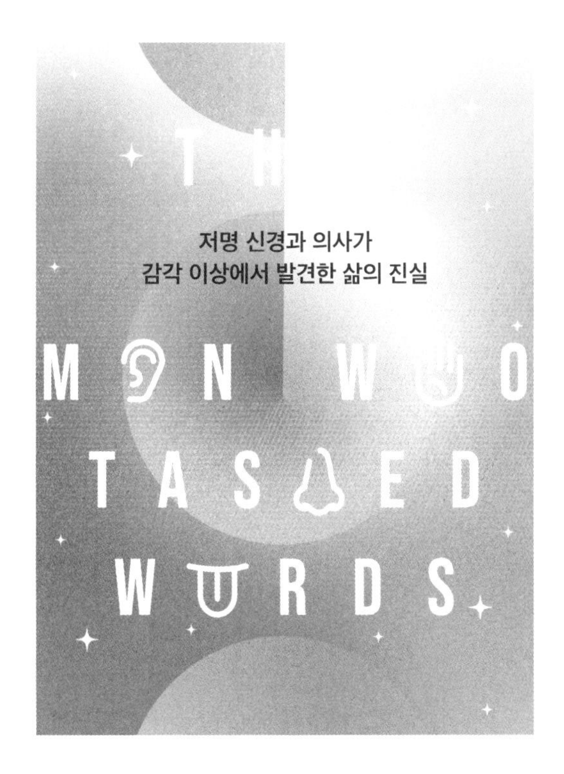

프리렉

프리다와 마이클에게

For Frida and Michael

Prologue

일생 허락되지 않는 원전

"인간의 육체는 영혼과 구분되지 않는다. 그래서 육체를 오감으로
깨닫는 영혼의 일부라 하고, 오감을 영혼의 입구라 한다."

○

윌리엄 블레이크(William Blake), 『천국과 지옥의 결혼(The Marriage of Heaven and Hell)』

"하나님이 이르시되, '빛이 있으라' 하시니 빛이 있었다." 뒤이어서는 졸졸 흐르는 물소리가, 아담의 얼굴을 스치는 산들바람이, 꽃내음이, 이브의 입 안 가득 퍼지는 사과 맛이……. 그렇게 세상이 탄생했다. 그리고 눈을 뜨던 순간 쏟아져 내리는 빛, 콧속으로 스며드는 어머니의 체취, 혀끝에 감도는 우유의 달콤함, 어머니의 어르는 목소리와 온기, 맞닿은 피부로 전해지는 편안한 감촉까지, 우리는 이렇게 그 세상에 태어났다. 오감으로 주변을 인식하기 시작할 때, 비로소 우주는 또렷한 현실이 된다. 그리고 잠에서 깨어나는 순간마다 진실로 우리는 다시금 세상에 태어난다. 꿈나라를 벗어나 차갑고 딱딱한 지구로 덜커덕 떨어지는 그 순간, 눈꺼풀이 끔뻑 열리는 순간, 멀리서 웅웅대는 자동차 엔진음과 졸음에서 우리를 끌어내는 새들의 노래로 가득한 아침의 소리가 시작된다.

반복되는 일상의 나날 속, 특별하고 소중한 순간들을 떠올려보라. 사랑하는 이의 목덜미 체취, 갓 내린 커피 한 잔의 향. 한 입 베어 물면 어린 시절로 시간 여행을 떠나게 해주는 음식과 그 행복했던 시간의 단편적이고 편안한 기억들. 문득 라디오에서 흘러나오는 나의 18번 노래. 열차 승강장 전광판의 낯익은 풍경, 아침 열차의 연착을 알리는 방송, 그때 손에 닿아오는 내 아이 손의 감촉…….

삶의 이런 스냅샷들은 내부와 외부 세계를 어우러지게 하고, 기억과 감정, 역사, 욕망, 우리의 환경을 하나로 이어준다. 우리가 몸 너머 세계의 현실을 지각할 수 있는 것은 시각, 청각, 미각, 후각, 촉각의 오감 덕이다. 감각은 현실을 내다보는 창이며, 내부의 삶과 외부의 삶을 이어주는 파이프다. 우리는 그것을 통해 바깥세상을 흡수한다. 감각 없이 우리는 단절되고, 고립되며, 표류한다. 그렇게 우리 마음속 세상에는, 오로지 가상의 삶만 존재하게 된다.

나의 가장 오랜 기억은 오렌지다. 과일 오렌지가 아니라, 1970년대 특유의 빛 바랜, 칙칙한 오렌지색이다. 하늘을 올려다보아도 주변은 온통 주황색뿐. 오랜 세월 나는 이 주황색 기억의 출처를 찾지 못했다. 그 기원은 알려지지 않은 채 수수께끼로 남아 있었다. 몇 년이 지나고, 아마 10대 무렵에 나는 가족 앨범에서 사진 한 장을 보게 되었다. 빈티지 톤에 가장자리가 말린 사진이었는데, 진한 곱슬머리의 어머니가 내가 유년을 지낸 서독의 한 작은 마을 광장 한가운데 서 있었다. 그리고 어머니 옆에 놓인 비닐 재질의 유모차와 거기 타고 있는 아기인 나. 그 비닐은, 1970년대 중반 현대성의 극치였을 플라스틱의 광택을 보여준다. 유모차는 내 마음속 눈에 잔상을 드리웠던, 바로 그 주황색이다. 그제야 나는 이해한다. 유모차에 앉아 위를 올려다보는 나, 사각형의 구름과 하늘을 덮은 주황색 유모차의 차양을, 그 과거의 흐릿한 시야를.

거기에 또 다른 느낌이 따라붙는다. 이 사진을 전에도 본 적이 있는 것 같다. 우리 가족이 영국에 오고 나서 몇 달 혹은 몇 년 후, 고국에서 가져온 얼마 없는 지난 삶의 추억들을 돌아보았겠지. 나는 저 유모차, 그 주황색을 여러 번 보았을 것이다. 내가 가진 기억, 항상 내 인생 최초의 의식이 남긴 잔재라 여겼던 그 기억은, 아마도 진짜가 아니다. 어쩌면 그건 내가 만들어낸 가짜 기억, 내 과거에 대한 허구적 묘사, 마음에 의한 기억의 배반일지 모른다.

우리는 정확하지 않거나 불완전한 기억에 익숙하다. 기억은 시간이 지나면 희미해지거나 저하된다는 것도 잘 안다. 때로 잘못 기억하고 있거나 통째로 잊어버리기도 한다. 그뿐이랴? 뜬금없이 출처도 없는 추억을 꾸며내기도 한다. 그렇게 뇌의 단점은 쉽게 드러난다. 그렇지만 다른 가능성도 있다. 뇌의 이런 엉뚱한 변덕에 취약함을 드러내는 건 경험에 대한 기억만이 아니다. 경험 그 자체다.

세계의 광경, 소리, 냄새, 맛, 느낌은 견고하고, 신선하며, 뚜렷한 실재다. 우리는 그것들을 의심하지 않는다. "보는 것이 믿는 것"이다. 스스로 무엇인가를 감지해 얻은 경험은 현실 속에 단단히 뿌리내린다. 더 이상 어디서 주워들은 이야기나 전해진 경험이 아닌 나의 직접 체험이 되는 것이다. 발을 딛고 있는 바닥처럼 단단하고, 손가락을 베는 칼날처럼 날카로우며, 눈을 멀게 하는 태양처럼 강렬하다. 우리를 둘러싼 실제 세계는 경험에서 얻은 그대로 고정된다. 감각의 문을 지나, 비로소 우리를 둘러싸고, 형성하고, 빚어내는 물리적 세계로 들어가는 것이다. 감각 행위는 의구심을 날려버린다. 직접 보고, 직접 들은 것에 대한 우리의 믿음은 독실한 신자의 신에 대한 믿음보다 더 절대적이다. 아리스토텔레스에 따르면, 오감은 모든 지식의 기초이며, 우리는 오감을 통해 세계의 '본질'을 관찰한다. 물질 세계는 감각을 통해 우리의 영혼과 소통한다. 그 내면세계와 정신은 마치 부드러운 밀랍 같아서, 거기에 감각적 경험이 각인된다.

하지만 감각에 대한 열렬한 믿음을 좀 덜어내고 눈, 귀, 피부, 혀, 코에 약간의 의문을 제기하면서, 좀더 불가지론적인 입장을 취할 필요가 있다. 우리는 감각을 전달해 주는 이런 기관들이 외부 세계의 신뢰할 만한 목격자이며, 우리가 응시하는 장미다발의 색이나 가시에 찔린 손가락의 통증을 정확히 있는 그대로 보고한다고 여긴다. 하지만 그 상상은 틀렸다. 주변 세계의 정확한 표현이라 믿었던 것은 환상에 불과하며, 감각 정보를 한 층 한 층 처리해 가는 것, 우리의 기대치에 따라 그 정보를 해석하는 것에 지나지 않는다. 평평한 종이에 음영을 넣어 그린 그림이 3차원 물체로 보이거나, 별다른 이유 없이 가렵거나 하는 것처럼 말이다. 우리가 주변 세상의 절대적 진실이라고 인식하는 것은 실상 복잡한 재구성물이자, 정신과 신경계의 조작으로 재탄생한 가상현실이다. 그리고 우리는 이런 과정 대부분을 전혀 모른다. 인식과 현실 간 불일치가 드러나는 순간, 우리는 혼란스러워한다. M.C. 에셔M.C. Escher의 그림을 감상할 때나, 사진의 옷 색깔이 흰색/금색인지 검정/파랑인지 논쟁을 벌일 때처럼 말이다.

눈, 귀, 피부, 혀, 코 같은 감각 말단 기관은 이런 인식이 이루어지는 경로의 첫 단계에 있다. 예를 들어, 우리가 시각이나 소리로 경험하는 것은 망막에 떨어지는 광선살이나 내이 달팽이관에 있는 아주 작은 모세포에 진동을 일으키는 음파와 느슨하게 관련되어 있을 뿐이다. 복잡한 신경계는 우리 몸이 세계와 물리적으로 상호작용하는 지점을 넘어 슈퍼컴퓨터처럼 작동하고, 우리가 실제로 느끼고, 맛보고, 냄새 맡고, 보고, 듣는 것을 근본적으로 바꿔버린다. 이렇게 기본적인 입력 정보를 의식적인 의미가 있는 경험으로 변환하는 것(망막에 비치는 빛과 어둠의 패턴이 사랑하는 이의 얼굴이 되고, 손에 든 물체의 차갑고 축축한 감촉과 치익 올라오는 기포가 살포시 혀를 휘감는 느낌이 달콤한 샴페인 한 잔이 되는 것)은 극도의 추상화, 단순화, 통합의 과정으로, 목격되지도 감지되지도 않는다. 물리적 환경이 우리의 경험으로 바뀌는 경로는 복잡하게 뒤얽혀 있으며, 시스템의 천성에 취약하고, 질병이나 기능 장애에 직면할 때 쉽게 망가진다.

본문에서는 어떤 식으로든 감각이 변질되거나 바뀐 사람들, 세계의 특정 측면에 대한 인식이 축소되거나 증폭된 사람들, 감각으로 조형된 현실이 특이하고, 종종 극적인 사람들의 사례를 소개하려고 한다. 태어날 때부터 그랬던 사람들도, 후천적으로 그렇게 된 사람들도 있다. 많은 사람에게 그들의 경험은 '질병'이나 '장애'로 여겨지지만, 개중에는 인류의 정상적 삶이란 스펙트럼 안에서 살아가는 이들도 있다. 그런 세계에 사는 사람이 있다는 게 믿기 어려울 수는 있겠지만 말이다. 그들에게 차이의 본질은 변형이었고, 그 때문에 우리가 알고 있는 삶을 인식할 수 없게 된 경우도 있었다. 이들 가운데 몇몇은 내 환자이고, 다른 몇몇은 삶의 다른 길에서 알게 된 사람들이다. 그들은 모두 특별하다. 그들이 겪은 경험 때문만이 아니라, 자신의 이야기를 친절히 공유해 주었기 때문이다. 신경학의 세계에서 항상 그렇듯, 우리는 시스템에 생긴 문제를 이해함으로써 비로소 정상 기능에 대한 실마리를 얻는다.

이 책에 소개된 이야기들은 우리 모두에게 감각의 한계와 특이성을 극명하게 보여준다. 우리의 감각은 신경계의 구조적, 기능적 온전함에 의존한다. 그리고 중요한 것은, 우리 한 사람 한 사람의 우리 세계에 대한 인식과 현실은 다소 차이가 난다는 점이다. 그들의 경험을 듣고 있자면, 현실의 본질과 인간이란 무엇인가에 대해 의문을 제기하지 않을 수 없다.

차례

The Man Who Tasted Words

01

슈퍼히어로의 자질

고통 없이 슈퍼히어로는 행복하지 않다

"고통에 대해 바랄 것은 하나뿐이다. 고통이 멈추는 것.
세상에 육체적 고통만큼 끔찍한 건 없다."

○

조지 오웰(George Orwell), 『1984(Nineteen Eighty-Four)』

"평범한 손— 그저 무언가를 만지고 만져지길 바라는 외로움"

○

앤 섹스턴(Anne Sexton), 「접촉(The Touch)」

,

Paul, 통증을 겪은 적 없는 남자

"어릴 적 이가 하나 빠졌을 때, 아버지가 말했어요. 베개 밑에 빠진 이를 넣어두면 요정이 1파운드를 줄 거라고. 그건 실수였죠." 이제 서른넷이 된 폴은 내게 말한다. "그때 바로 생각했어요. '와, 대박! 나 이 많잖아. 돈 많이 벌겠다!'" 그는 낄낄 웃는다. "펜치로 이를 전부 뽑으려다가 아버지한테 걸렸어요." 폴은 나와 함께 부엌 식탁에 앉아 있고, 폴의 부모님인 밥과 크리스틴이 우리 뒤에서 서성거리는 가운데, 그의 어린 시절 끔찍한 이야기들이 쏟아진다. 폴이 부모님을 돌아보며 말한다. "한 번은 과자를 달라고 했는데 곧 저녁 먹을 시간이라 안 된다는 거예요. 하고 싶은 대로 못하니까, 그 자리에서 손가락을 부러뜨렸어요." 그는 손가락을 뒤로 젖히는 시늉을 한다. 으드득 손가락 뼈 부러지는 소리가 들리는 것 같다. "그래요, 멍청한 짓이죠. 확실히 평범한 아이라면 꿈도 꾸지 않을 거예요."

폴과 밥의 이야기를 들어보면, 폴이 평범한 아이가 아니었다는 건 분명하다. 사실 지금도 평범한 어른이 아니다. 통증을 느끼지 못하기 때문이다. 폴은 조금도, 단 한 번도 통증을 느껴본 적이 없다. 통증이란 게 어떤 건지

감도 잡지 못한다. 그가 말한다. “고통스러워하는 사람에게 공감하기가 어려워요. 내가 느낀 적이 없는데 남의 고통을 어떻게 이해하겠어요.”

통증을 느낄 수 없는 것은 슈퍼히어로의 자질이며, 고통받는 사람들이 가장 깊이 소망하는 것이다. 하지만 불행하게도 폴이 통증을 느끼지 못한다고 해서 그가 초강력 파워를 가졌거나, 뼈가 절대 부러지지 않거나, 순식간에 상처가 치유되지는 않는다. 나는 폴에게 몇 번이나 뼈가 부러졌었는지 대충 꼽아보라고 했다. “자잘한 골절부터 큰 골절까지 수백 번이요. 손가락, 발목, 손목, 팔꿈치, 슬개골, 대퇴골, 두개골……. 안 부러져본 곳이 없는 것 같아요.”

그 집에 처음 들어갔을 때, 폴은 이미 식탁에 앉아 있었다. 첫인상은 금발에 안경을 낀 평범한 젊은 남자였다. 길에서 마주쳤어도 그냥 스쳐 지나갔을 것이다. 이야기를 나누며 그의 손이 약간 기형이라는 것을 눈치 챘지만, 그게 전부였다. 그러다 헤어질 시간이 되어 그가 자리에서 일어났는데, 키가 정말 작은 걸 알았다. 5피트(약 152cm)가 겨우 넘는 정도일까. “제 키가 작은 건 다 어릴 때 무릎을 여러 번 다쳐서 그래요. 무릎 성장판이 손상되어 키가 자라지 않았어요.” 떠나는 날 배웅하러 그가 문 쪽으로 걸어올 때, 나는 그의 절뚝거리는 걸음걸이와 구부러진 다리, 제대로 치료되지 않은 골절들의 흔적을 본다.

✦ ✦ ✦

오감에 대해 생각해 본다. 그중 없으면 살 수 없을 것 같은 것부터 순서대로 나열한다. 맨 아래에는 그나마 없어도 괜찮을 만한 것을 적는다. ‘판타지 풋볼 리그(실제 데이터를 활용해 팬들이 구단 운영을 시뮬레이션할 수 있는 게

임 -옮긴이)'처럼 토너먼트에서 우승하기 위해 필요한 선수들의 순위를 정하는 것이다. 나라면 시각을 맨 위에 적겠다. 시각이 없으면 책을 읽을 수 없고, 친구와 가족들 얼굴도 못 보고, 아름다운 풍경도 못 보니까 견디기 힘들 것 같다. 두 번째는 청각이다. 음악이나 말을 들을 수 없다면 정말 힘들 것이다. 이 두 감각은 멀리서 세상을 포착하고, 내 몸 이외의 환경을 파악하며, 즐거움을 끄집어내고, 경고를 감지하고, 사회적 상호작용에 관여하며, 아이디어와 개념을 주고받게 해준다. 목록의 맨 아래, 강등권에 있는 감각은 후각과 미각이다. 음식의 풍요로운 세계나 냄새를 맡는 즐거움이 사라진다면 끔찍하겠지만, 그래도 삶은 계속될 수 있다. 그리고, 음, 촉각은 시각이나 청각에 견줄 수는 없으니까 세 번째로 하자.

여기서 잠시 촉각 없는 삶을 상상해 볼까. 사랑하는 이의 포옹을 느낄 수 없고, 얼굴에 닿는 태양의 따스함도, 불에 다가갈 때 뜨겁다는 경고도 느낄 수 없다. 하지만 촉각은 그런 느낌에만 관여하는 게 아니다. 우리는 길을 똑바로 걷고, 발 아래 바닥이 울퉁불퉁하거나 고르지 못한 것을 느끼고, 우리 몸이 공간의 어디에 위치하는지, 신발끈을 묶거나 나이프와 포크로 식사할 때 한 손의 위치가 다른 손의 위치와 어떻게 연관되는지를 파악하고, 버스요금을 지불할 때 주머니에서 맞는 모양의 동전을 꺼내기 위해 항상 촉각에 의존한다. 촉각이 없다면, 이런 간단한 행동조차 불가능하다.

촉각이 덜 중요한 감각이라고 생각하는 사람들도 있지만 사실은 그 반대다. 촉각은 존재 행위에 내재되어 있다. 우리의 존재와 의식에 너무 깊이 얽혀 있어서, 촉각 없는 삶은 상상하기 힘들다. 우리 언어는 그 점을 폭넓게 반영한다. 우리는 '따뜻하다', '차갑다', '부드럽다', '딱딱하다' 등 신체적 감각을 가지고 사람의 성격이나 느낌을 묘사한다. "너의 친절에 감동받았어touched.", "걔는 골칫거리야pain in the arse.", '그 사람은 성질이 급해 hot-headed." 같은 표현이 그렇다. 일상언어는 청각이나 시각보다 촉각에 기인한 것이 훨씬 많다.

단지 언어 패턴만이 아니라 실제로도 그렇다. 누군가와 대화할 때 손에 뜨거운 음료를 들고 있느냐, 차가운 음료를 들고 있느냐에 따라 대화 상대를 '더 따뜻하게' 혹은 '더 차갑게' 인식한다는 실험 결과가 있다. 또 인터뷰 동안 손으로 만지는 것이 딱딱한 나무 블록이냐, 부드러운 재료냐 역시 상대방에 대한 인식에 영향을 미칠 것이다. 어머니의 가슴에 안겨 쉴 때의 따스함, 그 안정감과 편안함이 어우러진 교감은 우리의 남은 삶에 스며들어, 본성에 영향을 미치고 사용하는 언어에 내재하게 된다. 촉각은 우리를 주변 사람들과 연결시켜 준다. 포옹, 팔 쓰다듬기, 등 토닥이기, 애무 등은 서로를 결속시킨다. 촉각은 피부에서 촉발되는 단순한 전기 자극을 넘어서, 우리의 감정, 기억, 자아, 타인에 대한 감각과 뒤얽힌다. 이 촉각에 지장이 생겼을 때 어떤 결과가 나타나는지 환자들을 통해 지켜보면서, 이제 나는 촉각을 다른 감각들보다 먼저 희생시킬 생각은 하지 않는다.

이 책을 읽다 보면 알게 되겠지만 감각의 부재는 엄청나게 파괴적인 결과를 가져온다. 하지만 감각 중에서도 가장 소란스러운 통증을 느끼지 못한다고 하면, 왠지 저주가 아닌 축복처럼 들린다. 통증은 비명을 지르며 의식 속으로 파고들어가 다른 모든 감각을 완전히 덮어버린다. 발가락을 찧었을 때, 머리를 쿵 부딪쳤을 때, 손가락을 베였을 때, 통증은 순간 눈앞이 안 보일 만큼 확 치민다. 다른 느낌과 감각은 저 뒤로 밀어내고서, 자신에게 즉각적 관심과 행동을 요구한다. 폴의 케이스를 보면 알겠지만, 그렇게 되는 데에는 그럴 만한 이유가 있다. 통증은 우리를 부상으로부터 보호하며, 적어도 같은 실수를 두 번 반복하지 않게 해준다. 뾰족하거나 뜨거운 물체를 가까이하면 안 된다는 사실을 배우고, 환경에서 잠재적으로 해로운 것이 무엇인지 깨닫고, 부상이나 감염을 감지하려면 통증을 느껴봐야 한다. 통증은 우리의 주의를 끈다. 그럼으로써 우리가 스스로 부상 부위를 돌보고 보호하며, 움직이지 않게 하여 다시 사용하기 전에 충분히 회복할 수 있도록 한다.

통증의 이런 기능은 다양한 특성으로 나타난다. 한 가지 중요한 것은 부상이나 손상 부위를 파악하여 통증이 어디서 오는지를 아는 것이다. 통증이 느껴질 때, 그것이 뜨거운 프라이팬에 손가락을 데었거나 왼쪽 엄지발가락에 가시가 찔렸기 때문임을 아는 것은 생존에 있어 매우 중요하다. 하지만 통증에는 감정적인 요소도 있다. 속이 뒤틀릴 때의 불쾌감이나 두려움은 통증이 피해야 할 것임을 알려주는 강력한 요인이 된다. 다쳤을 때 뒤따라오는 감정적 버거움이 없다면, 실수를 통해 배우거나 반복적인 사고를 막기 위해 전략을 세우려는 의지도 덜해질 것이다. 위험은 너무 커지고, 수명은 단축되고, 종족의 존속도 위태로워진다. 통증의 감정적 측면이 진화에 얼마나 중요한지는 실제로 우리 뇌를 보면 알 수 있다. 통증을 경험할 때 관여하는 뇌의 영역은 뇌에서 가장 오래 진화해온 부위다. 그 구조는 수백만 년 전부터 동물의 진화 경로를 통해 발달되었고, 영구히 보존되어 왔다. 그야말로 통증의 효용을 보여주는 상징이다.

동물과 사람에 관한 연구들은 통증을 인식할 때 뇌의 여러 영역이 관여한다는 것을 보여준다. 통증을 '느끼는' 곳은 뇌의 한 지점도, 한 영역도 아니다. 사실 통증을 인식하는 근본적인 뇌의 메커니즘은 단일 경로라기보다는 네트워크에 가깝다. 우리가 알고 있는 것처럼 이 네트워크는 통증의 다양한 측면을 반영한다. 통증이 몸의 어디서 오는지를 특정하는 '감각 식별' 요소와 감정적 버거움 같은 '정서적' 요소는 분리되어 있지만 밀접한 연관이 있다.

통증이 어디서 오는지에 관한 정보는 촉각의 모든 측면을 관장하는 뇌의 영역, 즉 감각피질로 전달된다. 이 뇌 조직의 일부에는 호문쿨루스가 위치하고 있는데 이는 몸에 대한 뇌의 감각 지도라 할 수 있다. 감각수용체의 위치를 표시한 다이어그램이나 모형을 보면 입술, 혀, 손, 발이 잔뜩 부푼 것처럼 이상해 보인다. 대부분 그 부위에 감각수용체가 가장 많이 몰려 있기 때문이다. 촉각의 위치를 정확하게 구별해야 할 필요가 특히 두드러지는 부위들이다. 동시에 통증에 관한 정보는 뇌에서 진화적으로 훨씬 더 오래된 감정과 욕구를 관장하는 영역과 배고픔, 갈증, 성욕 등의 원시적 욕구를 암호화하는 영역, 두려움, 위험, 중요하게는 통증을 회피하는 영역 등으로 전달된다. 그리고 뇌 가운데 깊숙한 곳에 있는 감정적 연결고리인 변연계에서 통증의 정서적 요소를 처리한다.

감각 호문쿨루스

특히 변연계의 한 영역인 전대상피질ACC은 통증에 대한 불쾌감과 두려움에 관여하고, 통증을 피해야 한다는 강력한 욕구를 갖게 한다. 뇌의 이 부위가 손상되면 감정적인 맥락은 배제하고 통증의 정확한 위치, 성질, 강도만 인식하는 '통증 상징불능pain asymbolia' 현상이 발생한다. 그러면 무슨 일이 있어도 다시는 고통 당하지 않겠다는 감정적 동기가 부족해져, 통증에 무관심하게 되고 회피하려는 정도가 더디어진다. 반면 신체 지도를 담당하는 뇌의 영역으로 이어지는 경로가 파괴되면 통증이 어디서 오는지를 알지 못한 채 부정적, 감정적 영향만 경험하게 된다.

✦ ✦ ✦

걸음마를 시작하는 아이들은, 계단에서 미끄러지거나 넘어져 아팠던 경험을 한 뒤 발밑을 더 조심하게 된다. 누나에게 등짝을 두들겨 맞은 경험은 형제의 장난감을 존중해야 한다는 교훈을 준다. 나의 첫 기억 중 하나는 서너 살 무렵으로 거슬러 올라간다. 프랑스와 국경을 맞대고 있는 라인강에서 몇 마일 떨어진 블랙포레스트 변두리 작은 마을. 덥고 화창한 전형적인 여름날이었다. 나는 친구들과 자전거도 타고, 놀이터에서도 신나게 놀았다. 흥분과 즐거움의 환호가 울려 퍼졌다. 우리는 어른들의 감시 따윈 안중에 없이 마을을 배회하는 거리의 부랑아들 같았다. 태양의 열기가 식어갈 때쯤, 피곤하고 배고팠던 기억이 난다. 이제 현관의 크고 무거운 유리문 하나만 통과하면 저녁을 먹을 수 있었다. 그런데 문을 열자마자 벌이 날아와 내게 부딪히더니, 곧 팔이 쏘였다. 지금도 여전히 살에 꽂혀 통증을 유발하는 독을 퍼뜨리려 꿈틀대는 독액주머니가 보인다. 즐거움의 환호는 즉시 고통의 울부짖음으로 바뀌었고, 그 후로 나는 모든 날아다니고 침 가진 것들을 조심하게 되었다.

하지만 폴에게 이런 삶의 교훈은 너무나 낯선 개념이다. 어렸을 때 그에게는 어떤 행동을 해서는 안 된다는 단서가 하나도 주어지지 않았다. 오히려 폴은 자신의 몸을 훼손해 보상을 얻었다. "계단이나 지붕 위에서 뛰어내리는 바보 같은 짓들을 했어요. 제가 손해 볼 건 없었거든요. 통증을 느끼지 않으니까. 주변 사람들 모두 제게 관심을 쏟는 것만 보였죠." 그는 병원에서 의사들과 간호사들에게 둘러싸여 관심을 한 몸에 받으며 응석받이가 된 기분을 떠올린다. 다쳤던 일은 폴에게 매우 긍정적인 경험으로 남았다. 아버지 밥은 차고 위, 평평한 지붕에 서 있는 아들을 발견한 일을 떠올린다. "정말 식겁했죠. 옆집 사람이 말했어요. '밥, 당신은 문제가 있어. 아이들은 사람들의 관심을 끌고 싶어서 저러는 거야. 그럴 땐 이렇게 말해야 해. '폴, 뛰어내리고 싶으면 어서 뛰어내려. 두 다리 다 부러뜨려봐.' 그런 걸 반심리학이라고 하지!' '당신 말이 맞는 것 같아!' 그래서 말했죠. '폴, 뛰어내려서 두 다리 다 부러뜨리고 싶으면 그렇게 해. 대신 두 달 동안 병원에서 지내야 해. 네 마음대로 해봐.' 그랬더니 아들은 곧바로 지붕에서 뛰어내려 두 다리를 부러뜨리곤, 병원에서 몇 주를 지냈어요. 좋아하더라고요."

폴이 통증을 전혀 느끼지 못하는 이유는 극히 드문 유전성 질환인 '선천성 무통각증CIP' 때문이다. 태어났을 때부터 그는 두통, 치통, 그 밖에 어떤 신체적 통증도 느낀 적이 없다. 밥에 따르면, 아내 크리스틴은 처음부터 폴이 뭔가 이상하다는 것을 알고 있었다고 한다. 이런 말을 하기도 했다. "한 번도 울지 않는 게 이상하지 않아?" 밥은 단순히 폴이 행복한 아기인 모양이라고 생각했다. 그런데 폴이 10개월쯤 된 어느 날, 밥이 퇴근하니 아기가 바닥에 누워 인형들을 가지고 놀고 있었다. 그는 회상한다. "갑자기 크리스틴이 팔짝 뛰는 거예요. 알고 보니 제가 폴의 팔을 밟고 있었어요! 바닥에 온통 인형들이 널려 있어서 몰랐던 거죠." 어른이 자신을 밟고 서 있는데도, 폴은 울지 않았다. 쳐다보지도 않았다. 그때쯤 크리스틴은 폴이 다른 아기들과 아주 다르다고 확신했다.

그 일이 있은 지 얼마 후, 폴에게 종기가 생겨 병원에 가 치료를 받았다. 의사가 폴이 아파서 울었는지 묻자, 밥이 대답했다. "아내는 폴이 통증을 느끼지 못한다며 말도 안 되는 생각을 하고 있어요." 그래서 폴을 진단하는 과정이 시작되었다. "그레이트 오몬드 스트리트 병원에 갔어요. 의사들이 폴에게 전극을 씌우고 말했어요. '한 번에 10볼트씩 올라갑니다. 통증이 있을 거예요.' 폴의 얼굴과 팔의 정맥이 툭 불거져 나올 정도여서 의사들은 매우 당황했어요. 300볼트까지 올렸는데도 폴은 신체 어느 부위에서도 아무런 통증을 느끼지 못했어요. 그때 폴이 권투선수가 되면 좋겠다고 말한 기억이 나요. 물론 그때는 통증을 느끼지 못한다는 게 어떤 결과로 이어질지 미처 알지 못했죠."

나는 폴이 심리적 고통도 이해하지 못하는 것은 아닌지, 육체적 고통의 부재가 정서적 불안을 처리하는 신경계 발달도 방해했는지 궁금했다. 가슴이 찢어지는 고통, 상실의 아픔을 경험해 본 적이 있을까? 의외로 그는 그런 삶의 측면은 다른 사람들과 다르지 않다고 말한다. "자라면서 감정과 (육체적) 고통은 모두 연관되어 있다는 말을 여러 번 들었어요. 촉각, 감정, 다른 모든 감각은 저도 느껴요. 아픈 것만 빼고요." 나는 사람들이 그에게 가슴 아픈 이야기나 슬픔의 고통에 대해 말할 때 개인적인 차원에서 이해하는지, 아니면 순수하게 지적인 차원에서 이해하는지, 육체적 고통을 느끼는 사람들을 볼 때 공감을 느낄 수 없듯, 감정적인 고통도 마찬가지인지 물었다. 폴은 그 점에 대해서는 매우 확실하게 대답했다. 그는 살면서 여러 사람을 잃었고, 가족이 죽은 경우도 있었다. 내적 고통을, 그 깊고 에는 듯한 상실감을 안타깝게도 매우 잘 알고 있었다. 삶에 대해 더 폭넓은 이야기를 나눌수록, 그가 잃어버린 기회나 짝사랑, 이루지 못한 꿈에 대해 고통을 느낀다는 사실이 분명해졌다.

폴의 육체적 고통과 정서적 고통 사이에는 단절이 있다. 언뜻 보면 안되었다는 생각이 들 수 있다. 육체적 고통을 느낄 수 없다면, 모든 종류의 고통을 느끼지 못하는 편이 나을지 모른다. 하지만 상실에 대한 괴로움이나 두려움이 없다면 사랑을 통해 느끼는 기쁨도, 욕망으로 인한 고통도 없을 것이다. 이런 감정적 깊이가 없다면 우리 삶은 어떻게 될까? 마치 사이코패스처럼 인간관계를 형성할 수 없고, 다른 사람들의 삶에 공감하지도 못할 것이다. 폴이 감정적 고통을 느낄 수 있다는 것은, 그에게 고통 감각의 이 측면을 통제하는 중앙 네트워크가 손상되지 않은 채 존재함을 의미한다. 그의 문제는 더 근본적이고, 단순히 육체적 통증 자체를 인식하는 것에만 관련된다. 그의 신체에 생기는 부상과 화상, 절단, 염증으로 인한 조직 손상 정보는 정상적으로 뇌에 도달하지 못한다.

신경계 전체에 걸친 자극의 전도는 나트륨 통로라 불리는 매우 특수한 분자 메커니즘의 한 부분에 의존한다. 나트륨 통로는 미세한 체의 구멍처럼, (뉴런이라고 알려진) 신경세포 외막에 분자 기공의 형태로 존재한다. 하지만 체의 구멍과 다르게 분자 기공은 대부분 닫힌 상태로 유지되다가 특정 조건에서 자극을 받을 때만 열린다. 욕조 안에 차 있던 물이 마개를 뽑으면 흘러 나가는 것처럼, 자극을 받으면 나트륨 통로가 열리고 나트륨 이온과 양전하가 세포로 흘러 들어간다. 신경세포 표면을 가로지르는 이 작은 전하 이동은 자체적으로 신호를 전달하지는 않지만, 자극을 주어 나트륨 통로를 여는 방아쇠가 된다. 이것이 생리적 과정의 핵심이며 생명의 중추다.

나트륨 통로에는 매우 특별한 성질이 있다. 그것은 전하의 미세한 변화를 감지하는데, 심지어 주변 이온의 아주 작은 흐름조차 나트륨 통로를 개방시킬 수 있다. 그렇게 나트륨 통로 하나가 열리면 옆에 있는 통로들도 열리고, 도미노가 쓰러지듯 늘어선 신경세포를 따라 전기 임펄스가 빠르게 퍼져 나간다. 풋볼 경기장에서 관중들이 파도타기를 할 때 옆 사람이 일어나길 기다렸다가 일어나는 것처럼, 각각의 나트륨 통로도 관중 한 명 한 명이 되어 일어나라는 메시지를 전달한다. 이 경우에는 신경세포 한쪽 끝에서 다른 쪽 끝으로 메시지가 전달되는 것이다.

나트륨 통로는 다양한 형태로 존재하며, 각각 미묘하게 다른 특성을 가지고 있고, 신체의 여러 부위에 각기 다른 밀집도로 분포한다. 일부 통로는 전기적 상태의 변화가 아니라, 근육 수축을 담당하는 화학전달물질의 자극을 받아 열린다. 이 경우 신경세포 아래로 이동하는 전기 임펄스가 신경세포 말단에서 아세틸콜린이라는 화학물질을 방출하게 한다. 근섬유에 있는 나트륨 통로는 아세틸콜린을 감지하면 개방되어 대량의 화학 반응을 일으키고, 이것이 근육의 움직임으로 이어진다. 하지만 대개는 전기 상태의 변화로 자극받은 나트륨 통로가 신경을 따라 전기 임펄스를 전달한다.

나트륨 통로(이온 통로) 모식도

특정 나트륨 통로는 통증 신호를 전도하는 데 더 많이 관여한다. 폴의 상태는 통증 전달에 있어 하나의 특정 나트륨 통로가 결정적이라는 사실을 잘 보여준다. 폴의 문제는 SCN9A라는 유전자가 변형되었기 때문인데, 여기에는 Nav1.7이라는 나트륨 통로의 형태에 관한 유전 정보가 담겨 있다. Nav1.7 통로는 특히 통증을 전달하는 경로에 집중되어 있고, 그 기능 변화가 통증 신호를 처리하는 데 영향을 미친 것으로 보인다. 폴의 Nav1.7 통로는 완전히 비활성화되어 있다. 폴의 유전적 오류는 단순히 Nav1.7 통로가 자극을 전달하기 어렵게 만든 게 아니다. 폴이 가진 돌연변이는 매우 치명적이어서 이 기능을 담당하는 통로가 전혀 생성되지 않았다.

폴 같은 상태가 나타나려면 돌연변이 하나만으로는 부족하다. 거의 모든 유전자는 어머니에게서 복제한 것과 아버지에게서 복제한 것 두 개로 이루어져 있다. 그래서 통로를 전혀 생성하지 않는 유전자를 한쪽에서 물려받았더라도, 두 번째로 물려받은 유전자는 여전히 자극을 전달한다. 밥과 크리스틴은 두 사람 모두 보인자였기 때문에 폴 같은 경우가 나온 것이다. 하지만 부모들은 비정상 유전자를 각각 하나씩만 가지고 있기 때문에 본인들은 전혀 문제가 없었다. 그래서 자신이 보인자라는 사실도 까맣게 몰랐다. 적어도 가정을 꾸리기 전까지는. 하지만 폴은 이 비정상 유전자를 두 사람 모두에게서 물려받았고, 그의 몸 어디에도 Nav1.7 통로의 기능은 생기지 않았다. 통증 임펄스를 전달하는 기능을 담당하는 기본 장치가 폴에게는 아예 없었고, 그 결과 전혀 통증을 느낄 수 없었던 것이다.

폴은 특정 분자 기능을 상실해 매우 특수한 물리적 기능 장애가 생겼지만 다른 분자 장치는 아무 영향도 받지 않은 채로 남아 있었다. 나는 폴에게 매운 카레를 먹을 때 열이 느껴지거나 멘톨의 쿨링 효과를 느끼는지를 물었다. 그는 고추의 열을 느낄 수는 있지만 불쾌한 느낌은 없다고 했다. 입안이 화끈거리는 느낌도, 고통도 없고, 그와 관련된 불편함도 없다. 폴은 몇 년 전 친구와 함께 한 식당에 간 일을 기억한다. "거기 정말 매운 고추가 있길래 친구한테 하나 먹어보라고 했어요. 한 입 먹더니만, 땀을 뻘뻘 흘리면서 입에 불이 난 것 같다고 하는 거예요. 하지만 저는 앉은 자리에서 다섯 개를 먹어 치웠죠. 입에서 열이 나는 건 느꼈지만 불편하거나 고통스럽지는 않았어요."

그건 좀 불공평한 내기 같다고, 나는 혼자 생각했다. 입 속의 여린 피부를 포함해 폴의 피부에 있는 온도 센서는 정상적으로 작동하는 반면, 그와 관련된 통증 신호만 사라지는 것이다. 이 일화는 감각의 다양한 측면이 거의 완전히 개별적으로 전달된다는 사실을 잘 보여주는 중요한 예다. 마치 다른 유형의 승객들을 동일한 목적지로 실어 나르는 평행한 열차 노선처럼 말이다. 그리고 더욱 흥미롭게도, 폴은 나중이 되어서야 자신이 후각을 느끼지 못한다는 것을 깨달았다. 그에게 없는 나트륨 통로는 통증을 전달하는 역할 외에도 냄새에 관해 중요한 기능을 담당한다. 그런 특수 역할 두 가지가 그런 조합으로 엮여 있다니 정말 희한한 일이다.

그보다 더 끔찍한 불운은 가족 중 그런 사람이 폴만이 아니라는 것이었다. 폴은 3남매 중 첫째였고, 극히 적은 확률에도 불구하고 3남매 모두 영향을 받았다. 통계를 따져보면 그건 거의 불가능에 가깝다. 밥과 크리스틴 사이에서 태어난 아이들은 네 명 중 한 명꼴로 비정상 유전자들을 물려받을 수 있기에, 세 아이가 모두 영향을 받을 확률은 불과 64분의 1이다. 또 비정상 유전자를 보유한 두 사람이 만나 가족을 이룰 확률 자체도 지극히 낮다. 그러므로 전 세계에서 이런 증상을 가진 사람이 나올 확률은 손가락으로 꼽을 정도다. 하지만 크리스틴은 폴의 여동생들이 태어나기도 전부터 폴과 똑같은 상태를 가질 수 있음을 염두에 뒀다.

이 장애는 가족 전체에 치명적이었다. 크리스틴과 밥은 이 끔찍한 일을 받아들일 수 없었다. 막내 아만다는 통증의 부재에서 살아남지 못하고 생후 13개월에 패혈증으로 죽었다. 고통스러워하는 아이가 보이는 경고 신호가 부족했던 탓에 의사가 미처 병을 발견하지 못했다. 그걸로도 모자라다는 듯 살아남은 아이들, 폴과 여동생 비키의 생명을 지키는 일조차 거의 불가능에 가까워 보였다. "부모로서, 우리는 하루하루 두려움에 떨었어요. 아이들의 생명은 매일 경각에 달려 있었죠."

식탁에 앉아 있을 때, 나는 거실 한구석에 돌로 덮인 벽난로가 있는 것을 발견했다. 가스로 작동되는 것이었는데, 안쪽으로 불꽃이 번지지 않게 유리로 막혀 있었다. 폴은 그것을 보더니 깔깔 웃었다. "동생이랑 난로가 켜져 있을 때 저 유리에 손을 대고 오래 버티는 게임을 했어요. 피부가 지글지글 타 들어가는 소리를 즐기면서요." 밥은 어깨를 으쓱하며 말한다. "아이들이 거실에서 웃으며 프라이팬에서 구워지는 베이컨처럼 손이 지글거리는 소리를 듣고 있더군요. 손바닥에 온통 물집이 잡혔어요."

밥은 또 뒤뜰에서 두 남매가 그네를 타며 놀고 있을 때 웃음소리가 문 너머 집 안까지 들려오던 일을 기억한다. "아내가 제게 부탁했어요. '애들 좀 내다볼래?' 저는 대답했죠. '괜찮아, 크리스. 그냥 놀고 있는 거야!' 그런데 밖으로 나가보니 아이들은 완전히 피투성이였어요. 비키는 이가 전부 빠졌고, 폴도 여러 개 빠졌죠." 두 아이 모두 머리를 꿰매야 했고, 눈은 시퍼렇게 멍이 들고 코뼈도 부러졌다. 그리고 다음 날, 온 가족이 외출했을 때 예상치 못한 일이 벌어졌다. 붕대를 감고 여기저기 멍든 두 아이의 모습이 적잖은 파문을 일으킨 것이다. 집에 돌아왔을 때는 경찰이 그들을 기다리고 있었다. 씁쓸한 표정으로, 밥은 한 경찰관이 그를 주방으로 끌고 갔다고 말했다. "경찰이 그러더군요. '이런 덩치로 아이들을 때리다니 제정신입니까?' 경찰이 절 뭐라고 불렀는지는 말하지 않을게요." 밥은 항의했지만 경찰은 체포하겠다고 위협했고, 의학적 배경을 알고 나서야 멈췄다. 다행히 경찰은 곧 그에게 사과했으며 지역 경찰서에서 아이들을 위한 모금 행사도 열었다.

몇 년 동안 밥과 크리스틴은 다양한 사회복지 혜택을 받았지만, 대상자 명단에서 아이들의 이름을 빼겠다는 협박도 여러 번 들었다. 사람들이 아이들의 상태를 이해하지 못하는 것도 통증을 느끼지 못한다는 사실만큼이나 괴로웠다. 하지만 그 점은 딱히 놀라울 일도 아니다. 거의 모든 사람의 경험에는 통증이 내재되어 있다. 우리는 초기부터 그 점을 의식적으로 인지한다. 통증의 언어는 우리가 할 수 있는 것과 할 수 없는 것을 알려주고, 일상 생활에 영향을 미치면서 우리 삶과 맞물린다. 통증을 통제하고 없애는 일만 연구하는 의학 분과도 따로 있을 정도다. 그러니 통증의 부재를 머리로는 이해하더라도, 감정적 수준에서는 완전히 받아들이지 못한다. 게다가 너무 희귀한 경우다 보니, 의료 전문가들조차 그런 환자에게 익숙하지 못하다.

폴은 몇 년 전, 한밤중에 생긴 일을 들려준다. 잠에서 깬 그는 침대에서 일어나 앉으려 했는데, 다리에서 으드득 소리가 나며 뼈가 덜컥거리는 느낌이 났다. "다리를 들어 올렸더니 다리 윗부분만 따라오고 아랫부분은 들리지 않았어요. 그냥 침대 위에 덩그러니 놓인 채였죠. 피부가 늘어나는 게 보였어요." 폴은 구급차를 부르기 전에 먼저 하우스메이트가 돌아오기를 기다려야 했다. 구급대원들이 와도 문을 열어줄 수가 없기 때문이었다. 아침이 되어 구급대가 도착했고, 폴은 다리가 부러졌다고 말했다. 구급대원이 대꾸했다. "다리가 부러졌다니, 그건 좀 의심스럽네요. 그럼 지금 엄청 아플 텐데요." 폴이 아무리 설명해도 구급대원은 전혀 믿으려 하지 않았다. "그 사람이랑 더 논쟁하고 싶지 않았어요. 그래서 이불을 젖히고 다리를 들어 올렸죠. 피부가 늘어나는 걸 보더니 얼굴이 창백해지더군요. '맙소사, 다리가 부러졌네요!' 그래서 제가 말했죠. '그렇다고 했잖아요!'"

폴과 비키의 상태를 이해하지는 못해도 낯선 사람들은 온정을 베풀었다. 가장 중요한 감각을 갖지 못한 채 자라는 아이들의 이야기를 듣고 충격을 받은 사람들이 전 세계에서 기부금을 보내왔다. 사우디아라비아에서 전화를 걸어온 익명의 기부자들, 지역 자선단체들의 모금 활동 덕분에 밥과 크리스틴은 아이들을 가능한 한 정상적으로 키우려고 노력할 수 있었다.

사실 폴의 설명을 듣고 있는 나조차도 통증 없는 세계가 주는 충격은 너무 생소해서 아직도 온전히 받아들이기 어렵다. 폴과 그의 여동생이 경험한 인생은 근본적으로 대부분 사람이 경험하는 것과 너무 다르다. 그러니 폴이 고통스러워하는 사람들에게 공감하지 못하는 것도 별로 놀랄 일은 아니다. "앞을 보지 못하는 사람에게 색을 가르치려는 것과 같다."라고 밥은 말한다. 너무 드문 경우이다 보니 지금까지 남매의 세계를 진정으로 이해해 주는 사람은 서로가 유일했다.

하지만 인터넷이 등장하면서 폴은 자신을 이해해 주는 또 한 사람을 찾았다. 미국 북서부 워싱턴주에 거주하는 스티븐은 폴에게 '부모가 다른 형제'나 마찬가지다. 스티븐도 똑같이 선천성 무통각증CIP을 겪고 있고, 폴은 매주 그와 대화를 나눈다. 그들에게 서로의 삶은 거울 속 자신의 모습이다. "제가 경험한 일을 스티븐도 똑같이 경험했더라고요." 폴은 말한다. 그들은 통증 없는 세계라는 현실 인식을 공유한다. 비슷한 부상, 비슷한 어린 시절 그리고 비슷한 비극까지. 폴은 여동생 한 명을 잃었으며, 또 다른 여동생 비키도 반복적인 부상으로 너무 손상되고 망가져 쓸모 없어진 다리를 절단하고 병원에서 회복 중이었다. 스티븐의 비극은 똑같이 선천성 무통각증CIP을 겪고 있던 형의 자살이었다. 그는 반복적으로 골절된 척추뼈가 척수를 압박해온 탓에 점점 다리를 사용할 수 없게 되었다. 사냥과 낚시를 좋아했던 형은 더 이상 이전처럼 야외 활동을 할 수 없게 되자 스스로 목숨을 끊었다. 폴과 스티븐에게 통증 없는 삶은 똑같은 신체적 부상과 심리적 상처를 남겼다.

+ + +

불편함, 아픔, 고통이 없는 삶은 보통 사람의 이해를 넘어선 것이다. 하지만 신경계가 온전한 사람에게도, 심지어 큰 부상을 입었는데도 통증을 느끼지 못하는 순간이 올 수 있다. "상처에는 필연적으로 통증이 따르며, 상처가 클수록 통증은 더 심해진다는 통념이 있다. 그러나 전투에서 부상당한 사람들을 관찰한 결과, 이런 일반화는 잘못된 것임을 알 수 있었다." 헨리 K. 비처Henry K. Beecher 중령이 1946년 「전투 중 부상자들이 느끼는 통증Pain in men wounded in battle」이라는 논문 첫머리에 쓴 말이다.

비처는 제2차 세계대전 동안 지중해 전구 작전본부에서 미 육군 마취의로 복무했다. 논문에서 그는 이탈리아의 베나프로와 카시노 전선과 프랑스 전장에서 돌아온 병사들을 치료한 경험을 이야기했다. 그는 머리, 가슴, 복부 관통상, 팔다리 복합 골절, 광범위한 연조직 손상 등 끔찍한 중상을 입은 병사 215명이 느끼는 통증에 대해 상세히 기술했다. 그가 발견한 바는 충격적이었다. 총알이나 대포 때문에 몸이 산산조각 났는데도 심한 통증을 호소한 병사는 4분의 1도 채 되지 않았고, 3분의 1은 말만 하면 진통제를 쓸 수 있다는 것을 알면서도 요구하지 않았다. 그는 이렇게 쓰고 있다.

> 이것은 좀 의아하고, 아마도 약간의 추측을 정당화해 주는 내용일 것 같다. 데이터는 전적으로 부상병들로부터 얻은 것임에 유념해야 한다. 민간인 사고의 결과와 비교하면 흥미로울 것이다. 자동차 충돌사고로도 전쟁터에서와 비슷한 상처를 입을 수 있지만 두 집단에서 느끼는 통증의 발생

률이 같다고는 할 수 없다. 통증이라는 경험은 여러 요인에 의해 변형된다. 격렬한 운동을 하고 있을 때, 경기 중 잔뜩 흥분해 있을 때 입은 상처는 잘 알아차리지 못한다. 싸울 때, 화가 났을 때 입은 상처도 마찬가지다. 강렬한 감정이 통증을 차단한다. 그런 경험은 흔하다. 또 군인의 입장도 고려할 필요가 있다. 피로, 불편함, 불안, 공포, 죽음의 위협 등 극도로 위험한 환경에 놓여 있던 군인에게, 자신이 입은 부상은 전쟁터에서 벗어나 병원이라는 안전지대로 데려다주는 티켓이다. 그의 고민거리가 사라진 것이다. 적어도 그는 사라졌다고 생각한다. 그에게는 보상이 엄청나게 크고, 이제 마구 행복할 지경이다. … 반면에 민간인의 사고는 재앙의 시작이다. 그렇다고 그게 통증에 대한 인식을 증가시키고, 통증 자체를 더 많이 느끼게 한다고 말할 수는 없지만, 아마도 그럴 것이다.

그는 또 미주에서 이런 호기심을 언급한다.

중상 환자가 상처는 아프지 않다고 말하면서 채혈(정맥천자)에 서툰 의료진에게는 보통 사람들처럼 격렬하게 항의하는 경우가 있다. 이런 사람들이 고통을 느끼지 못하는 것을 일반적으로 통증에 대한 감각이 저하되는 현상에 기초해 설명할 수는 없을 것 같다.

통증의 정도가 부상의 성격뿐만 아니라 다른 요인에 의해서도 다르게 느껴지는 경험은 많이들 해보았을 것이다. 다른 데 정신이 팔려 있으면 부상으로 인한 통증도 덜하다. 피곤하거나 불안할 때는 원래 안 좋던 관절이 더 거슬리게 느껴진다. 한창 시합할 때는 몰랐는데, 필드 밖으로 나오면 다리를 절뚝이게 된다. 무릎이나 팔꿈치를 긁혔을 때 상처 주변을 문지르면 좀 덜 아파진다. 이런 현상은 이전에 통증을 느꼈던 경험과 기억, 다가올 통증에 대한 예상 때문에 생긴다. 정신 상태가 통증을 경험하는 데 영향을 미치는 것이다.

있는 그대로 보면 흥미로운 현상이지만, 그다지 주목할 거리도 안 된다. 하지만 분명 우리의 통증 인식에 관해 많은 것을 말해준다. 사실은 통증과 느낌만이 아니라 다른 모든 감각도 마찬가지다. 환경을 감지하는 행위는 단순히 정보를 수동적으로 흡수하는 행위나 외부 세계에서 내부로 흘러 드는 신호의 흐름으로만 볼 수 없다. 그 정보는 반대로도 흐른다. 외부 세계에서 받은 데이터를 내부로 전송할 때, 내부 세계 역시 중요한 영향을 미친다. 우리 신경계의 이 중대한 측면은 앞으로 여러 번 다시 언급하게 될 것이다.

이런 신경 경로는 설탕으로 만든 가짜약(위약)이 진통 효과를 내는 플라시보 효과Placebo effect의 기초가 된다. 인구의 약 3분의 1이 위약으로 통각이 상실되는 상당한 플라시보 효과를 경험한다. 하지만 플라시보 반응은 단순히 '물질에 대한 마음', 심리적인 효과가 전부가 아니다. 위약에 반응한 사람들을 데려다 그들 모르게 나록손(헤로인이나 모르핀과 같은 진통제와 정반대 효과를 내는 약)을 주면, 더 이상 플라시보 효과를 누리지 못한다. 이는 위약이 신경계 내에서 자연적으로 생성되는 오피오이드(모르핀과 유사한 화학물질)에 의해 매개되는 화학적 효과를 낸다는 것을 분명히 보여준다. 그런 오피오이드 효과를 차단하면 플라시보 효과도 차단된다. 실제로 신경학자들은 플라시보 반응을 보이는 뇌의 영상도 찍을 수 있다. 뇌를 스캔해보면 인지와 감정, 동기, 결정적으로 통증과 '통증 매트릭스' 같이 광범위한 기능에 관여하는 뇌의 특정 영역 네트워크에서 특정 오피오이드 수용체가 활성화되는 것을 볼 수 있다.

즉 마법의 알약이 통증을 완화시켜줄 거라는 기대감은 실제로 통증을 덜어준다. 하지만 그 반대도 마찬가지다. 통증이 올 거라는 예상만으로 통증이 악화되기도 한다. 나는 요추천자 시술을 수도 없이 해왔다. 요추천자는 척수액을 몇 테이블스푼가량 추출하는 것을 말하는데, 환자는 옆으로 눕고, 내 쪽으로 등을 돌린 채 아래쪽 척추뼈 사이가 보이도록 몸을 공처럼 웅크린다. 국소마취를 한 뒤에, 길고 미세한 척수용 바늘을 삽입해 척수관 안의 신경근을 흐르는 액체를 추출하게 된다. 그런데 유난히 불안해하거나 주삿바늘을 무서워하는 환자들은, 국소마취제가 투여되기도 전부터 통증을 느낀다. 바늘을 꽂기 전, 피부를 소독하려고 요오드를 묻힌 차가운 솜을 등 아래쪽에 문지르면 이제 곧 바늘로 찔러올 거라는 예상 때문에 몸을 움찔하거나 소리를 지르기도 한다. 이런 경우는 시술에 대한 긴 대화로 완화할 수 있다. 설명을 하면서 시술을 진행함으로써, 환자를 안심시키고 고통의 강도에 대한 예상치를 낮추는 것이다. 그렇다고 항상 효과가 있는 건 아니다. 본질적으로는 플라시보와 정반대인 노시보 효과 때문이다.

요추천자 시술법

이 노시보 효과Nocebo effect에 대해서도 과학적 연구가 이루어져 왔다. 한 연구에서는 건강한 사람 60명을 대상으로 팔에 지혈대를 착용하고 피가 통하지 않는 팔을 움직이게 해 고통을 느끼게 했다. 그러면 근육에 젖산이 축적되어 보통 13~14분 후에는 도저히 견딜 수 없는 심한 근육통을 느낀다. 지원자들은 아무것도 받지 못한 그룹, 케토롤락(이부프로펜과 비슷하지만 더 강력한 비스테로이드성 진통제)을 받은 그룹, 일반 식염수를 받은 그룹, 두 가지를 다 받은 그룹으로 나뉘었다. 하지만 일반 식염수에 대해서는 그룹별로 다른 정보를 주었다. 어떤 그룹에는 식염수가 케토롤락이며 통증이 감소될 거라고 말했고, 다른 그룹에는 통증을 증가시키는 물질이라고 말했다. 아무것도 받지 않은 피실험자들은 예상대로 약 13~14분 동안 통증 테스트를 견뎠다. 케토롤락을 받은 참가자들은 훨씬 더 길게, 평균 22~25분 동안 버텼다. 하지만 참가자들에게 주어진 기대감도 분명 실험 결과에 영향을 미쳤다. 일반 식염수가 진통제라고 들은 참가자들은 아무것도 받지 못한 참가자들보다 더 긴 16~18분을 견뎠다. 하지만 식염수가 통증을 증가시키는 약이라고 들은 참가자들은 경우에 따라 9분 정도밖에 견디지 못했다. 그리고 추가 연구에서 플라시보 효과에서와 마찬가지로 노시보 효과가 나타날 때 '통증 매트릭스'와 관련된 뇌의 영역이 활성화되는 것이 확인되었다.

통증에 대한 긍정적이거나 부정적인 기대가 통증 자체에 영향을 미친다는 사실은 분명하다. 하지만 이것은 단순한 '심리적' 현상이 아니다. 불편함에 대한 예상은 뇌 활동과 화학 작용에 직접 영향을 미친다. 그렇지만 뇌 안에서의 이런 변화가 어떻게 우리의 인지를 왜곡시킬까? 그저 뇌가 스스로 활동 변화를 일으켜서, 통증을 '느끼는' 뇌의 영역이 다른 요소들로 억제되거나 흥분하게 되는 것일까? 아니면 신체에서 생성된 내인성 오피오이드나 칸나비노이드(대마초의 활성 성분과 유사) 같은 화학물질이 뇌 활동을 둔화시킬까?

플라시보와 노시보 효과

최근 몇 년 동안, 이런 진정 효과가 신경계의 상위에서만 일어나는 게 아니라는 사실이 밝혀졌다. 적어도 부분적으로, 우리 몸의 훨씬 아래 부위에서도 통증을 조절하는 작용이 이루어진다. 뇌의 외부 맨틀에서 멀리 떨어진 뇌간 깊숙이 있는 일련의 영역, 즉 감각피질(우리가 통증을 '느끼는' 곳)이 모르핀과 뇌 자체에서 생성되는 오피오이드 화학물질의 여러 효과를 담당하는 것으로 보인다. 특히 대뇌피질과 척수 사이의 중간쯤 위치한 중뇌수도관주위회색질PAG은 이 프로세스에서 매우 중요하다. 이 부위에 모르핀을 주입하거나 전기 자극을 주면 강력한 진통 효과를 볼 수 있다.

또한 이 증거는 척수 내부에서 발생하는 통증에 대한 근본적인 영향 역시 시사한다. 신경섬유는 중뇌수도관주위회색질과 연관 부위에서부터 척수 아래로 돌출되어 척수로 들어가는 지점에서 통증 신호를 훨씬 더 낮게 조절한다. 이 돌출부는 중추신경계로 전달되는 '통각(통증감)' 임펄스의 흐름에 직접 영향을 미치며, 특히 뇌에서 멀리 떨어진 곳의 통증을 배가하거나 누그러뜨릴 수 있다. 중뇌수도관주위회색질에 전기 자극이나 모르핀이 흘러들어 이 돌출부가 손상되면, 그 능력이 상실되어 그런 현상도 일어나지 않는다.

그 회로는 인간의 통증 경험과 마취크림에 대한 반응에 필수적이다. 임상에서 볼 수 있는 여러 만성통증증후군도 뇌에서 척수에 이르는 이 조절 메커니즘 때문일 수 있다. 과민성대장증후군 같은 질환부터, 오래 전 치유된 부상에서 기인하는 통증, 무자비하게 삶을 변화시켰던 근본 원인이 사라졌거나 애초에 원인이 없었는데도 심각하게 오래 지속되는 통증, 가소성으로 야기된 통증까지 다양하다. 그것들은 신경계와 그 조직의 변화를 일으켜 통증을 증폭시키고, 심지어 아프지 않은 감각 자극도 통증으로 해석한다. 요추천자 시술 환자가 소독약을 묻힌 솜이 닿자마자 움찔하는 것처럼 말이다.

척수의 특정 회로가 통증 인식에 영향을 미친다는 사실은 오래 전에 밝혀졌다. 의과대학 1학년 때 아픈 무릎을 문지르거나 베인 상처 주변을 긁어주면 통증이 완화된다는 생리학적 기초를 배운 기억이 난다. 자극을 받았을 때, 고통스럽지 않은 감각을 전도하는 섬유는 통증을 전도하는 신경섬유다발을 억제한다. 이것이 소위 말하는 '게이트 제어 이론gate-control theory'이다. 본질적으로 가벼운 접촉, 긁힘, 온도 등의 자극이 뇌에 도달하는 신호의 수를 제한해 게이트를 닫는 것이다. 하지만 기대, 기억, 불안, 그 밖에 다양한 요인도 뇌가 게이트를 열거나 닫는 데 직접 영향을 미친다.

비처의 연구에서 본 부상병들은 어땠는가? 평소 같았으면 끔찍한 부상으로 심각한 통증을 호소했을 테지만, 그들은 놀라울 정도로 통증을 느끼지 않았다. 적어도 동물의 경우, 극심한 스트레스가 진통 효과를 낸다는 사실은 실험 결과로 증명되었다. 하지만 뇌간에서 척수로 방사되는 하행 섬유가 손상되거나 오피오이드 차단제인 나록손을 주입하면 그런 효과는 사라진다. 따라서 스트레스의 진통 효과는 오피오이드와 하행 섬유에 의해 매개되는 것으로 보인다. (실제로 내인성 칸나비노이드 같은 다른 시스템도 연관이 있을 수 있다.) 이런 메커니즘은 비처의 병사들에게 나타난 통증의 부재, 심지어 행복감의 바탕이 된다. 스포츠 경기 중 뼈가 골절되거나 발목을 삐었는데도 끝까지 경기를 뛰고 나서 흥분이 가라앉은 후에야 통증을 느끼는 사람들도 마찬가지다. 진화적 관점에서 보면, 이것은 신경계 내에서 목숨을 부지하게 해주는 절차다. 덕분에 다쳤을 때도 도망치거나 싸울 수 있으니 말이다. 하지만 위험이 사라지고 나면 다시 통증을 느낀다.

나는 폴에게 치료법이 있어서 통증을 느낄 수 있게 된다면 어떻게 하겠는지 물었다. 그리곤 그의 답변에 놀랐다. "많은 사람이 그랬어요. 통증을 느끼지 않으니 정말 좋겠다고. 아프지 않으니까 다칠까 봐 걱정할 필요도 없겠다고요. 제 답은 항상 같아요. 과거로 시간을 돌려 정상으로, 통증을 느끼는 사람으로 태어날 수만 있다면 그렇게 할 거예요. 하지만 지금 상태에서 치료를 받아야 한다면 받지 않을 거예요. 제 몸은 이미 피해를 입었으니까요. 이미 입은 피해에 통증까지 더해지면 정말 견딜 수 없을 것 같아요." 온몸의 관절과 뼈에 손상을 입은 폴은 이미 움직임과 걸음걸이에 제약이 생겨 버렸지만, 적어도 통증을 느끼지 못하니 그나마 견딜 만한 것이다.

통증을 느끼지 못하는 가족의 어두운 세계에 그나마 한 줄기 빛이 있다면, 유전자 변화가 어떻게 이런 결과를 초래하게 되었는지 이해하게 되었다는 점이다. 유전자의 작은 변화가 어떻게 통증을 없애버리는지, 나트륨 통로, Nav1.7이 통증 임펄스 전달에서 얼마나 중요한 역할을 하는지 말이다. 이런 지식은 지나친 통증을 느끼는 사람들에게도 새로운 치료법의 문을 열어준다. 폴은 말한다. "너무 많은 통증을 느끼는 사람들에게 제 이야기가 조금이라도 도움이라도 된다면 얼마든지 도울 거예요. 부정적인 것들로 가득했던 제 삶에서 나올 수 있는 단 하나 좋은 점인 것 같아요."

방문상담이 끝나갈 무렵, 크리스틴이 식탁에 앉았다. 그동안 대화를 나누면서 나는 그녀가 말을 하거나 마음을 터놓기를 꺼린다는 느낌을 받았고, 그것을 불신으로 해석했다. 하지만 내 옆에 앉아 폴과 밥의 말을 듣는 그녀를 보며 감정을 읽을 수 있었다. 너무나도 깊은 슬픔이었다. 한 시간쯤 대화를 나누고 있던 어느 순간, 너무 작아서 거의 못 듣고 넘어갈 만큼 희미한 목소리로 그녀가 속삭였다. "그냥 너무 죄책감이 들어요. 끔찍하게 죄스러워요. 세 아이에게 그런 걸 물려줬다는 게요. 다 제 잘못이에요."

✦ ✦ ✦

통증은 부정할 수 없고 무시할 수 없는 촉감계의 부랑아라 할 수 있지만, 이 감각에는 다른 양상도 있다. 등이나 목덜미를 스치며 머리카락을 흩날리는 산들바람, 손에 닿는 차가운 맥주잔, 주머니에 든 휴대폰의 진동은 골절된 뼈에서 치미는 통증, 종이에 벤 살의 따가움보다는 덜 신경 쓰이지만, 그럼에도 분명 우리 피부에서 느껴지는 감각이다. 하지만 우리의 주의를 끌지도 않고, 끊임없이 우리 몸을 떠다니면서도 결코 인식되지 않는 일부 '감각'이 있다. 사라져서 부재를 인지할 때가 되어서야 알아차리게 되는 것들이다. 하지만 그 감각들이 사라질 때, 결과는 치명적이다.

라헬이 병원에 올 때 껴입는 옷의 두께는 바깥 날씨를 알려주는 지표다. 가장 더운 여름날에는 두껍고 밝은 색 점퍼를 몇 개 껴입는다. 겨울에는 니트 스웨터 여러 벌을 싸매고, 두꺼운 외투에 아주 큰 벙어리장갑을 낀다. 보라색 스키 모자와 얼굴까지 올라오는 칼라 사이로, 그녀의 검은 눈만 빼꼼히 내다보인다. 하지만 그 풍만한 천 뭉치 아래, 피골이 상접하고 뺨이 움푹 팬 그녀는 무지갯빛 깃털을 입은 연약한 참새 같다.

만난 지 6년이 지나고, 자기 집에 있는 라헬을 처음으로 보고 나서야 나는 그녀가 얼마나 작은지 제대로 알게 되었다. 그녀는 방의 공간을 거의 차지하지 않았고, 산들바람에도 뚝 부러질 것만 같았다. 그 긴 시간 동안 그녀는 항상 터번이나 털모자를 쓰고 있었기에, 맨 머리를 보는 것도 그때가 처음이었다. 머리 전체 윤곽을 따라 회색의 땋은 머리가 촘촘히 이어져 있었다. 거실에 앉아 있노라니, 내가 그녀를 만나기 전의 흔적들이 눈에 띈다. 새하얀 웨딩드레스를 입은 젊은 아프리카 소녀가 눈부신 미소를 머금고 카메라를 응시하는 사진, 행복에 겨워 어쩔 줄 몰라 하는 사진, 남편과 함께 있는 사진, 군복을 입은 남편의 다른 사진, 중동 왕실로부터 받은 군복무 증명서, 아라비아 커피 주전자, 내 손바닥보다 더 커서 꿈에 나올 것 같은 수지에 박제된 거미, 이국의 땅으로 여행을 다닌 기록들.

라헬이 이야기한다. "열세 살에 영국으로 왔어요. 어머니는 에리트레아, 아버지는 에티오피아 출신이에요. 제 교육 때문에 이곳으로 왔는데, 2년 뒤에 문제가 터졌고 다시는 돌아갈 수 없었죠." 그 문제란 1974년 에티오피아 황제 하일레 셀라시에가 마르크스-레닌주의 군사정권의 쿠데타로 전복된 사태였다. 귀국은 불가능했다. "열여덟에 로저를 만났고, 열아홉에 결혼했어요. 이제 결혼한 지 41년이 되었네요." 그녀는 서글픈 듯 흘러간 시간들을 떠올린다. 결혼 후 몇 년 동안 그녀는 영국 군대에 복무하는 남편을 따라 전 세계를 돌아다녔다. 로저는 우리를 방해하지 않으려고 애쓰며 조용히 거실을 드나들지만 그의 몇 걸음에서도 연대적 태도가 느껴지고, 목소리에는 영국군 생활의 흔적이 선명하게 남아 있다.

6년 전 라헬을 처음 만났을 때는 다른 이름이었다. "처음 병원에 다니기 시작했을 때는, 사람들이 저를 레이첼이라고 불렀어요." 그 오류는 작년에야 수정되었고, 나는 진료기록에 변경 사항이 있는 것을 보고 알았다. 그녀는 인생의 막바지 몇 달에 이르러서야 마침내 이름을 되찾았다. 나는 그녀에게 우리 조부모님과 어머니도 관료적인 공무원 때문에 이름이 바뀌었고, 조부모님은 태어났을 때와 아무 상관없는 다른 이름으로 돌아가셨다고 말했다. 갈등, 전쟁, 거주지 이전으로 망가진 삶의 증거들. 라헬은 조소하듯 입을 삐죽거린다.

레이첼/라헬을 처음 만났을 때부터 그녀는 죽어가고 있었다. 50대 중반에 폐암 진단을 받았는데, 그것은 소세포성으로 알려진 악성종양으로, 암 중에서도 뼈와 뇌로 빠르게 퍼지는 고약한 종류였다. 그녀는 항암치료를 받았으며, 이미 피난처를 찾았을지 모를 보이지 않는 세포를 죽이겠다는 희망으로 뇌와 척수에 방사선 치료(신경계에 유독성 방사선을 쪼이는 치료)도 받았다. 암은 정맥에 주입한 독한 약물에도 전혀 반응하지 않았고 라헬은 가혹한 치료로 쇠약해지고 지쳐 예방 조치로 행하는 것이라면 더 이상 치료를 받지 않겠다고 거부했다. 그녀의 종양 전문의는 모니터링을 하면서 증상이 나타나는 즉시 치료할 것을 전제로 동의해 주었다. "2년 정도 살 수 있을 거라 했어요." 그녀는 회상한다. "그게 18개월 전이었죠." 그녀는 운명을 온전히 받아들인 스님처럼 말하며 미소 짓는다.

하지만 라헬이 내 클리닉을 찾은 건 다른 이유 때문이었다. 그녀는 걸을 수가 없었다. 몸의 균형을 잡지 못했고, 한 걸음 한 걸음이 미지로의 여행이었다. 발을 디디고 서게 될지, 바닥으로 쓰러지게 될지 알 수 없던 것이다. 이제는 그녀가 처음 병원에 들어설 때 휠체어를 탔었는지, 보행 보조장치를 이용했었는지 잘 기억나지 않는다. 지난 몇 년 동안 그녀는 지팡이 하나나 둘, 바퀴 달린 보조장치, 가끔은 보행 보조장치 없이 혼자 걷기 등 다양한 방법으로 내 진료실에 들어왔다.

진료기록을 읽고 그녀의 이야기를 듣고 있자니 많은 설명이 머릿속을 스쳐간다. 우리는 걷는 행위를 단순한 것이라고, 말하고, 듣고, 생각하고, 먹으면서도 할 수 있는 무의식적인 행동이라고 여긴다. 그러나 이 자동적인 행동에는 수년에 걸친 신경계와 근육조직의 학습 및 발달 과정이 숨겨져 있다. 우리는 태어나자마자 일어서서 성큼성큼 방안을 걸어 다니지 못한다. 맨 처음 걸음을 시도하게 되는 건 생후 12개월 무렵이며, 처음 몇 년은 뒤뚱거리며 넘어지고 부딪혀 긁힌 상처들로 넘쳐난다.

우리가 신체를 안정화하고 자신감 있게 걷게 되기까지 필요한 시스템은 셀 수 없이 많다. 튼튼한 다리와 코어 근육은 물론, 제대로 기능하는 관절과 곧은 팔다리도 있어야 한다. 하지만 가장 중요한 건 다리를 조종하는 일이다. 신경계는 고도로 조직화된 방식으로 근육에 전달되는 힘을 조절할 수 있어야 한다. 뇌에서 척수, 운동신경(근육에 신호를 전달하는 말초신경섬유)에 이르기까지, 뇌의 운동피질에서 모든 근육으로 이어지는 시스템도 온전해야 한다. 다리 움직임도 조정할 수 있어야 한다. 아기가 다리를 뻗어 체중을 지탱할 힘이 있어도 두 다리를 동시에 움직일 능력이 없다면, 방을 가로지르는 게 달 위를 걷는 일과 다를 바 없다. 뇌에서 중력을 처리하는 능력도 중요하다. 어떤 공간에서 어디가 위인지, 어디가 어딘지 모른다면 똑바로 걸으려고 해봐야 아무 소용이 없다. 놀이터에서 뺑뺑이를 타며 빠르게 회전하다가 갑자기 멈추고 내려본 경험이 있을 것이다. 땅 위에 단단히 발을 딛고 서 있는데도 세상이 빙빙 도는 것 같고, 그네를 향해 걸어가는데 걸음은 지그재그 제멋대로가 되어 재미가 배가된다. 합리적인 시각도 도움이 된다. 어디서 걷고 있는지(바닥의 기복이나 표면의 성질 등)를 제대로 볼 수 있으면 더 안정적으로 걸을 수 있다.

우리 대화는 라헬의 증상 이야기로 옮겨간다. 라헬은 처음 이런 증상이 시작된 이후로 손과 발이 무감각해지는 느낌이 있었다고 말한다. 감각이 완전히 사라진 건 아니고, 촉각이 둔해진 느낌이었다. 컵이나 문손잡이를 잡을 때, 물건을 확실히 잡았다는 느낌이 별로 없었다. 그녀를 검사하면서 보행 장애를 야기한 원인에 대해 더 많은 단서를 얻을 수 있었다. 나는 균형이나 조정 능력에 문제가 있는 징후부터 찾기 시작했다. 라헬의 경우, 그런 부위가 손상된 이유로는 여러 가지 가능성이 있다. 가장 가능성이 큰 것은, 암이 뇌간으로 전이되어 내이에서 나오는 신호에 혼란을 일으킨 경우다. 그래서 자신이 똑바로 서 있는지, 돌고 있는지 몰라 뇌가 혼란스러워하는 것이다. 둘째, 움직임을 조정하는 역할을 하는 목덜미 위 소뇌에 암이 전이되어 그런 증상이 생겼을 수 있다. 셋째, 폐암 때문에 항암치료를 하며 소뇌가 손상되었을 가능성도 있다. 뇌의 이 부위는 특히 화학물질에 취약하다. 금요일 밤, 어느 도시의 중심가를 떠올려보자. 비틀거리며 잔뜩 혀가 꼬여 술집을 찾는 사람들로 가득한 거리. 술은 소뇌의 정상 기능을 직접적으로 방해한다.

그러나 라헬을 진찰한 결과, 머릿속 압력의 증가(두개골 내 암이 있다는 경고)나 소뇌에 문제가 있다는 명확한 징후는 발견되지 않았다. 하지만 검사가 이어지자 잠재적으로 설명이 될 만한 점들이 발견되기 시작했다. 나는 그녀에게 손을 앞으로 내밀고 손가락도 뻗어 보라고 했다. 바위처럼 흔들림이 거의 없고, 손가락도 굳게 움직이지 않았다. 그런데 눈을 감으라고 했더니, 단단하게 뻗어 있던 손가락이 걷잡을 수 없이 꿈틀거리기 시작했고, 팔도 위아래로 마구 흔들렸다. 이번에는 방 한가운데 똑바로 서 있으라고 하고 혹시 몰라 내가 뒤를 받칠 준비를 했다. 앞뒤로 약간 흔들리기는 했지만 똑바로 서 있었다. 다시 한번 눈을 감으라고 하자, 격렬하게 앞뒤로 흔들리다가 내 쪽으로 쓰러졌다.

한편 팔다리를 검사했을 때는 가벼운 촉각 손실을 제외하면 다른 특이점은 찾을 수 없었다. 나는 움직임을 감지하는 능력을 살펴보기로 했다. 라헬은 소파에 누워 눈을 감고 있고, 내가 그녀의 손가락과 발가락 끝을 잡고 위아래로 움직인다. 그런데 발가락을 어느 방향으로 움직이고 있는지 묻자, 그녀는 전혀 모르겠다고 했다. 위로 올라가면서 발목, 손목, 무릎, 팔꿈치 등을 테스트했을 때도 움직임을 감지하지 못했다. 심지어 어깨와 엉덩이도 아주 큰 폭의 움직임만을 인지하는 데 그쳤다. 고유수용성감각(자기수용감각)이 그녀에게는 거의 모두 사라진 채였다. 『셜록 홈즈』나 『한밤중 개에게 일어난 의문의 사건』에서처럼, 어떤 것의 부재는 존재만큼이나 많은 것을 말해준다.

감각이 없으면 움직이기 어렵다. 우리는 몸의 여러 기능이 완전히 분리되어 있으며, 서로 독립적이라고 생각하지만 실제로는 밀접한 연관이 있다. 잔을 드는 행위를 생각해 보자. 유리잔에 손가락을 두르고 입술을 향해 들어 올릴 때, 팔을 올바른 위치로 이동시키기 위해 어깨, 팔, 손목, 손의 근육들이 일사불란하게 움직인다. 하지만 유리를 너무 세게 눌러 깨뜨리거나, 충분히 꽉 잡지 않아서 손에서 미끄러지는 것을 어떻게 피할 수 있을까? 물론 우리는 손끝과 손바닥의 맥박에서 압력을 느끼며, 수년 동안 연습을 해왔기 때문에 덜 서툴고, 정확히 어느 정도의 세기로 잡아야 하는지 안다. 하지만 우리 몸의 움직임에서 중요한 게 감각의 그런 측면만은 아니다. 눈을 감고 잔을 들어 올려도 여전히 입술로 가져가 내용물을 마실 수 있다. 신체 부위를 볼 수 있느냐 없느냐와 상관없이 우리 몸은 팔다리가 어디 있는지, 서로 어떤 관계에 있는지, 외부 세계와 어떤 관계에 있는지 안다. 그렇지 않으면 어떻게 귀 뒤 가려운 곳을 긁거나, 어둠 속을 걷거나, 보지 않고 타이핑을 할 수 있을까?

이 감각 정보는 너무 중요해서 그게 없으면 우리는 거의 쓸모 없어져 버린다. 말초 신경과 척수의 신경섬유 전체가 그런 기능을 담당한다. 감각기관은 모두 작은 움직임이나 위치 변화를 인식하는 용도로만 쓰인다. 관절이나 관절을 덮고 있는 피부 속 수용체는 각 관절을 얼마나 구부리고 펼지에 대해 중요한 정보를 제공한다. 하지만 가장 중요한 역할을 담당하는 건, 아마도 특수 근육 섬유 주위에 꼬여 있는 근방추수용체라는 작은 구조다. 이 미세 구조는 근육 길이의 미세한 변화에 지극히 민감하며, 자세에 따라 이루어지는 근육의 능동적/수동적 이완 및 수축으로 인해 발생하는 모든 중요한 피드백을 제공한다.

사실 근방추수용체는 우리 신경과 의사들이 일상적으로 하는 가장 상징적인 테스트를 담당하기도 한다. 환자들은 꼭 필요하지 않더라도 내가 힘줄 망치를 휘둘러 무릎을 두드리며 반사 신경을 확인하길 기대한다. 진료실로 걸어 들어오는 환자들은 내 책상 위에 놓인 크롬과 고무로 된 동그란 머리에 길고 하얀 플라스틱 손잡이가 달린 망치를 본다. 진료할 때 그 망치로 무릎을 두드리지 않으면, 가끔은 짧게 감정 변화를 보이는 사람도 있다. 실제로 그 망치는 근방추수용체를 자극하는 데 쓰인다. 힘줄을 두드림으로써 근육을 매우 짧고 빠르게 잡아당기고, 사지가 수동적으로 움직이고 있다는 느낌이 들게 한다. 이에 반사 반응으로 근육은 몸의 자세를 유지하기 위해 순간적으로 약간 수축되는데, 그래서 다리가 홱 움직이는 것이다. 우리는 이렇게 반사 작용의 기초가 되는 회로를 테스트한다. 즉, 감각 신호는 척수에 근육이 당겨졌다는 정보를 전달하고, 운동 신호가 다시 근육으로 전달된다. 하지만 다른 트릭을 사용할 수도 있다. 근방추수용체는 진동에도 강한 자극을 받는다. 근육에 진동을 가하면 근육이 당겨지고 있다는 인식이 생긴다. 그래서 힘줄 망치로 내려칠 때와 마찬가지로, 진동을 가하면 팔다리가 움직이고 있다고 착각하게 된다.

무릎 반사 테스트

단순히 움직이는 행위도 현재의 몸 상태에 따라 지속적인 수정과 조정이 필요하다. 물잔을 입술로 가져가보자. 계속 같은 자세로 반복적으로 물잔을 들어 올리면, 이론적으로 근육은 그 행동을 성공적으로 해내기 위해 팔에 정확히 얼마큼의 힘을 주어야 하는지 학습한다. 하지만 손목시계를 착용하거나 유리잔에 물 몇 밀리리터를 더 붓는 등의 작은 질량 차이만 생겨도, 같은 힘으로 같은 결과를 얻지 못할 수 있다. 공간에서 팔이 어디 있는지 감지하지 못한다면, 세계의 작은 변화만으로도 매우 다른 결과가 초래된다. 이를테면 물을 한 모금만 마시려고 했는데 눈까지 튀어 버리는 것이다.

✦ ✦ ✦

Rob, 걸음을 빼겼다 되찾은 남자

사실, 전에도 라헬 같은 경우를 본 적이 있다. 몇 년 전 만났던 20대 중반의 젊은 언론계 종사자였다. 롭(가명)은 런던에서 풍요로운 사교 생활을 즐기는 도시 남자였다. 자신만만하고 건방 떠는 타입이었는데, 지난 주말 내내 파티를 벌였던 자신이 똑바로 걸을 수 없게 되었다는 사실에 놀랍도록 심드렁했다. 검사해 보니 라헬에게서 보았던 것과 똑같은 특징들이 발견되었다. 공간에서 사지가 어디에 위치하는지 전혀 감지하지 못했고, 지지대 없이는 서 있지도 못할 정도였다. 그 외에는 무척 건강했으며, 그런 상태가 된 뚜렷한 원인도 없었다. 기분전환을 위해 마약을 사용했는지 심문했는데, 그는 복용을 부인했다. 웃음가스(아산화질소)를 마신 적 있냐고 묻자 약간 놀란 것처럼 보였다. 그는 잠시 뜸을 들이다가 머뭇거리며 말했다. “음, 약간 썼어요.” 그의 애매한 반응에 짜증이 나서 나는 계속 그 질문을 파고들며 ‘약간’이 정확히 얼마라는 건지 물었다. “어, 토요일에 풍선 30개, 일요일에 40개 정도요.” 대화를 계속 진행하면서 그는 아산화질소를 상습적으로 과중하게 사용한 점을 인정했다.

병원에서 자전거를 타고 집으로 돌아오다 보면 런던의 박스홀Vauxhall 지역을 지나게 된다. 이 동네는 런던에서도 꽤 특이하다. 한쪽 끝에는 앨버트 임뱅크먼트 85에 위치한 거대한 MI6 빌딩이 템스강을 굽어본다. 건축가는 아즈텍과 마야 사원뿐 아니라 1930년대 모더니즘 양식에서 영감을 받았고, 그래서인지 나치 시대의 건물들을 연상시키는 무엇인가가 있다. 지붕을 뒤덮은 위성접시와 안테나들은 다소 어두운 그림자를 드리운다. 다른 쪽 끝에는 미국 대사관이 새로 들어섰는데, 해자를 두른 요새 모양 건물이 거대 조직의 느낌을 준다. 도널드 트럼프는 미국 대사관을 메이페어 중심부에 있는 그로스베너 광장의 우아한 동네에서 런던의 이 덜 건전한 동네로 옮기려는 계획을 듣고 질색했다고 한다. 모노폴리 게임에서 가장 비싼 땅에서 나와 땅값도 매겨지지 않은 곳으로 옮기는 셈이었으니까. 트럼프는 대사관 이전을 ‘부시-오바마 스페셜’이라 부르며, 대사관과 MI5 건물 사이에 낀, 큰 기차역이 있는 박스홀 크로스 지역을 “형편없고 끔찍하다”라고 묘사했다.

동네 한구석에는 박스홀 태번Vauxhall Tavern이 있다. 1970년대 이후 드래그쇼(남녀가 성별 구분 없이 치장하고 노래하며 춤추는 퍼포먼스 -옮긴이)로 유명해진, 런던 게이의 랜드마크라 할 수 있는 곳이다. 오후 7시쯤 되면 드래그 퀸들을 비롯한 관객들이 입장을 기다리며 펍을 빙 둘러 긴 행렬을 이룬다. 선로 아래의 아치

런던 박스홀 거리 모습

에는 클럽, 바, 사우나들이 늘어서 있고, 해질 무렵부터 오전 9시, 10시까지 거리는 술에 취해 화학적으로 변질된 파티 참가자들과 쾌락 추구자들로 넘쳐난다. 트럼프가 질색했던 만큼, 그들도 트럼프를 질색하지 않을까.

이른 아침 자전거를 타고 길을 지나다 보면, 종종 바퀴에 무엇인가 걸려 쨍그랑 소리가 난다. 마치 글리터의 잔해나 은빛 눈송이가 흩날리는 것처럼, 1인치에서 2인치 길이의 작은 은색 통들이 지나는 차들에 짓밟혀 납작해져 있다. 이 통들은 각각 8그램의 아산화질소를 담고 있다. 휘핑크림을 만드는 데 사용되며, 보통 케이터링 회사에 납품된다. 하지만 박스홀 파티 참가자들의 목적은 좀 다르다. 가스는 파티 풍선을 부풀리는 데 쓰이고, 그렇게 판매된 풍선에서 가스를 흡입하면 몇 초 동안 기분이 날아오른다. 아산화질소를 흡입하면 짧은 시간 황홀감을 느끼고, 가끔은 가벼운 환각 증세도 나타난다. 미국에서는 '히피 크랙hippy crack' 또는 '휩잇Whip-Its'이라고 부른다.

그러나 아산화질소를 상습적으로 사용하면 의도하지 않은 결과가 초래된다. 아산화질소는 뇌에 영향을 미칠 뿐 아니라 다른 곳에서도 화학 반응을 일으킨다. 특히 우리 신경계 건강과 적혈구 생성을 위한 필수 영양소인 비타민 B12를 비활성화시킨다. 아산화질소를 상습적으로 다량 흡입하는 사람은, 필연적으로 비타민 B12가 심각하게 결핍되고 만다.

비타민 B12가 결핍되는 데는 다른 원인들도 있다. 가장 악명 높은 것은 악성빈혈로, 마치 디킨스 소설 페이지에서 바로 튀어나온 듯한 진단명이다. 악성빈혈은 일반 빈혈과 달리 철분 결핍 때문이 아니다. 자가면역체계가 위의 내벽을 공격해 비타민 B12 흡수에 필수적인 화학물질의 생성을 방해해 생기는 것이다. 그럼 비타민 B12를 아무리 많이 섭취해도, 정작 혈류로 들어가지 않아 사용 가능한 비타민 B12가 모자라게 된다. '풍요 속의 빈곤'이랄까. 조기에 발견하고 치료하지 않으면 심각한 빈혈을 초래한다. 악성이라는 말에는 해로운 것이 서서히 미묘하게 진행된다는 뜻도 들어 있다. 너무 천천히, 알아차리기 어렵게 진행되다 보니, 심장이 빨리 뛰고 숨이 가쁠 정도면 이미 빈혈은 심각한 지경에 이른 것이고, 몸은 지칠 대로 지치고 쇠약해진 상태다. 그런 점에서 악성은 치명적이란 뜻이기도 하다. 효과적인 치료를 해보기도 전에, 이미 끝을 피할 수 없기 때문이다.

빈혈이 비타민 B12 결핍으로만 생기는 건 아니다. 신경학적 합병증도 있다. 감각 정보를 전달하는 신경이 오작동하기 시작하면 환자들은 손과 발이 얼얼한 경험을 하게 된다. 손상이 진행될수록 점점 다리가 약해지고 무감각해진다. 그런데 그 무감각 증상의 성질이 특이하다. 대개 통증과 온도감각은 유지되면서 가벼운 접촉과 진동감, 특히 관절의 위치감각에 이상이 생긴다. 어떤 감각들은 전혀 영향을 받지 않고 일부 감각만 사라지며 다양한 감각 양상들 사이에 단절이 발생한다. 이유는 별로 명확하지 않다. 다시 말해, 자세히 보기 전까지는 알 수 없다. 이 증상으로 죽어간 사람들의 과거 환자표본자료를 보면 비타민 B12 결핍이 특징적으로 나타난다. 신경이 받는 영향은 분명하고, 척수도 영향을 받는다. 현미경으로 척수의 일부를 관찰하면 그 부근에서 변화가 관찰되는데, 분리된 감각 상실을 설명해 주는 것은 바로 그 변화의 위치다. 척수의 다양한 부위, 특히 등 피부에 가장 가까운 척수의 일부인 '척주dorsal column'에서 부종, 퇴행 및 점진적인 흉터 형성이 나타난다. 주변에서 진동 감각과 관절 위치감각을 암호화해 임펄스를 뇌에 전달하는 두꺼운 섬유 다발이 있는 부위다.

다행히 현대 의학에서는 사람들이 악성빈혈로 죽기를 기다리지 않고도 얼마든지 스캔으로 위험을 찾아낼 수 있다. 자기공명영상MRI에 찍힌 (척수에 존재하는 다양한 감각 양상의 평행 궤도인) 척주에 나타난 변화로부터, 표본자료와 유사한 이상을 포착할 수 있는 것이다. 실제 때때로 MRI 검사를 통해 비타민 B12 결핍 진단이 내려지기도 한다. 척주도 몇몇 특정한 감각을 전달하지만, 온도와 통증 같은 다른 감각은 등보다는 몸 앞쪽에 더 가까이 위치한 척수의 일부인 척수시상로로 전달된다.

우리 신경계의 이 세부 조직은 몇 가지 놀라운 결과, 특히 신경학자들에게 유용한 결과를 만들어 낼 수 있으며, 문제가 어디 있는지에 대해 중요한 단서를 제공한다. 좌뇌가 오른쪽 몸의 움직임과 감각을 관장한다는 이야기는 많이들 들어봤을 것이다. 우뇌는 왼쪽 몸과 관련이 있다. 즉 신경계 내 어딘가에서 한쪽 신호를 다른 쪽으로 교차 전달한다는 의미다. 신경계에서 실제 교차가 이루어지는 부위는 다양하다. 감각의 경우, 진동과 관절 위치를 전달하는 도관은 뇌로 들어가기 직전 척수 윗부분에서 반대쪽으로 옮겨간다. 이와 달리, 통증과 온도를 전달하는 경로는 훨씬 더 아래쪽인 척수로 들어가는 지점에서 교차된다. 이런 세부 내용이 무슨 상관이냐고 생각할지 모르겠지만, 척수가 손상되면 이 점은 매우 중요해진다.

척수의 감각 경로

예를 들어 척수의 한쪽이 염증, 압박, 총알이나 칼 같은 이물질로 손상되면 아주 이상한 증상이 나타난다. 희한하게 한쪽 다리에서는 통증과 온도감각이 상실되고, 다른 쪽 다리에서는 진동과 관절 위치에 대한 감각이 상실되는 경험을 할 수 있다. 이 분리감각상실은 두 다리에 제각기 다른 방식으로 영향을 미친다. 등에 칼이 찔렸는데 가슴 높이에서 척수의 왼쪽 전체를 칼이 관통했다고 생각해 보자. 찔린 부위의 높이에서 척주는 가벼운 접촉과 관절 위치 정보를 담고 있는데, 아직 그 정보는 왼쪽 다리에서 반대쪽으로 넘어가지 않았다. 하지만 척수시상로는 찔린 부위 아래에서 교차되어 오른쪽 다리의 통증과 온도 신호를 전달한다. '브라운 세커드 증후군Brown-Sequard syndrome'이라는 이 증상은 두드러진 특징 때문에 의대생들의 관심을 듬뿍 받고 있으며, 의대생들을 교육하는 우리 같은 사람들 역시 애정을 쏟게 된다. 이 증후군은 신경계가 얼마나 고도로 조직화되어 있는지를 보여주는 예이며 신경해부학의 중요한 비망록을 제공한다.

하지만 롭에게서는 온도나 통증감각이 영향을 받았다는 아무 증거도 찾을 수 없었다. 그가 걷지 못하는 것은 자세에 관한 정보를 얻지 못해서라고 볼 수 있는데, MRI 검사 결과 척수에서 '아급성복합변성증'으로 알려진 비타민 B12 결핍의 특징적인 모습들이 나타났다. 사실, MRI와 혈액검사 결과로 B12 결핍이 확인되기 전부터 나는 그에게 매일 비타민 B12 주사를 놓았고, 몇 주가 지나자 그의 걷는 능력은 정상화되었다. 며칠 후에 그를 퇴원시키면서 나는 아산화질소 사용은 휘핑크림에만 허용한다고 엄하게 지시했다. 그가 내 충고를 받아들였는지는 알 수 없다. 몇 번 더 병원을 방문하긴 했지만, 롭은 이내 아무렇지 않게, 겉보기에는 전혀 당황하지 않고, 더 이상 진료 예약에 나타나지 않은 채 도시의 무질서한 군중 속으로 그렇게 사라졌다.

웃음가스란 무엇인가?

✦ ✦ ✦

물론 라헬은 박스홀 거리에 흩어진 작은 은색 가스통과는 전혀 관련이 없었다. 하지만 그녀의 신경계 안에서 비슷한 일이 일어나고 있는 것은 분명했다. 팔다리 움직임을 인지하고, 의식적이든 무의식적이든 간에 발가락, 발, 무릎, 엉덩이 위치 사이의 관계를 감지하는 능력이, 서 있거나 걷는 행동에 매우 중요한 바로 그 능력이 희한하게도 심각하게 손상되어 있었다. 도움 없이는 서 있기도 힘들었고, 몇 걸음 내딛는 것은 거의 불가능에 가까웠다. 하지만 궁극적으로 그녀의 왼쪽 폐 끝에 있는 소세포성 암이 어두운 그림자를 드리운 건 사실이었고, 그건 내 진단에서도 마찬가지였다.

다음 몇 주 동안 나는 라헬에게 혈액 검사, MRI 검사, 요추천자 검사, 신경 전기 검사 등 일련의 검사를 받게 했다. 여러 신경전도 검사 결과, 그녀의 팔에 신경을 통한 감각 전달이 이루어지지 않는다는 것을 알게 되었고, 다리도 어느 정도 마찬가지였다. MRI 영상에서 암이 뇌나 척수로 전이된 모습은 보이지 않았다. 그러나 롭의 아산화질소로 인한 불균형처럼, 컴퓨터 화면에 뜬 흑백 이미지를 볼 때, 목 윗부분에서 가슴 높이에 이르기까지 척주(진동과 관절 감각을 조절하는 길)를 따라 척수에 뚜렷한 변화가 있었다. 무엇인가가 신경뿐 아니라 척수까지 손상시킨 것이었다. 하지만 라헬의 경우, 비타민 B12가 범인은 아니었다. 혈액 검사는 모두 정상이었고 척수액에 염증이 있거나 감염되었다는 증거는 나오지 않았다.

검사를 마치고 며칠 후, 나는 진료실에서 라헬을 다시 만났다. 그녀는 도우미 친구가 밀어주는 휠체어를 타고 들어왔다. 그녀는 치아가 드러나도록 활짝 웃으며 인사하지만, 여전히 셔츠 위에 스웨터 위에 점퍼 위에 카디건을 껴입고 양모와 면으로 겹겹이 싸인 채 연약하고 가냘퍼 보인다. 나는 라헬의 예후를 알고 싶어서 이미 그녀의 종양 담당의와 이야기를 나누었다. 그녀는 완화치료(말기 환자의 경우 무의미한 연명치료 대신 통증 완화 등 정신적 안정을 주는 치료만 하는 것 -옮긴이)만 받고 있었다. 아마 몇 달, 1년,

길어야 2년 정도 남았을 것이다.

상담하는 동안에도 라헬의 상태는 점점 더 나빠졌고, 이제 전혀 서 있을 수 없었다. 우리는 그녀의 결과에 대해 의논한다. 나는 앞으로 어떻게 될 거라고 예상은 하지만, 확실히 말할 수는 없다. 그래서 확신이 서지 않는다고 인정해야 하는 순간을 조금이라도 늦추려고, 결과지를 다시 하나하나 살핀다. 나는 정상적인 결과를 나열하고, 그녀는 하나씩 들으며 묵묵히 고개를 끄덕인다. 그러고 나서 전기 검사 보고서와 MRI 검사 결과에 대해 설명한다. 나는 그녀에게 암이 퍼졌다는 증거는 없다고 말했고, 그녀는 잠시 미소 짓는다. 다음에 말할 내용은 구체적인 결과가 아니라 전반적인 임상 상황에 근거한 추측에 가깝기 때문에, 나는 잠시 멈췄다가 말을 이어간다.

나는 라헬에게 암이 진행되었다는 증거는 없지만 아마도 이 증상의 원인은 암인 것 같다고, 다만 예상치 못한 방식으로 진행된 것 같다고 말한다. 암은 단순한 침입, 정상적 조직 침투를 통해서만이 아니라 기능을 방해해 손해를 입히기도 한다. 어떤 경우에, 암은 다른 공격의 지휘자이다. 특정 종류의 암, 특히 소세포성 폐암은 몸을 속여 스스로를 손상시키게 만든다. 면역체계는 때로 비정상 세포를 침입자로 식별해 면역 반응을 일으키는데, 이는 인체의 조직과 혈류를 통해 서서히 퍼지는 질병으로부터 몸을 보호하려는 노력이다. 하지만 암세포는 그 특수한 성격 때문에 몸의 다른 세포들과 매우 비슷해 보일 수 있고, 또 우리 체내에서 생성된 것이어서 면역체계가 외부 침입자로 인지하기 어렵다. 암세포는 암과 인체 보호 메커니즘 간의 싸움에서, 면역 반응이 (자신과 닮은) 엉뚱한 세포들을 타깃으로 삼게 만든다. 그리하여 암에 의해 촉발되지만 결국은 우리 몸이 스스로 해를 입히는 결과를 초래한다. 일종의 세포 자살이다.

라헬에게 그 모든 내용을 이야기할 때, 그녀는 내 얼굴에 시선을 고정한 채 열심히 귀를 기울인다. 이런 증후군과 관련된 특정 항체를 그녀에게서 발견하지는 못했지만, 그럼에도 나는 그녀가 암으로 촉발된 척수와 말초 신경에 대한 면역 공격으로 관절 위치감각(고유수용성감각) 임펄스를 팔다리에서 뇌로 전달하는 데 실패하게 된 거라고 판단했다. 정상적인 상황이라면 암을 제거하는 치료를 하겠으나, 이미 그 시도는 무위로 돌아갔다. 여기서 남은 선택은 면역체계를 억제해 그녀의 몸이 스스로에게 가하는 손상을 줄이는 방법밖에 없다. 하지만 이론적으로 그녀의 면역체계가 암을 억제하는 데 도움을 줄 수 있기 때문에, 면역체계를 억제하면 종양의 성장이 가속화될 위험이 있다. 내가 그린 그림은 암울한 모습이었을 게 틀림없고, 다소 비관적인 용어로 이 치료법을 제안했던 것도 기억한다. 그리고 몇 년 후, 그녀는 내게 말했다. "선생님이 제게 뭔가를 시도해 보자고 했을 때, 제가 이렇게 말했었죠. '저희는 더 이상 잃을 게 없어요. 제발, 도움이 될 수 있는 거라면 뭐든지 좋아요.'"

우리는 '면역글로불린immunoglobulin'이라는 특수 치료법을 시도하기로 했다. 건강한 사람 수천 명에게서 채취한 항체를 몇 주에 한 번씩 정맥에 직접 주입하는 방법이다. 정확히 어떤 작용이 일어나는지에 관한 메커니즘은 확실치 않지만, 정상 항체가 흘러 들어와 이런 증상을 만들어낸 원치 않는 면역 반응을 희석시키는 것으로 보인다. 그러니 적어도 내가 보기에 기대치는 낮아도, 우리는 그 길을 가보기로 한다.

주사치료를 한 지 4주만에 라헬을 보는 날이었다. 나는 도움 없이 진료실로 걸어 들어오는 그녀를 보고 깜짝 놀랐다. 한 손에 지팡이를 쥔 그녀의 얼굴은 뿌듯함으로 가득했다. 활기가 넘치고 성취감에 달아올라 있었다. 서 있지도 못하던 그녀가 한 번에 30분씩 걷거나 용기 내어 동네 상점까지도 걸어가 봤다고 말한다. 지난 몇 달 동안 방치되었던 정원도 몸이 회복되면서 다시 정돈되었다. 그녀는 나중에 이렇게 회상했다. "선생님은 제 말을 못 믿으시는 것 같았어요. 이런 생각을 했죠. '내가 거짓말을 한다고 생각하시는 표정인데. 이 방법이 내게 효과가 있다는 걸 믿지 못하시는 것 같아!'" 하지만 검사해 보니 손의 경련도 많이 줄고, 조정 능력이나 눈을 감고 서 있는 능력도 완전히 정상은 아니더라도 훨씬 좋아졌음을 분명히 알 수 있었다. 나의 비관론은 완전히 빗나갔다.

다음 몇 달 동안, 우리는 그런 패턴에 정착했다. 주사를 끊고 나서 걷기와 조정 능력이 악화되면 또 다음 주사가 필요하다는 신호였다. 그녀는 8주마다 병원에 와서 반복적으로 주사를 맞았고 1주일 안에 정상으로 돌아갔다. 진료 예약이 있는데 명단에 하루 종일 그녀의 이름이 떠 있으면 그녀가 오지 않을까 봐 무척 두려워진다. 이 면역치료 때문에 암이 악화되었다는 뜻이니까. 하지만 내가 대기실에 들어설 때마다 "안녕하세요, 레슈차이너 박사님!" 하는 인사가 들려온다. 그녀는 내 이름을 발음하기 힘들어 하는데, 그건 그녀의 병 때문이 아니라 내 이름이 특이해서 그렇다. 친숙한 수다와 평가, 다음 치료에 대한 승인 과정은 계속되고 그렇게 몇 개월은 몇 년으로 늘어난다. 그녀를 처음 만난 지 6년이 지난 후에도 그녀는 여전히 내 진료실로 혼자서, 똑바로 걸어 들어왔다.

라헬을 마지막으로 만난 것은 그녀의 집에서였다. 그녀의 남편이 나를 문 앞에서 맞아주었다. 이야기는 많이 들었지만 직접 만나기는 처음이었다. 그는 아내가 앉아 있는 거실까지 나를 안내했다. 안 그래도 쇠약했던 라헬의 얼굴에는 새로운 음영이 깃들어 있었다. 볼은 더 움푹 패고 눈 주위는 한층 퀭해졌다. 그녀는 지난 6년 동안 자신이 죽어가고 있음을 알고 있었다. 늘 한 켠에 생각하고 있던 그때가 임박한 것이다. 복통 때문에 검사를 하다가 암이 전이된 것을 알았고, 다시 한번 완화치료 결정이 내려졌다. "더 이상 항암치료는 받지 않을 거예요." 그녀는 그렇게 말한다. "너무 고통스럽고 몸도 약해졌어요. 이 암덩어리를 검사하러 가기도 힘이 들어요. 그게 엄청난 고통을 더해주는 게 아니라면 가능한 참아보면서 사는 게 나을 것 같아요."

나는 이야기를 나누면서 거실을 둘러본다. 잘 살아온 삶, 모험과 사랑이 넘치고, 가족과 함께하는 삶이 보인다. 나도 그녀와 꽤 긴 시간을 보냈지만 우리의 교류는 대부분 실용적인 부분에 집중되어 있었음을 깨닫는다. 말하지 않은, 듣지 못한 이야기들이 많다. 이런 상황에서도 라헬은 자신의 삶을 수용하고 달관한 듯 보인다. 그녀는 몇 년 동안 죽음을 생각하며 살았고, 모든 이의 예상보다, 그녀 자신의 예상보다 훨씬 더 오래 살았다. 더 이상 추가적인 치료는 받지 않겠다는 결심을 이야기하면서 그녀는 이렇게 말한다. "그 결정에 상당히 만족해요. 제가 가진 것들로 대체로 좋은 이닝을 보냈어요. 괜찮은 삶을 살았어요. 전 세계를 여행했고, 남편 덕분에 신나게 지냈죠. 그리고 제겐 멋진 가족이 있어요. 아시다시피, 보살핌을 받고 있고요. 전 편안해요."

작별인사를 하고 떠나면서 그게 라헬과의 마지막 만남일 거라는 예감이 들었다. 그리고 몇 달 후, 예상했던 대로 라헬이 세상을 떠났다는 소식이 들려왔다. 라헬이 떠난 날은 그녀의 생일 하루 뒤였다. 61년 그리고 하루. '좋은 이닝'이었다고 그녀는 말했지만 짧은 이닝이기도 했고, 지난 6

년 동안은 신경계의 교란과 감각의 배신으로 속을 썩기도 했다. 우리는 대부분 고유수용성감각에 대해 잘 알지 못한다. 그것은 매일매일, 심지어 몇 년씩이나 우리의 뇌리에 꽉 들어차는 통증감각과는 극명한 대척점에 있다. 고유수용성감각은 라헬과 마찬가지로 조용하고 겸손하며, 그저 자기 할 일을 묵묵히 해나가고 있어서 부재할 때가 되어서야 그 흔적을 느끼게 된다.

라헬과 폴에게서 배울 점이 또 있다. 촉각은 단순히 닿는 행위, 뜨겁거나 차거나 건조하거나 축축하거나 부드럽거나 따갑거나 압력 따위를 느끼는 능력이 아니다. 심지어 하나의 감각도 아니다. 우리 감각의 다양한 측면들은 명백하든 그렇지 않든, 우리가 세계를 지배하는 규칙을 이해하도록 해준다. 특정 행동들은 오체에 해롭고, 생존을 위협하며, 신체적·심리적 손상을 가져온다. 중력에 대항해 일어서는 단순한 행동조차 극도로 복합적인 활동이며, 근력뿐 아니라 다양한 감각에 의지한 것이다. 그리고 우리 모두는 무척이나 취약해서, 신경계의 아주 작은 변화만으로도 세계에 대한 인식 전체에 걸쳐 심오한 전도를 맞닥뜨린다. 유전자 코드의 아주 작은 결함이나 면역체계의 사소한 문제가, 우리 삶을 완전히 뒤집어 버릴 것이다.

The Man Who Tasted Words

02

좀비 얼굴

끝끝내 보고자 하는 마음에 맺힌 마지막 상想

"……무엇인가 보인다고 해서 그게 거기 있다는
뜻은 아니다. 무엇인가 보이지 않는다고 해서
그게 거기 없다는 뜻도 아니다. 그저 당신의 감각이
당신의 주의를 끄는 것일 뿐."

○

더글러스 애덤스(Douglas Noel Adams),
『은하수를 여행하는 히치하이커를 위한 안내서(The Hitchhiker's Guide to the Galaxy)』

,

아니나 다를까 유리 지붕으로 덮여 있는 피카딜리역과 달리, 맨체스터역에서 내릴 때면 왠지 빗방울이 얼굴에 닿는 느낌이다. 머리 위 통풍구에서 물방울이 튀어 실내에도 비가 내린다. 이곳은 내가 성장기를 보낸, 나를 키운 도시다. 그래서 이런 이야기를 쓰자니 왠지 배신자 같지만 대학생이 되어 맨체스터를 떠날 때까지, 나는 진심으로 영국에는 거의 태양이 비추지 않는다고 생각했다. 영국에는 세 계절밖에 없는 느낌이었다. 가을 단풍잎에 봄비가 촉촉이 젖어 드는 곳이랄까. 물론 내 기억에 편견이 섞였을 게 분명하지만 여름 햇살을 받으며 옥스퍼드의 잔디밭에 앉아 있으면 다른 나라에 와 있는 것 같았다. 그리고 오늘 날씨도 딱히 나의 편견을 만류하지 않는다. 아무리 애써도 막을 수 없는 수평으로 뿌려대는 비. 지독하게 춥다. 런던에서는 만나기 힘든, 생명을 갉아먹는 차디찬 습기가 온몸으로 스며든다.

나는 트램을 타고, 시내 중심가를 지나며 빗물이 주룩주룩 내리는 창문 너머로 너무나 익숙한 산업 건물들을 본다. 동굴처럼 생긴 붉은 벽돌 창고와 제분소들은 세계 면화 산업에서 이 도시가 맡았던 중심 역할을 입증해 준다. 운하를 지날 때면 수면에 닿는 빗방울이 잔물결을 일으킨다. 다리 아래 그려진 색색의 낙서들은 벽 사이로 스며든 물 때문에 얼룩덜룩하다. 체셔와 남부 랭커셔의 면사 방적 공장들에서 동력을 얻은 도시는 빠르게 확장하며 19세기 산업 혁명의 빛이 되었다. 도시로 화물을 직접 운반할 운하를 파고, 거대한 산업화 궁전을 건설하며 맨체스터는 부유해졌다. 이 도시는 세계 최초로 시외 승객수송역을 갖추었고, 어니스트 러더퍼드Ernest Rutherford가 세계 최초로 원자핵을 분열시킨 장소였으며, 세계 최초의 디지털 컴퓨터를 보유한 곳이었고, 2004년에는 신소재 '그래핀graphene'을 발견한 곳으로서, 전성기를 지나서도 '기술의 명지'라는 명성을 이어갔다. 1980년에 우리 가족이 독일에서 이곳으로 이주한 것도 바로 그 기술적인 토대 때문이었는데, 아버지의 학자 경력은 맨체스터 대학으로까지 이어졌다.

150년 전 맨체스터의 문장으로 채택된 일벌은 건물과 가로등, 거리의 기둥을 장식하고 있으며, 맨체스터가 대표하는 직업윤리와 산업, 활동의 근거지를 상징한다. 2017년 맨체스터 아레나에서 개최된 아리아나 그란데Ariana Grande 콘서트에서 테러 공격으로 23명이 사망하고 139명이 부상을 당하자, 많은 맨체스터 시민이 모금 운동의 일환으로 맨체스터의 상징인 일벌을 문신으로 새기며 맨체스터인의 단합과 자긍심을 보여준 바 있다.

트램을 타고 도심 거리를 탈탈거리고 달리다 보면 부활한 도시의 모습이 보인다. 커피숍, 레스토랑, 오염으로 얼룩진 건물들, 몇 개의 고층 타워들이 스카이라인을 형성한다. 하지만 도시의 고동치는 심장에 아주 가까운 곳에는 아직 방치된 황무지가 보이고, 재생 프로젝트는 여전히 진행 중이라는 징후가 나타난다. 내가 학창시절을 보낸 1980년대에 맨체스터는 사회문제, 빈곤, 범죄로 몸살을 앓으며 한동안 쇠락의 길을 걷고 있었다.

도시 중심부의 바깥쪽은 투박하기 짝이 없었고 거대한 벽돌 건물들은 영광스러운 과거를 자랑하는 껍데기에 불과했다. 집으로 가는 기차를 타고 선로에 늘어선 오래된 공장과 창고들을 지나치던 기억이 난다. 수백 미터씩 이어지는 여러 층의 건물과 또 건물들, 반달리즘vandalism(파괴주의)과 방치의 흔적인 깨진 유리창, 전성기가 한참 지난 전 헤비급 챔피언처럼 살이 붙은 근육, 이도 다 빠지고, 흉터와 맞은 흔적들이 가득한 얼굴.

1980년대의 맨체스터 거리 모습

하지만 이 모든 것 한가운데서도, 맨체스터는 또 다른 것의 영광스러운 부활지이기도 했다. 음울한 환경, 지독한 경제 상황에 맨체스터인들의 강렬한 놀이 감각이 결합된 결과는 음악이라는 탈출구였다. 더 스미스, 뉴 오더, 심플리 레드를 시작으로, 80년대 후반과 90년대 초까지 내 십대 시절의 플레이리스트를 구성했던 밴드들, 스톤 로지스, 해피 먼데이즈, 제임스, 인스파이럴 카페츠, 808 스테이트, 나중에는 오아시스까지. 이 같은 '매드체스터Madchester' 문화는 다시 한번 맨체스터의 자존심을 회복시켜 주었고, 이번에는 산업 혁명의 연기 나는 굴뚝이 아닌 음악이 그 과정을 이끌었다. 적어도 우리 마음속에서는 이 도시가 지구상에서 가장 멋진 장소였다. '맨체스터의 크림', 보딩턴은 영국 전역의 펍에서 가장 잘 팔리는 맥주였다. 적어도 당시 우리 눈에는 그렇게 보였다. 스톤 로지스의 노래 전주를 들을 때마다, 나는 즉시 열여섯의 나이로, 멋질 것 하나 없던 도시 한복판으로 돌아간다.

✦ ✦ ✦

나는 예전에 다니던 학교에서 몇 마일 떨어진 촐튼역Chorlton에서 내린다. 목적지에 도착할 때쯤에는 온몸이 흠뻑 젖은 채다. 현관에서 문이 열리길 기다리며 서 있는 동안, 재킷에서 물이 뚝뚝 떨어져 바지까지 적신다. 나보다 몇 살 어린 여자가 문을 열고는, 웃으며 건조한 온기가 있는 집 안으로 안내한다. 여자는 자신을 니나라고 소개한다. 반들반들한 마루에 물웅덩이가 생겨 조금 미안해진다. 불을 켜지 않아 좀 어둡지만, 아름답게 꾸며져 있고 깨끗하게 정돈된 것을 알 수 있다. 이제 물이 떨어지지 않는 재킷을 걸어 두고, 니나를 따라 현대식 부엌으로 들어간다. 그녀는 커피를 마시겠냐고 묻고, 나는 너무나 간절하게 그 제안을 받아들인다.

니나가 부엌을 오가며 준비하는 동안, 나는 잠시 주변을 둘러본다. 그 즉시 그녀가 맨체스터 음악계에 경의를 표하고 있음을 깨닫는다. 앨범 커버, 아트워크, 스톤 로지스의 리드 싱어인 이안 브라운의 초상화가 벽을 장식하고 있다. 한쪽 구석에는 화려한 액자 안에 색을 칠한 마라카가 놓여 있다. 나와 같은 빈티지와 출신인 사람이라면 바로 알아볼 수 있을 것이다. 나는 거기에 대해 논평한다. "네, 베즈Bez가 쓰던 거예요." 니나는 엄청난 양의 정신 변성 물질에 힘입은 기괴하고 거친 눈알 굴리기로 유명했던, 해피 먼데이즈Happy Mondays의 댄서이자 마스코트이며 마라카 연주자였던 이를 언급한다. "제 친구는 베즈의 수많은 마라카에 색을 칠한 화가였죠. 선물로 받은 거예요."

해피 먼데이즈의 〈Step On〉 공연 영상

하지만 주위를 더 둘러보면 내가 그곳에 간 이유를 알 수 있다. 니나는 커피를 만들며 머그잔 옆에 작은 장치를 끼운다. 주전자로 물을 부을 때, 머그잔이 거의 차면 삐 소리가 난다. 부엌 조리대 옆에는 벽걸이 고리들이 붙어 있고, 거기에 하얀 막대 세 개가 걸려 있다. 그 집에 불이 하나도 켜 있지 않은 이유다. 니나는 눈이 거의 보이지 않는다. 불이 켜져 있거나 꺼져 있거나 별 차이가 없다.

니나의 맞은편에 앉아서 보니, 그녀의 오른쪽 눈은 맑지만 왼쪽 눈은 약간 다르다. 방향이 살짝 다른 쪽을 향하고 있다. 나는 그녀의 맑은 오른쪽 눈이 진짜 눈이 아니라는 것을 알아차린다. 의안, 가짜 안구다. 훌쭉하고 주름 없는 얼굴, 깨끗한 피부, 밝은 색의 점퍼와 청바지 차림까지, 그 밖의 모든 면에서 그녀는 전혀 두드러지지 않는다. 그녀는 영국 북서부의 모음을 구사하는데, 런던에서는 자주 들을 수 없는 억양이 어린 시절의 친숙하고 편안한 냄새처럼 내 마음을 따뜻하게 데워준다. 집을 돌아다니는 모습만 보면 앞이 안 보이는 사람이라고 생각하지 못할 정도다.

늘 그래왔던 건 아니다. 태어났을 때 니나의 시력은 정상이었다. 하지만 두 살 때 독감에 걸렸고, 회복은 되었지만 바이러스 때문에 안구에 만성 포도막염이 생겼다. 모든 빛이 들어오는 투명한 창문이라 할 수 있는 각막에 상처가 나 버렸고 시력은 서서히 사라졌다. 나는 그녀에게 어린 시절 기억나는 게 있는지 묻는다. "어렸을 때, 특히 시력에 관해서는 별로 기억나는 게 없어요. 시간이 지나면서 많은 게 달라졌죠. 초등학교는 앞이 안 보이거나 약시가 있는 아이들을 위한 특수학교를 다녔어요. 학교에 관한 기억은 거의 제가 받은 관심이나 도움에 관련된 것들이 전부예요." 열두 살에 중학교를 다니다가 수술을 받았다. "각막과 새 수정체 이식수술을 받았어요. 백내장이 안구에 달라붙어 있어서 각막에서 백내장을 잘라내야 한다고 했어요."

나는 그녀가 어렸을 때 사람들 얼굴을 알아볼 수 있었는지, 시력이 어땠는지 물어본다. "심한 근시였어요." 그녀가 설명한다. "얼굴을 알아보려면 아주 가까이 다가가야 했어요. 시력은 변동이 심했어요. 최악일 때는 화장실 거울에 김이 잔뜩 껴 있는 것처럼 뿌옜어요. 돋보기나 큰 글자판을 이용했고요." 하지만 10대와 20대를 지나면서 기술이 발전했고 니나는 몇 번 더 추가 수술을 받았다. "열두 살 때 첫 수술을 받은 이후, 각막이식을 다섯 번 더 받았어요. 하지만 거부 반응은 계속됐어요." 한 번에 한쪽씩 수술을 받고 나면 시력은 좋아졌다. "안개도, 수증기도 사라졌어요. 시야가 훨씬 더 또렷하고 선명해졌어요." 하지만 각막이식 거부 반응이 나타나면서 면역체계가 외부 조직을 공격해 손상시켰고 시야는 다시 뿌옇게 흐려졌다. 시력이 나아질 거라는 기대감에 이식 수술을 받고 나면 몇 달 후에는 씁쓸한 실망감이 따라왔다. 희망과 절망의 롤러코스터였다.

스물다섯에 받은 마지막 이식 수술은 좀 달랐다. 그녀는 런던 중심부에 있는 세계적으로 유명한 무어필드 안과병원Moorfields Eye Hospital을 소개받았다. 끔찍하게 붐비는 올드 스트리트 로터리에서 조금 떨어진 빅토리아 양식의 건물 안에는, 최고 수준의 안과 시술을 제공하는 진료실, 수술실, 검사실들이 토끼장처럼 늘어서 있다. 니나의 외과 의사는 거부반응을 피하기 위해 이식과 함께 특수 면역체계 억제 약물을 사용했다. 2008년, 그녀는 오른쪽 눈에 각막이식 수술을 한 번 더 받았다. "정말 잘됐어요." 니나는 이야기한다. "이식 직후에는 의심이 많았어요. 매번 그랬듯이 또 실패할 거라고 생각했죠. 하지만 그 후에, 시력이 놀라울 정도로 좋아졌어요. 태어나서 처음으로 돋보기 없이 신문을 읽었어요. 시력이 그냥 좋아진 게 아니라 아주 작은 글씨까지 보였어요. 하늘을 둥둥 떠다니는 기분이었죠." 약의 부작용은 있었지만 시력이 개선되었으니 충분히 견딜 만했다. 그런 상태는 계속되었다.

"수술을 받은 지 1년하고 1주일이 지난 때까지요." 싱글거리며 웃던 니나의 얼굴이 느닷없이 멈칫한다. "직장에서 사고를 당했어요. 당시 한 사무실에서 일했는데, 프린터기 위에 금속제 전단 배포기가 든 상자가 있었거든요. 그 상자가 떨어지면서 배포기에 눈 한쪽이 찍혔어요." 그녀는 다시 말을 멈췄다. 그러나 곧 감정을 내비치지 않고 이야기를 계속한다. 급작스러운 사태 전환뿐 아니라 눈물 한 방울 내비치지 않고 이야기하는 모습이 내게는 충격이었다. "안구가 터져서 전혀 살려낼 수 없었어요. 2009년 1월 12일은 분명 제 인생이 전복된 날이에요. 아직도 그 날이 기억나요." 그렇게 잘 유지되었던, 마지막 각막이식 수술을 받은 오른쪽 눈은 이제 살려낼 가망이 없었고, 끔찍한 운명의 장난으로 가짜 안구로 대체되었다. "의사는 왼쪽 눈을 검사해 보겠다고 했지만 일단은 제가 모든 것을 받아들여야 했고, 오른쪽 눈을 안정시키는 작업이 먼저였어요. 그러고 나서 5년 전 교체했던 왼쪽 눈의 각막을 제거했죠."

도움 없이 신문을 읽던 니나는 하룻밤 사이에 다시 거의 실명 상태가 되었다. 오른쪽 안구는 제거되었고 왼쪽 눈으로는 흐릿하게 가장 기본적인 것만 볼 수 있었다. "제게 남겨진 일부 시각만 가지고 살아가야 했어요." 시력이 좋았던 시간들을 회상하며 그녀는 말한다. "그 시간이 그렇게 길게 느껴지지 않아요. 그냥 1년 정도. 제 일생에서 아주 긴 시간은 아니었어요."

니나의 회복력을 가늠할 수 있는 척도는 일이었다. 그녀는 다시 일을 시작했다. 하지만 금세 힘들다는 것을 깨달았고, 임신까지 하자 너무 버거워졌다. 그녀는 직장을 그만두고 엄마가 되는 데 집중하기로 했다. 2010년에 아들 딜런이 태어났고, 그녀는 커피 머그잔에 끼우는 알림기 같은 액체 레벨 측정기 등을 사용하며 가정생활에 적응해 나갔다. 그녀는 '펜프렌드PENfriend'라는 장치에 대해 설명해 준다. 가정용품의 라벨 위에 올려놓으면, 용기의 내용물이나 물체의 성질을 알려주는 녹음 메시지가 재생되는 장치라고 한다.

펜프렌드 시연 영상

그렇게 적응하는 와중에 니나는 무어필드에 계속 다니며 의사를 만났다. 왼쪽 눈의 남은 시력은 점점 악화되고 있었다. 의사는 2016년에 또 다른 이식 수술을 제안했는데, 이번에는 왼쪽 안구를 부분적으로 이식하는 것이었다. "여전히 빛은 인식할 수 있었어요. 소파에서 딜런이 제 옆자리에 앉아 있으면, 거기 있는 게 보였어요. 얼굴을 자세히 볼 수는 없었지만요. 그 수술은 위험을 감수해야 했어요. 유일하게 남은 눈이었으니까요. 위험을 감수해야 할까? 하지 말아야 할까? 그러다…… 결국 해보기로 했어요!"

이전의 이식 수술과 달리 이번 수술은 전신마취가 아닌 국소마취로 이루어졌다. 니나는 수술대에서 비닐 시트로 머리를 덮고 눈을 드러낸 채 누워있던 기억을 떠올린다. 국소마취로 고통을 느끼지는 않았지만 잡아당기는 느낌은 났다. "정말 기분이 이상했어요. 영화에서 외계인이 빛을 등지며 등장하는 장면을 보신 적 있나요? 흐릿한 외계인의 그림자가 우주선 문 밖으로 나오는 장면이요. 수술대에 누워 올려다본 건 그런 장면이었어요. 초현실적인 느낌이었죠. 의료진이 제게 수술실에 틀 음악을 골라도 좋다고 했어요." 나는 어떤 음악을 선택했는지 묻는다. "스톤 로지스요." 그녀가 웃는다. 그럼 그렇지.

회복기에는 일주일 동안 똑바로 누워 있어야 했다. 눈에 공기 방울이 주입되어 각막의 새 조직에 압력을 유지해 주었다. 회복되고 나니 시력이 크게 개선된 것을 알 수 있었다. "오른쪽 눈을 잃기 전만큼은 아니었어요. 다시 읽을 수는 있었지만 큰 글자여야 했어요. 돋보기를 썼고요. 하지만 확대된 건 완벽하게 읽을 수 있었어요." 더 나은 시력을 갖게 된 니나는 인생에서 하고 싶었던 일에 집중하기로 했다. "시력 때문에 제 인생의 많은 부분을 빼앗겼어요. 뭔가를 시도하고 방향을 잡을 때마다 시력 때문에 포기해야 했죠." 그녀는 대학에서 디자인과 아트 디렉팅을 공부했고, 오른쪽 눈을 잃고 나서 최근에 수술을 받기까지의 기간 동안 예술과 공예에 관심을 갖게 되었다.

"심리적으로 정말 도움이 돼요. 다른 일은 할 수 없을 것 같았고요. 그래픽 디자인을 배웠지만 컴퓨터를 사용할 수 없을 거라고 생각했어요. 이제 그런 일은 할 수 없을 거라고. 그때 이모가 말했어요. '알다시피 넌 여전히 창의적인 사람이야. 그 창의성이 네게 영감을 주고 네 몸속에 열정을 불 붙이는 거야. 그러니까 다른 걸 시도해 보자. 여전히 창의적이지만 뭔가 다른 거 말이야.' 이모는 비즈 만들기 수업에 절 데려갔어요. 전 '아냐, 난 못 해.'라고 생각했어요. 하지만 이모는 계속 고집했어요. '자, 어서. 가는 거야!' 그래서 거기에 갔고 간단한 목걸이를 만들었어요. 쉽지는 않았지만 촉각에 의존해서 할 수 있는 일이어서 저도 해냈고, 정말 만족스러웠어요. 이런 생각까지 들었어요. '도대체 눈이 왜 필요해? 난 여전히 뭔가를 할 수 있는데.'" 그녀는 웃는다. "그래서 그땐 그 일에 전력으로 매달렸어요. 주얼리를 만들기 시작했죠."

새로 찾은 열정에 더해, 약간의 시력까지 되찾은 니나는 사업을 시작했다. 창의력 카페를 연 것이다. 여전히 수술에서 회복 중이었고, 제한된 시력에 적응해 가고 있을 뿐 아니라 아직 어린 아들의 어머니라는 점까지 고려하면 정말 놀라운 일이 아닐 수 없었다. "사람들이 와서 창의력을 발휘하고 창의적인 활동에 빠져들 공간을 만들고 싶었어요. 걱정과 스트레스는 모두 잊고 그냥 몰입할 수 있는 곳이요. 사업은 정말 잘됐어요. 주말마다 아이들 공예 파티 예약이 줄을 이었죠. 아이들이 정말 좋아했어요. 저녁에는 성인 대상의 창의 워크숍을 열었어요. 소셜 미디어 활동도 잘해서 팔로워도 많이 생겼죠. 이제야 모든 게 잘 풀리고 있다고 생각했어요." 나는 그게 무슨 뜻인지 묻는다. 니나는 잠시 말을 멈춘다.

"혼자 하는 사업이라 파트너 같은 것도 없었어요. 그동안 가족의 도움을 너무 많이 받았거든요. 가족은 제 바위 같은 존재예요. 하지만 이번에는 혼자 해보고 싶었어요. 그런데 혼자서 다 하다 보니까 너무 일이 많았어요. 인사, 재정, 홍보, 직원 채용, 훈련, 고객 대응까지 제가 다 했어요. 그냥 일이 너무 많았나 봐요. 어느 날 아침, 2018년 8월 29일 수요일에 아들 등교 준비를 하고 있었는데……." 이야기를 나누기 시작한 후 처음으로 그녀의 목소리가 떨려왔다. 왼쪽 눈이 반짝이더니 그녀가 침을 꿀꺽 삼킨다. 나는 잠시 이야기를 멈추고 싶은지 묻는다. 니나는 심호흡을 하며 대답한다. "아니, 괜찮아요." 그녀는 한 번 더 멈추었다가, 다시 이야기를 이어간다.

"집 정리를 하고 있었어요. 사방에 쓰레기봉투가 널려 있었고, 식탁 위에는 고장 난 TV를 놔뒀어요. 포스기가 든 제 서류가방은 식탁 반대편에 놓여 있었죠. 아들을 준비시키고 나서, 월급날이라 직원들 급여를 지급하려고 했어요. 포스기를 꺼내야 했는데, 제가 좀 서둘렀어요. 다른 때 같았으면 쓰레기봉투를 먼저 밖에 내다 놨을 테지만 그 날은 그냥 그 위로 올라가 서류가방에서 포스기를 꺼내려고 몸을 숙였고…… TV 모서리에 머리를 박았어요." 나는 다음에 올 일을 생각하며 움찔한다. "눈알이, 튀어나왔어요. 그냥 튀어나와서 구멍이 뻥 뚫렸어요. 눈 뒤쪽 망막의 95퍼센트가 그 구멍으로 빠져나왔다고 했어요. 다행히 이식한 각막과 수정체, 눈 앞부분은 하나도 손상되지 않았다고 했지만……." 그녀는 씁쓸하게 웃는다. "망막은 살리지 못했어요. 5퍼센트만 남았죠. 제가 무슨 짓을 한 건지 정확히 깨달았어요. 오른쪽 눈하고 상태가 똑같았으니까요. 모든 게 깜깜해졌고 번개가 몇 번 보였어요. 나중에 망막이 떨어져 나갔다는 말을 들었죠." 작은 흐느낌이 새어 나온다.

이 비극적인 사고의 여파로, 망막을 구하려는 시도는 실패로 돌아갔다. 니나는 병원 침대에 누워 회복 중이었다. 자신만의 어둠 속에서 침묵하며 누워 있을 때 무엇인가 보이기 시작했다. 단순한 색, 밝지 않은 빨강과 파랑의 물결. 그녀는 침대 옆에 앉은 어머니와 남편에게 고개를 돌렸고, 말했다. "뭐가 보여!" 시력의 일부가 보존된 건 아닐까, 하는 희망으로 두 사람이 흥분한 것을 느낄 수 있었다. "세상에, 뭐가 보인대요! 괜찮을지도 몰라요!" 의사에게 긴급 호출이 갔다. 의사는 와서 그건 상상의 장난질 같은 거라고 말했다. 남편과 어머니는 그래도 검사해 보라고 고집을 부렸다. 하지만 니나는 의사가 눈앞에 불을 비추는 것만 알아차릴 뿐, 다른 건 아무것도 보이지 않았다. "하지만 그 색들을 볼 수 있다는 걸 알았어요!" 그녀는 말한다.

두 번째 수술은 외과 의사들이 망막을 더 살릴 수 있을지 알아보기 위해 진행되었다. 하지만 마취에서 깨어난 그녀에게는 잔인한 선고만이 전해졌다. 니나는 기억한다. “의사들은 모든 걸 정말, 정말 무뚝뚝하게 말했어요. ‘시력을 잃었습니다. 다시는 앞을 볼 수 없어요.’라고요. 의사들이 그러는 것도 이해는 해요. 그렇게 해야만 하겠죠. 하지만 거기에는 정말 아무 감정도 없었어요.” 나는 지금 생각해 볼 때, 그 소식이 어떻게 전해졌으면 좋았겠느냐고 물어본다. “의사들이 제게 어떤 희망도 줄 수 없다는 걸 알아요. 정말로 줄 게 없었으니까요. 하지만 저는 시력을 잃었어요. 그냥, 의사들의 메시지 전달 방식이 조금 가혹했다고 생각해요. 좀더 부드럽게 할 수도 있었을 텐데. 맞아요, 시력을 지켜내지 못할 수도 있죠. 그건 괜찮아요. 100퍼센트 이해해요. 하지만 저도 감정을 가진 사람이고, 정말 힘든 시기를 겪고 있잖아요. 아시다시피 저는 저 자신과도 협상을 하고 타협을 해야 하는걸요.” 끔찍한 소식을 전할 때 참고해야 할 교훈이다.

그 운명의 날 이후, 니나는 거의 완전한 어둠 속에 남겨졌다. ‘거의’라고 말한 것은, 바깥세상을 아주 조금은 감지할 수 있기 때문이었다. “아직 약간은 빛에 대한 인식이 있어요. 왼쪽에 있구나, 하는 정도요.” 그녀는 바닥에서 위쪽, 약간 왼쪽을 가리킨다. “바탕이 검정색 시트라면 왼쪽에 작은 강낭콩 모양의 구멍이 있어요. 그리고 시트 뒤에서 불을 비추면 그 강낭콩으로 빛이 들어와요.”

그녀의 파괴적인 시력 상실과 의사의 선언에도 불구하고, 그 뒤로 몇 주, 몇 달 동안 니나는 보기 시작했다. 전에 보았던 색의 물결들은 모양과 패턴, 더 다양한 색의 팔레트로 진화했다. 파랑과 빨강은 노랑으로, 보라로, 주황으로, 결국에는 무지개색으로 바뀌었다. “기하학적인 모양이었어요. 어떤 때는 만화경처럼 보이고, 어떤 때는 모자이크나 부서진 타일처럼 보였어요." 시간이 지남에 따라 이미지들은 더 복잡해지고, 복합적으로 변해갔다. "처음엔 아무한테도 말하지 않았어요. 처음 누군가에게 말했을 때도 희망이 무참히 짓밟혔으니까요. 그냥 걱정이 됐어요. '처음에 빨강과 파랑 물결뿐이었을 때도 날 믿지 않았는데, 내가 지금 이런 걸 보고 있다는 걸 어떻게 믿겠어?'" 첫 달에는 남편이나 어머니에게조차 말하지 않았다. 아직도 색이 보이냐고 누가 물으면 아니라고 거짓말을 했다. 그동안 그녀의 시야는 사이키델릭한 색, 패턴, 모양들로 가득 메워졌다.

그런데 그 이미지들이 빠르게 진화하면서, 더 이상은 혼자만 담아둘 수 없게 되었다. "결국에는, 모양들이 얼굴로 바뀌기 시작했어요. 만화나 애니메이션 같기도 했어요. 그러다가 '좀비 얼굴'이 보이기 시작했어요. 만화 같은 건 여전히 비슷한데, 거기서 더 무섭게 바뀌었어요. 눈에서는 피가 뚝뚝 떨어지고, 이빨은 삐죽빼죽했어요. 진짜가 아니라는 건 알았지만 그래도 무서웠어요. 그래서 어머니에게 말했어요. 어머니가 남편에게, 그리고 이모에게도 말했죠……." 그녀는 위험한 아일랜드 대가족이라며 웃는다. 곧 모두가 알게 되었다.

니나는 이 환영들이 진짜가 아님을 분명히 인식했다. 처음에 의사에게 보이는 색에 대해 말했을 때, 의사는 굴절된 빛이나 안구에 반사되는 이미지일 수 있다고 추측했다. 그래서 그녀는 그것이 정말로 눈과 관련이 있다고 생각했다. 하지만 그녀의 환시 이야기가 온 가족에 퍼지자 일가친척들이 일사불란하게 인터넷을 뒤졌고, 곧 '샤를 보네 증후군Charles Bonnet Syndrome'이라는 검색 결과를 얻었다.

✦ ✦ ✦

250년 동안, 제네바 공화국은 동명의 호수 남서쪽 끝을 둘러싸고 있었다. 1798년 파리에서 집행된 로베스피에르의 단두대 처형을 빌미로 진격해온 프랑스군에 잠시간 합병되기도 했다. 이후 제네바 공화국은 몇 년 동안 짧은 재건을 거쳐, 스위스 연방의 22번째 주가 되었다. 그렇게 평화롭던 18세기 중반, 공화국에 샤를 보네Charles Bonnet라는 변호사가 있었다. 보네는 법조계에서 경력을 쌓으면서도, 자연 세계에 진지한 열정을 갖고 있었다. 곤충과 식물에 대한 애정으로 그는 수많은 책과 서신을 남겼다. 그렇지만 그의 저작 중에는 그것과 상관없는 내용들도 많았다.

1760년, 보네는 조부의 특이한 경험에 관해 에세이를 썼다. 샤를 룰린Charles Lullin은 90세의 나이에 양쪽 눈에 백내장 수술을 받았는데, 니나와 비슷하게 처음에는 시력이 향상되다가 나빠지기 시작했다. 하지만 한 손에서 잃은 것 대신 다른 손에 새로운 것이 주어졌다. 룰린의 시력이 떨어지면서 다른 종류의 시각적 경험이 시작된 것이다. 사람, 동물, 마차 같은 환영이 생생하고 자세하게 펼쳐졌고, 건물이나 집에 걸린 태피스트리의 변형된 모습이 보였다. 그는 이것들이 진짜가 아니라는 것을 알았다. 그것은 모두 니나의 경험을 떠올리게 한다.

샤를 보네 증후군(이 용어는 보네 자신이 붙인 게 아니라 20세기에 들어서면서 신경학자들이 붙인 것이다)이 발생시키는 환시의 특징 중 하나는 조너선 스위프트의 『걸리버 여행기』에 등장하는 릴리퍼트 섬의 주민인 릴리퍼티안, 즉 소인들의 모습이 보인다는 것이다. 1920년대에 작성된 한 논문을 보면, 이 환시가 어떤 것인지 상세히 기술되어 있다.

인간의 60분의 1 정도인 소인들, 크기는 약간씩 다른 남자 혹은 여자들. 그위나 옆에는 같은 비율의 작은 동물, 작은 물체들이 있다. 그러니까 결국 스위프트가 창조한 걸리버 여행기 속 세상이 보인다는 것이다. 이런 환영은 움직이며, 색이 있고, 종류도 다양하다. 진정한 릴리퍼트식 시각이다. 작은 마리오네트 극장의 축소판처럼 환자의 눈에 놀라운 세계가 펼쳐진다. 대개 밝은 옷을 입고서, 걷고, 뛰고, 놀고, 일하는 이 작은 인물들의 세계는 입체적이며 원근감이 살아있다. 그 미세한 환영들은 마치 현실의 삶을 보는 듯한 인상을 준다.

마찬가지로 보네도 에세이에서 조부의 환시를 생생하게 전했다. 룰린은 숙녀와 어린 소녀들이 옷을 제대로 갖춰 입고 꾸몄으며, 춤을 추거나 손에 물건을 들고 있거나 탁자를 머리 위로 올려 거꾸로 들고 있다고 했다. 그는 환시에서 본 다이아몬드 펜던트, 진주, 리본, 다른 장식품들의 생김새도 놀라울 만큼 세부적으로 묘사했다. 또한 니나처럼 빙글빙글 도는 입자들이나 시야를 전부 덮어버리는 클로버, 돌아가는 바퀴살 같은 여러 기본 무늬의 환영도 보았다.

샤를 보네 증후군의 의미를 해석하는 우리의 이해에는 지난 100년 동안 많은 변화가 있었다. 처음에는 '인지적으로 온전한(치매나 다른 신경 질환이 없는)' 노인의 시각적 환각을 의미했지만, 요즘은 이런 환각이 실제가 아님을 인지하고 안구 질환의 맥락에서 나타나는 환시로 여긴다. 니나만 봐도 알 수 있듯이 꼭 노인에게서만 나타나는 현상도 아니다. 사실, 어떤 안구 질환이라도 샤를 보네 증후군을 일으킬 수 있다. 심지어 눈이 멀어야만 생기는 것도 아니다. 시력이 악화될수록 이런 환시의 위험이 증가하는 게 사실이지만, 시력검사표의 절반 정도만 시력이 저하되어도 충분히 이런 현상을 경험할 수 있다.

물론, 이 시각적 환각을 샤를 보네 증후군(시력이 없는데도 뇌가 보고 싶어 하는 욕구)으로만 설명할 수 있는 것은 아니다. 비현실적 시각은 정신병의 일반적 특징이다. 주된 차이점이라면 정신병인 경우 이런 환각이 현실과 구별되지 않지만, 정신병이 아니라면 그 환영이 현실과 얼마나 비슷하거나 또 얼마나 두려운지와는 상관없이, 환자들도 실제로 아무 근거 없는 허상이라는 점을 분명히 인지한다는 것이다.

샤를 보네 증후군을 주제로 한 화가 헨리 드라이버의 작품들

+ + +

Susan, 만물을 꿰뚫어 보는 여자

이런 현상이 나타나는 원인은 그 밖에도 많다. 나는 매주 런던 브리지에 있는 기즈 병원에서 수면 클리닉과 일반 신경 클리닉을, 웨스트민스터에 있는 세인트토머스 병원에서는 뇌전증(간질) 클리닉을 운영한다. 두 병원 사이를 걸을 때면 런던의 두 랜드마크가 서로 다른 광경을 연출한다. 한쪽에서는 샤드와 타워 브리지가, 다른 쪽에서는 국회의사당이 보인다. 가끔은 출근할 때 리버버스River Bus(템스강을 따라 운행되는 수상버스)를 타고 임뱅크먼트나 런던브리지 교각에서 내린다. 이 도시에서 25년을 살았지만, 이럴 때는 관광객이 된 기분이다. 특히 하늘이 맑고 템스강이 햇빛에 반짝일 때, 평소에는 탁한 갈색이던 물도 푸른빛을 띤다.

이렇게 클리닉을 두 개로 나눈 것은 약간 의도적인 면도 있다. 수면과 신경은 별개의 분야이며, 대개는 약간 다른 검사와 진료가 필요하다. 하지만 아주 솔직하게 말하면 그것은 나의 지적 게으름을 조장하는 요인이기도 하다. 이렇게 '뇌전증 영역'과 '수면 영역'을 나눠 범위를 제한하면서 일련의 진료 흐름을 유지하는 것은 일종의 진단용 눈가리개다. 가끔은 진단 집중력을 높여주는 등 여러 장단점도 있다. 사실, 뇌전증의 세계와 수면의 세계는 겹치는 부분이 상당히 많다. 비슷한 기술로 뇌를 연구하는 분야이고, 비슷한 약물을 사용하며, 징후도 비슷한 경우가 있다. 뇌전증이 있는 사람들에게는 수면이 매우 중요하다. 수면 부족은 발작을 일으킬 수 있고, 작은 발작이 수면을 방해하며, 항간질제는 졸음을 유발하거나 수면 자체의 본질을 변화시킬 수 있다.

이런 이유로 수잔이 오늘 내 수면 클리닉을 찾아와 앞에 앉았다. 짧게 자른 머리는 하얗게 샜고, 장기간 햇빛을 많이 받은 얼굴이다. 그녀는 카리브해에서 15년을 살면서 나이든 시어머니를 간호하다가, 돌아가시자 최근 영국으로 돌아왔다. 나는 영화와 TV에서 얻은 다방면의 얕은 지식을 내세워 서인도 제도에서의 신나는 삶에서 떠나 춥고 칙칙한 영국으로 돌아오는 것이 얼마나 힘들지에 대해 주저리주저리 이야기를 늘어놓지만, 수잔은 재빨리 나를 현실로 불러 앉힌다. "저는 얼른 돌아오고 싶었어요. 거긴 휴가를 보내기는 좋지만 할 게 너무 없어요. 정말 지루해요!" 그녀는 살아온 공동체의 가난, 범죄, 만연한 술 문제 등을 계속해서 언급하며 파라다이스에 대한 나의 환상을 잔혹하게 깨부순다.

그곳에서는 적절한 의료 서비스가 부족한 것도 큰 문제였다. 수잔은 몇 년 전 영국으로 돌아오고 나서야 다시 치료를 받을 수 있었다. 수잔은 우리 자매 병원의 뇌전증 전문가로부터 나를 소개받았다고 했다. 그녀는 거의 평생 뇌전증을 앓아왔다. 발작 때문에 그녀 인생의 텍스트는 완전히 마침표를 찍거나 느낌표 혹은 세미콜론을 남기며 간헐적으로 중단되기 일쑤였다. 전문의는 그녀가 잠을 잘 못 잔다는 사실을 알고, 뇌전증 개선을 위해 내게 보낸 것이었다.

정상적으로 기능하는 뇌에서, 대뇌피질(뇌의 가장 바깥층을 형성하는 회백질)에 있는 뉴런의 네트워크는 고도로 조절된 방식으로 소통한다. 모든 것이 질서정연하고, 세포 간의 대화는 거대 관료조직의 복도에서 나누는 속삭임처럼 이루어진다. 하지만 대뇌피질이 뇌졸중이나 종양, 감염으로 손상을 입거나 약물 혹은 유전자 돌연변이로 전기 신호가 전달되는 방식이 변화하는 등, 정상 기능에 방해를 받으면 이러한 임펄스에 대한 브레이크가 해제된다. 엄격하게 통제된 활동은 퇴보하고, 속삭임은 귀청이 찢어질 듯한 비명과 고함으로 대체된다. 복도는 혼돈에 휩싸이고, 거대한 띠를 이룬 신경세포들이 동시에 방전되어 기능 장애를 일으킨다. 돌을 던지면 연못 표면에 파문이 일듯, 정상 기능이 방해를 받으면 여파가 뇌 표면 전체로 퍼진다. 기능 장애는 피질의 한 부분에서 인접한 영역으로 퍼져 가는데, 발작이 점차 사그라들거나 뇌 전체가 영향을 받아 전신 경련을 일으킬 때까지 계속된다.

이제 예순둘인 수잔은, 여덟 살 때부터 뇌전증 발작을 일으키기 시작했다. 여러 해를 지나며 약도 계속 바뀌었다. 어떤 약은 전혀 효과가 없었고, 어떤 약은 부작용이 있었다. 불면증을 야기하는 약을 다른 것으로 바꿨지만, 그런 뒤에도 불면증은 나아지지 않고 지속되었다. 적어도 발작은 좋아지긴 했다. 1년 넘게 전신 경련(보통 뇌전증이라고 하면 떠올리는, 갑자기 쓰러져서 몸이 격렬하게 떨리는 것)은 오지 않았다. 하지만 발작은 일주일에 며칠, 어떨 때는 하루에도 몇 번씩 계속되었다. 일반적인 전신 경련이 아니라,

더 특이하게 뇌의 한정된 영역에서 전기 활동이 통제되지 않는다는 증거였다. 그녀의 잠에 대해 이야기하면서도 나는 그 발작의 성격에 더 관심이 갔다.

수잔은 여덟 살 때 처음 겪은 발작을 기억한다. 언니와 함께 동네 수영장에서 물을 첨벙거리며 놀고 있었다. 한 남자 아이가, 그 또래의 남자 아이들이 그렇듯 짜증을 내며 그녀의 얼굴에 물을 튀기기 시작했다. 수잔은 눈을 감았지만 눈꺼풀에 물방울이 달라붙었고, 눈을 감았는데도 수영장의 형광등 불빛이 반사되어 보였다. 돌연 구역감이 찾아왔고, 언니에게 몸이 좋지 않다고 호소했다. "그 다음은 기억나지 않아요. 병원에서 깨어났죠. 제가 발작을 일으켰다고 했어요." 어린 나이에 그게 무슨 뜻인지 알았냐고 물으니 그녀는 몰랐다고 답한다. 의사들은 수잔이 아닌 부모에게 말했고, 그녀는 그냥 방에 앉아서 대화를 듣기만 했다.

경련은 계속되었다. 방광이 제어되지 않았고, 격렬한 발작으로 며칠 동안 온몸이 아팠다. 뇌전증이 그녀의 어린 시절에 어떤 영향을 미쳤는지 물었다. 수잔은 아홉 남매 중 하나로, 맨 위는 그녀보다 열세 살이 많았고, 막내는 네 살이 어렸다. 어디를 가든 가족 경호팀이 동행했다. "식구가 많아서 형제자매들과 다 함께 공원에 가곤 했어요. 수영장도 계속 갔는데, 어디에서든 형제들이 저를 유심히 지켜봐야 했죠."

시간이 지나면서, 수잔의 발작에는 특별한 촉발요인이 있음이 확실해졌다. 번쩍거리거나 깜빡이는 불빛이었다. 기차를 타고 가다가 햇빛이 얼굴을 스칠 때, 레일 옆 기둥들에 강렬한 빛이 비춰 그림자를 드리우며 팔딱거릴 때, 텔레비전 화면이 거실 벽에 반사될 때, 열여섯 살에 간 동네 디스코텍의 섬광등(그녀의 클럽 생활은 그것으로 막을 내렸다), 심지어 산들바람에 흔들리는 특정한 종류의 식물들(잎이 제각기 따로 움직이는 부드러운 식물)이 주는 시각적 자극…… 그리고 기이하게도 재채기 중에 눈을 감으면 생기는 빛의 일시적 변화까지도.

수잔은 광과민성증후군(광과민성 발작)을 앓고 있는데, 이는 특정한 시각적 패턴이나 자극이 뇌의 시각 영역에서 비정상적인 전기 활동을 유발한다는 뜻이다. 그녀의 뇌 어디인가에서 시각 정보의 정상 처리가 통제되지 않는 셈으로, 보는 행위만으로도 이러한 발작이 촉발될 수 있다. 보통 고도로 조절되며, 약화되어야 하는 시각 자극에 브레이크가 작동하지 않기 때문이다. 달리던 자동차가 갑자기 기어 조절이 안 되고 걷잡을 수 없이 가속하며 언덕을 굴러 내려가는 것처럼. 이런 유형의 뇌전증은 대부분 유전이 원인이다. 돌연변이 또는 여러 개의 사소한 유전적 변화가 도처에 있는 이온 통로의 기능을 바꿔 놓아 전체 신경계를 필요 이상으로 흥분시킨다. 하지만 검사해 보니 수잔의 경우는 다른 설명을 붙여야 했다. 뇌를 자세히 스캔한 결과 몇 가지 특이한 점이 발견되었다.

신경계의 청사진은 모체 자궁 안 배아일 때 형성된다. 수정된 지 약 3~4주 후에 배아의 위쪽에서 아래쪽까지 이어지는 조직 형태의 작은 볏이 만들어진다. 그것은 천천히 반으로 접히며 튜브 모양을 만든다. 이 신경관은 이어지는 몇 주 동안 중추신경계의 기초가 되는 뇌와 척수를 만든다. 이후 발달 과정에서는 이곳 세포들이 이동해 대뇌피질을 형성한다. 그 세포들의 출생지는 신경관 내부이며, 점차적으로 뇌 조직의 물질을 통해 끌어당겨져 최종 위치인 뇌 바깥쪽까지 오게 된다. 그런데 수잔의 뇌를 스캔한 결과, 어째서인지 그 과정이 계획대로 이루어지지 않았음을 확인할 수 있었다. 뇌 뒤쪽, 시각을 담당하는 뇌의 영역이며 작은 조직의 군도라 할 수 있는 후두엽에, 뇌 표면까지 도달했어야 할 세포들이 뇌 자체의 물질에 매달려 있었다. 대뇌피질이 되어야 할 작은 결절들이 표면 아래쪽 깊은 곳에 떠 있는 것이다. 대개 신중하게 조절되는 뇌의 이 부분 조직이 손상되었다. 이렇게 되면 대뇌피질에 대한 통상적 점검과 균형이 불안정해져 뇌의 이 부위가 통제력을 잃기 쉽다. 특정 시각 자극이 비정상적인 전기 활동을 촉발하고, 수잔의 후속 발작을 일으키게 된다.

하지만 정말로 내 주의를 끌었던 건 수잔이 묘사한 경련이 시작되기 전 징조였다. 그녀는 발작이 일어날 거라는 경고인 어떤 아우라에 대해 설명한다. “다양한 색의 공들이 나타나기 시작해요. 눈앞을 떠다니며 팔딱거리죠. 그러다 왼쪽으로 방향을 홱 틀어요. 갑자기 모든 게 하얘져요. 그럼 저는 이제 끝.” 그 다음에 정신을 차리면 보통은 땅바닥에 누워 있고 실금을 해서 흠뻑 젖은 데다 온몸이 쑤신다. 나는 색깔 있는 공에 대해 보다 자세히 묻는다. 그녀가 말하길, 동그란 모양과 다양한 색이 나타나는데 항상 시야 중심에서 바로 왼쪽 위에서 시작된다. 고동치다가 더 왼쪽으로 이동한다. 때때로 의식을 잃기 전 찰나에 눈이 제어할 수 없이 왼쪽으로 쏠리는 느낌이 든다. 그런 다음 모든 게 공백이 된다. “그렇게 끌려가는 걸 막을 수 없어요. 그럴 때면 아주 큰 발작이 와요.”

약을 바꿔가며 치료한 결과 뇌전증은 지난 1년 동안 잘 통제되었고, 수잔은 한동안 전신 경련을 겪지 않았다. 하지만 본질적으로 작은 발작 증세라 할 수 있는 아우라들은 경미한 변화만 있을 뿐 줄지 않고 계속되었다. 그녀는 아직도 일주일에 몇 번씩 그런 증상이 나타난다고 말한다. 만약 그 색방울들이 왼쪽으로 약동하거나 방향을 틀지만 않으면, 그래도 괜찮다. 그 아우라는 나타날 때처럼 몇 초 후면 빠르게 사라진다. 약은 발작 활동을 대뇌피질의 작은 부분으로 제한하고, 조절되지 않은 전기 활동이 뇌 전체로 넓게 퍼지는 것을 방지하고 억제하여 전신 경련이 일어나지 않게 한다. 그녀가 묘사하는 것은 전형적인 후두엽 발작이다.

다른 뇌전증과 마찬가지로, 그 경험은 뇌의 어디에서 비정상적 전기 활동이 발생하느냐에 따라 달라진다. 특히 이 경우는 뇌의 시각 영역에서 발생하는 뇌전증 발작이다. 이 유형 뇌전증의 가장 일반적인 징후는 '요소환각'이라는 것인데, 정확히 수잔이 묘사하는 증상 그대로다. 색이 있고, 종종 알록달록하며, 동그란 패턴, 점, 원이나 구로 나타난다. 때때로 발작이 진행됨에 따라 구성 요소가 증식하고 확대되며 전기 활동이 일차시각피질(시각 정보가 직접 입력되며, 미가공 감각 인상을 수용하는 뇌 표면 영역)로 확산되면서 움직이기 시작한다. 편두통을 앓아본 사람이라면 이런 증상이 조금은 익숙할 수 있다. 편두통이 있는 사람들도 흔하게 두통의 전조증상인 아우라를 경험하기 때문이다.

실제로 내 경우에도, 편두통이 일어날 거라는 첫 경고는 시야의 가장자리에서 약간의 깜박임이 이는 것이다. 처음에는 너무 미묘해서 내 상상의 산물은 아닐까 싶었다. 하지만 그것이 발전하면서 진짜 편두통 아우라라는 확신이 들었다. 깜빡이는 부분이 점점 더 퍼져 나중에는 사이 공간이 없을 만큼 전체를 뒤덮는다. 그 시점이 오면 나는 어떻게 해야 할지 깨닫고 이부프로펜으로 손을 뻗는다. 아주 가끔은 항상 흑백인 꿈틀거리는 선이나 지그재그 모양이 내 시야를 가로질러 움직이는 게 보이는데, 바로 편두통의 전조다. 뇌전증의 아우라처럼, 편두통의 아우라도 시각피질을 돌아다니며 뇌에서 시각을 활성화하고 교란시키는 전기 활동의 변화를 일으킨다. 하지만 편두통과 뇌전증의 차이는 전기적 변화의 성질이다. 빠르고 비조직적으로 전기 방전이 이루어지는 뇌전증과 달리, 편두통의 전기 방출은 더 통제되고, 더 느리게 퍼지며, 뉴런이 활성화되는 방식도 다르다. 촛불 심지가 느리게 타 들어가는 것이 편두통이라면, 뇌전증은 화약 심지에 타 들어가는 불꽃이다.

수잔의 경우 발작이 일차시각피질에서 시작해 눈의 움직임을 담당하는 영역을 포함한 뇌 전방으로 퍼진 다음(눈이 한쪽으로 끌려가는 느낌을 야기한다), 이윽고 뇌 전체가 영향권에 들어온다. 하지만 뇌전증에서는 시력이 다른 식으로도 방해를 받는다. 이런 방해 요인의 성격을 파악하면 시각 처리를 담당하는 조직 구성을 일부 알 수 있다. 보는 행위는 망막에 맺히는 이미지를 등록하는 게 전부가 아니다. 가족이나 친구를 본다고 상상해 보자. 집 문간에 있는 가족의 어깨 위, 얼굴을 본다. 그러면 누군지 알아보고, 그 사람과의 관계를 이해하고, 그 사람이 당신에게 어떤 의미인지 기억하고, 그 사람을 마지막으로 만난 때를 떠올리게 된다.

이렇게 당신 앞에 있는 눈, 코, 입이 의미를 가지려면 두 가지 중요한 과정이 필요하다. 첫 번째, '그 모든 정보가 무슨 의미를 담고 있는가?' 이 물체는 무엇이고, 어떤 의미이며, 나와 무슨 관련이 있는가? 당신은 그게 얼굴이고, 친숙한 얼굴이며, 사랑하는 어머니의 얼굴임을 알게 된다. 두 번째로 중요한 정보는 '이 얼굴이 어디에 있는가?'이다. 가까운가, 멀리 있는가? 내가 대화하고 포옹할 수 있을 만큼 가까운가? 그 얼굴은 내게 점점 가까워지는가, 멀어지는가? 그녀를 환영하기 위해 문을 활짝 열어야 할까? 뒤에서 문을 닫아야 할까? 이 '무엇'과 '어디'가 없으면 얼굴은 아무 의미도, 실체도 없는 생김새의 집합일 뿐이다.

다시 말해 그냥 보이기만 한다고 정상적인 시력을 가질 수 있는 게 아닌 것이다. 시각 세계를 이해하는 과정은 다른 인지 과정, 뇌의 다른 영역과 통합되어야 한다. 즉, 정보의 흐름이 목덜미 위의 후두엽 끝부분, 일차 시각피질로부터 의미와 위치를 해석하는 뇌의 영역까지 퍼져야 한다. '무엇'의 경로는 기억과 통합되면서 시각적, 언어적 단서에 의미를 부여해 주는 측두엽 앞쪽을 지난다. 측두엽 내에는 얼굴 같은 시각적 물체나 다른 복합적 이미지의 인식을 담당하는 영역이 있다. 발작이 어디서 일어나느냐에 따라 시각피질에서 측두엽으로 이동할 때, 발작을 일으키는 시각적 환각이 더 복잡한 양상을 띨 수 있다. 사람, 동물, 형태, 장면까지, 때로는 익숙하고, 때로는 무서운 것들 말이다.

'무엇'과 '어디'의 시각 처리 경로

수잔이 묘사하는 것은 두 번째 형태의 발작에 해당하는데, 나는 한 번도 본 적 없는 케이스였다. 이런 형태로 발전된 것은 최근 몇 년 동안이었다. "그냥 뜬금없이 나타나요. 매번 똑같은 형태로요. 20~30초 동안 지속되다가 사라져요." 그녀는 묘사해 보려고 하지만, 설명하기 어렵고 이해하기도 어렵다. 뇌전증을 겪는 다른 사람들을 만나보면, 때로는 그들의 경험 자체가 우리의 이해 범위를 넘어서기 때문에 명확한 설명이 거의 불가능함을 알 수 있다.

수잔은 이렇게 운을 뗀다. "흑백필름 같다고나 할까요? 사진을 보는 것 같아요. 누가 제 앞에 있는데, 제 눈에는 그 사람 뒤에 있는 것까지 보이는 거죠." 그녀는 앞에 서 있는 사람을 볼 수 있을 뿐 아니라, 동시에 그 사람 뒤편에 있을 광경(벽이나 그림 같은, 보통은 앞을 막고 선 사람에게 가려지는 배경)까지 생생하게 볼 수 있다고 말한다. 복시가 있는 사람들도 종종 자신이 물체를 꿰뚫어 본다고 느끼지만 그건 두 이미지가 잘못 겹쳐 보이는 것인데, 수잔은 모든 이미지가 하나로 명확히 보인다고 확신한다.

네거티브 이미지에서처럼 색이 반전되는지 묻자, 그건 아니라 부정한다. "그냥 사람이 반투명하다고 할까? 이미지가 배경에 겹쳐진 채 덩어리로 있는 거예요." 몇 번의 토론을 거쳐, 우리는 그녀의 이미지를 설명할 수 있는 가장 좋은 방법은 이중 노출 혹은 두 개의 오래된 프로젝터 슬라이드를 겹쳐 사용한 것이라는 데 동의한다. 전경과 배경의 이미지가 겹쳐진 것이다. 그 외에는 달리 설명할 방법이 없다. 수잔은 말한다. "논리적으로는 그렇게 할 수 있다는 게 설명이 안 되겠죠. 그런데 전 그냥 꿰뚫어 볼 수 있어요!"

이중 노출 합성 이미지들

수잔의 설명하기 어려운 X-레이 시력의 근거에는 문제가 있다. 그 순간 눈앞에 펼쳐지는 모습은 물리법칙을 거스른다. 눈앞에 보이는 사람 주위로 빛이 휘어져 들어가는 것이다. 하지만 그녀의 발작이 '어디'의 시각 처리 경로를 방해하고 있다고 하면 설명이 가능하다. 어찌된 일인지, 이 두 번째 유형의 발작은 그녀의 시공간, 그녀의 세계와 관련 있는 곳에 위치한 모든 것의 인식을 방해한다. 사람과 그 사람이 특정 공간에서 차지하는 위치에 대한 인식 장애가 사람과 공간 두 가지 모두를 인식하게 만든다고 생각되는데, 이는 아마도 시각 기억을 바탕으로 재구성된 게 아닌가 싶다.

세계 지도와 그 안에서의 우리 위치 정보가 들어 있고, 우리 몸의 다양한 부분이 서로 관계를 맺게 해주는 곳, 그 근본이 되는 신경들은 후두피질과 인접한 두정피질 안에 있는데, 이곳이 우리 뇌의 시각 중심이다. 이 회로, 즉 '어디'의 시각 처리 경로의 기초가 되는 후두엽에서부터 두정엽까지의 정보 흐름을 방해하면, 시각 물체가 공간의 어디에 위치하는지 파악하지 못하게 된다. 이 영역에서 발생하는 발작은 시각 물체의 왜곡을 초래하여 얼굴이나 사람을 괴상하게 바꾸거나, 시각 물체가 사라진 뒤에도 지속되며, 때로는 시야 끝에서 끝으로 반복해 나타나고, 가장 극단적인 경우 시야가 기울어지거나 완전히 반전되기도 한다. 그리고 수잔의 경우에는 약물치료를 하면서 또 다른 유형의 발작이 두드러지게 된 것 같다. 작은 섬처럼 흩어진 비정상 피질조직 중 하나가 '무엇'보다는 '어디'를 담당하는 시각 처리 경로를 교란시켜 작은 발작을 일으킨다.

알록달록한 방울이나 시공간의 왜곡으로 나타나는 수잔의 시각적 환각은 무엇인가 근본적인 사실을 알려준다. 발작은 뇌의 외벽인 대뇌피질이 과잉활동을 하고 있다는 뜻이기 때문에, 그녀의 경험은 환각이 대뇌피질 자체에서 시작된 것임을 분명히 입증한다. 환각의 성격은 발작이 정확히 어디서 시작되었는지에 따라 달라지는데, 수잔의 환시는 뇌 표면의 매우 복합적인 세포망의 기능 장애 또는 기능 과잉 때문이다. 이 점은 니나의 케이스에서도 몇 가지 중요한 점을 시사한다.

✦ ✦ ✦

Nina, 어둠 속 좀비 얼굴과 사는 여자

니나는 과거 진료 중 언젠가 샤를 보네가 언급되었던 것을 기억한다. 하지만 거기에 대한 묘사나 설명은 없었다. 그 시점에, 그녀는 눈이 아니라 뇌에 문제가 있다는 것을 전혀 알지 못했다. 니나는 가족이 인터넷에서 수집한 정보를 갖고 더 많은 정보를 얻기 위해 병원으로 돌아갔다. "전문의와 이야기했는데 의사는 친절하고 이해심이 많았지만 더 이상의 정보는 주지 않았어요. '맞아요, 샤를 보네 증후군이에요. 안내책자가 있는지 알아볼게요.' 마치 '그냥 집에 가서 알아서 해결해요.'라고 말하는 것 같았어요. 너무나 멸시당하는 기분이었어요." 니나는 단순히 문제를 받아들이기만 하는 사람이 아니었기에, 수소문 끝에 샤를 보네 증후군을 가진 사람들에게 정보와 도움을 제공하는 지원 단체에 연락을 취할 수 있었다.

나는 니나에게 아직도 환시를 겪고 있는지 물었다. 그녀는 우리가 이야기하는 동안에도 보고 있었다며, 현재 보이는 것들을 묘사하기 시작한다. "자, 검은 시트를 작은 강낭콩 모양으로 도려냈다고 생각해 보세요. 강낭콩이 같은 모양을 계속 끌어당겨요. 그래서 강낭콩 주변으로 계속 새 강낭콩이 나오고 또 나와서 파란 강낭콩들이 줄줄이 비엔나소시지가 되고 강을 이뤄요." 그녀는 웃는다. "사람들은 제가 미쳤다고 생각할 거예요! 그러고 나면 강낭콩 아래 헝겊으로 여기저기 기운 얼굴이 나타나요. 거기서 초록, 파랑, 분홍으로 바뀌어요." 대화 중간에도 그녀는 종종 말한다. "지금 또 바뀌었어요. 그냥 계속해서 변해요."

나는 니나에게 샤를 보네가 묘사했던 걸리버 여행기의 소인들을 본 적 있는지 물었지만, 그녀는 보지 못했다고 했다. 대신 바트 심슨이나 미니마우스 같은 작은 만화 캐릭터들이 가끔 팔을 흔든단다. 그녀의 묘사를 듣고 있으니 내가 어릴 적 유행했던 시계가 생각난다. 미키의 팔이 시침과 분침이 되어 시계판에서 돌아가던 손목시계. "어떨 때는 그 캐릭터들이 여러 모양의 콜라주 안에 섞여 있어요. 〈월리를 찾아라〉처럼요." 그녀는 빙그레 웃으며, 수천 개의 작은 캐릭터 그림 가운데 빨강과 하양 줄무늬 셔츠를 입은 월리를 찾는 거라고 설명한다.

현재 니나가 묘사하는 내용은 특별히 무섭거나 불쾌하게 들리지 않는다. 나는 그녀에게 경험 중에서 가장 고통스러운 점이 무엇인지 묻는다. 그녀는 잠시 멈춰 답변을 생각한다. 그녀는 (이제 완전히 적응이 되긴 했지만) 깨어 있는 동안 잠들기 전까지 항상 존재하며, 그 강도와 형태가 심하게 변동하는 환영이라고 말한다. 피곤하거나 스트레스를 받는 날이면 색은 더 밝아지고, 더욱 선명해진다. 그리고 훨씬 더 방해가 된다. "그런 날은 더 자주 벽에 부딪치고, 문지방에 걸려 넘어져요. 환영들이 길을 가로막으니까요." 좀비 얼굴도 여전히 나왔다 사라졌다 한다. "확실히 제 감정과 연결되어 있는 것 같아요. 슬프거나 화나거나 불안할 때면 악마나 개 같은 좀비 얼굴이 나타나요. 행복하고 편안할 때는 그저 영롱한 색과 물방울, 유니콘들이 둥둥 떠다녀요."

니나가 해답을 찾지 못한 질문의 답은 무엇일까? 왜 이런 일이 생길까? 뇌는 무슨 이유로 이런 이미지를 생성할까? 무엇을, 무엇이라도 보려는 뇌의 욕구가 이토록 강렬한 것일까? 물론 환시는 시각적 손실이 있어야만 나타나는 것은 아니다. 환시는 조현병, 약물 사용의 영향, 파킨슨병, 알츠하이머병, 심지어 가족과의 사별 같은 광범위한 신경학적·정신적 상태로 인한 것일 수 있다. 또한 앞서 본 뇌전증 발작과 편두통도 원인이 된다. 이미 설명했듯이 뇌 안의 서로 다른 영역과 경로들이 시각 처리의 여러 측면을 담당한다. 사실, 대뇌피질의 다양한 영역은 시각 세계의 '무엇'과 '어디'를 넘어서는 어느 정도의 전문성을 갖고 있다. 그 전문성은 꽤 놀라울 정도인데, 색상, 형태, 질감을 처리하는 데만 집중하는 영역이 있는가 하면, 어떤 영역들은 저마다 익숙한 얼굴, 눈과 입의 움직임, 신체 부위, 물체 인식, 풍경, 심지어 문자나 텍스트 처리에 초점을 맞춘다.

예를 들어, 노란색 테니스공이 눈앞으로 날아온다고 생각해 보자. 그러면 모양, 물체, 색, 움직임을 담당하는 대뇌피질의 활동이 증가할 것이다. 배우자가 미소 짓는 것을 보면, 얼굴을 인식하고 입의 움직임을 담당하는 뇌의 영역에 불이 들어온다. 그런데 환시의 원인과 상관없이 그것을 경험하는 사람들의 뇌에서도 같은 일이 벌어진다. 샤를 보네 증후군, 조현병, 기타 다른 이유로 테니스공이나 배우자 얼굴의 환영을 보는 뇌를 스캔해 보면, 정상적으로 볼 때와 동일한 영역에서 활동이 증가하는 것을 확인할 수 있다.

뇌 활동의 변화가 어떻게 뇌 물질 구조와 화학 전달 시스템의 변동이나 뇌 질환과 관련되는지를 알면, 아마 한결 이해하기 쉬울 것이다. 하지만 왜 안구 질환도 이와 비슷한 결과를 야기하는지는 명확하지 않다. 다만, 그 중심에는 소위 '구심로차단' 이론이 있다. 이는 뇌의 한 영역에서 입력되던 정보가 사라지면, 피질에서 그 부분을 담당하는 영역의 억제가 줄어들어 과도한 흥분을 일으킨다는 것이다. 본래 입력이 정상적으로 이루어지면 뇌는 스스로 활동을 억제한다. 고문을 당할 때 감각이 결핍되면 환각을 만들어내는 것처럼, 안구 질환 때문에 시각이 결핍되면 시각적 환각을 유발한다. 뉴런으로 전달되는 입력이 전부 제거되면 그 뉴런은 죽는다.

하지만 일부 입력이 보존된다면, 그 뉴런이나 그것이 사는 환경이 적응해 나갈 수 있다. 뉴런과 이웃 뉴런 간에 새로운 연결이 싹트고, 기존 뉴런과의 연결은 조정된다. 연결부가 정상적으로 억제되면 강도가 증가할 수 있다. 변화는 뉴런 간 연결부의 양쪽, 시냅스에서도 일어난다. 시냅스의 한쪽에서 화학전달물질이 증가하면 건너편에서도 수용체의 생산이 증가하기 때문이다. 이런 변화의 순효과는 정상적인 입력이 없는 뉴런 내 활동을 촉발하는 것이다. 더 큰 차원에서는 들어오는 정보가 없는데도 대뇌피질이 자발적으로 활동하는 것이다. 시력이 없는데 시각을 인식하는 것처럼. 나중에 설명하겠지만 '구심로차단'의 대상이 되는 것은 단지 시각만이 아니다.

적어도 샤를 보네 증후군에서는 감각 입력이 사라지면 뇌의 시각 영역이 자발적으로 활동하는 것으로 보이며, 환시의 성질을 규정하는 데 필요한 것은 뇌의 시각 영역이다. 그 점은 환시가 단순하든 복잡하든, 색이나 모양이 어떠하든, 걸리버 여행기 속 소인이 있든 없든 상관이 없다. 역사 속 의상을 정교하게 차려 입은 그 소인들을 볼 때 샤를 보네 증후군의 환시가 특징적인 것은 사실이나, 왜 그런 형상이 만들어지는지에 관한 의문은 여전히 풀리지 않은 채 남아 있다. 다만 추정컨대 시각피질이 특히 더 고도로 전문화되어 있는 관계로, 다른 영역보다 '구심로차단'에 더 취약하기 때문인 것으로 보인다. 그렇기에 니나와 비슷한 다른 환자들이 경험하는 환영(크기나 형태가 왜곡된 얼굴, 모양 등)의 종류가 제각기 다르게 나타나는 것이다.

그러나 니나의 환시를 볼 수 있는 다른 방법도 있다. 사실 니나의 것과 같은 환영은 정신 질환, 감각 상실, 그 밖에 다른 장애를 가진 사람들의 경우에도 나타날 수 있다. 이는 시각뿐 아니라 다른 감각에도 전부 해당되는 이야기이며, 궁극적으로 우리 인지의 근본을 구성하는 것이다. 우리는 이미 전쟁 부상병들에 관한 비처의 분석을 통해, 감각이 단순히 주변 정보를 모아 뇌로 전달하는 과정이 아니고, 실제 뇌가 포착하는 데이터에도 영향을 미친다는 사실을 알았다. 이를 각각 '상향식 처리', '하향식 처리'라고 한다. 하지만 이 정보의 양방향 흐름은 느낌이나 감각에만 국한되지 않는다. 그것은 우리 신경계가 작동하는 원리다.

✦ ✦ ✦

우리의 세계를 이해하려면 우선 우리 몸의 시스템에는 자연이 짜 넣은 세 가지 주요 결점이 있다는 사실을 알아야 한다. 첫째, 우리에게 끊임없이 퍼부어지는 정보의 양은 너무 방대한 나머지 제한된 신경계가 다 처리할 수 없다. 우리가 세계를 인식하는 일은 느려 터진 인터넷으로 풀HD 영화를 스트리밍하는 것과 같다. 모든 데이터를 안정적으로 전송하기에는 대역폭이 너무 좁다. 둘째, 우리는 본질적으로 과거에 살고 있다. 신경, 척수, 뇌의 구조와 신경세포 간 연결구조인 시냅스는 신호를 보내기 위해 하나의 신경세포에서 다른 신경세포로 방출되는 화학물질에 의존한다. 그렇기 때문에 우리가 세상을 인식하기까지는 내재적인 지연이 있을 수밖에 없다.

윔블던 테니스 코트에 서 있다고 생각해 보자. 매치포인트 상황. 맞은편에 선 상대방이 공을 몇 번 튕기며 서브 준비를 한다. 공이 라켓을 떠나는 순간부터 공이 당신 얼굴을 스쳐 지나기까지는 약 400밀리초(1밀리초는 1000분의 1초 -옮긴이)가 걸린다. 빛이 망막에 닿고 나서 그 신호들이 일차시각피질에 도달하기까지는 약 60밀리초가 걸리고, 그 시점에서 당신은 막연하게 무언가를 인지하지만, 그 신호들이 공의 '무엇'과 '어디' 정보를 알려주는 다른 시각 영역에 도달하려면 160~180밀리초가 더 걸린다. 따라서 만일 들어오는 신호에만 의존한다면, 움직이는 공을 능동적으로 인지할 때쯤 공은 이미 몇 미터를 날아와 당신을 지나쳐 가려 할 것이다.

셋째이자 마지막 문제는 감각 정보는 본질적으로 모호하다는 점이다. 눈앞에서 멀지 않은 곳에 빨간 차가 있다고 상상해 보자. 그게 몇 미터 떨어진 곳에 있는 실제 자동차라면 안전하다고 판단할 수 있다. 하지만 망막에 떨어지는 시각 이미지만 두고 생각하면, 얼굴에서 몇 센티미터 앞에 있는 작은 모형 자동차일 수도 있다.

우리 신경계의 이런 한계는 일상 생활에서는 명확히 드러나지 않는다. 교과서나 M.C. 에셔M.C. Escher의 그림에서 착시를 볼 때, 이런 문제가 일부 드러난다. 단순한 블록 패턴이 서로 마주보는 검은 얼굴들로 보이기도, 하얀 꽃병 하나로 보이기도 한다. 어떤 사람에게는 오리 머리로 보이는 선 그림이, 다른 사람에게는 토끼로 보인다. 또 어린 소녀의 옆 모습이 갑자기 할머니 얼굴로 바뀌기도 한다. 이것들은 단순한 흥밋거리가 아니라, 세상을 이해하는 우리의 인식이 얼마나 모호한지를 보여주는 증거다.

M.C. 에셔의 착시 작품

우리 자신의 보다 근본적인 무엇인가를 보여주는 착시도 있다. 바로 뇌가 단순히 정보를 흡수하기만 하는 게 아니라는 사실이다. 뇌는 수용기라기보다 예측기에 가깝다. 세계에 대한 우리의 인식 바탕에는 세계의 모습이 어떠할 것이라는 예측이 깔려 있다. 이것은 데이터 용량, 내재적 시간 지연, 모호성이라는 세 가지 결점을 해결하기 위해 반드시 필요한 지름길이다. 방금 말했던 할머니 그림으로 돌아가 보자. 그 안에 숨겨진 젊은 여자의 얼굴을 한번 보고 나면 다시 할머니 얼굴로 돌아가기는 어렵다. 계속해서 360도 회전하는 가면 얼굴 착시도 마찬가지다. 가면은 회전하면서 안팎이 뒤집히는데, 그럼에도 우리 눈에는 여전히 정상적인 얼굴로 보인다. 우리의 뇌는 얼굴이 어떻게 생겼는지를 수십 년 동안 학습해 왔다. 가령, 코와 턱은 입술이나 눈보다 더 가까이 있다. 우리는 정상적인 얼굴을 보기를 기대하며, 그 얼굴이 거기에 있을 거라고 예측한다. 그래서 실제 눈

회전하는 가면 얼굴 착시

앞에 있는 반전된 얼굴을 보는 대신에, 우리가 익히 아는 얼굴로 인식하게 된다.

우리가 몇 밀리초 과거에 살고 있는 것을 보상하기 위해 예측을 어떻게 이용하는지 잘 보여주는 착시도 있다. 이 현상은 '섬광지연 착시'라고 불리는 애니메이션의 형태로 쉽게 설명할 수 있다. 먼저 시계 초침이 그렇듯이 보이지 않는 중심점 주위를 회전하는 작은 막대를, 정지-출발 애니메이션처럼 예측 가능한 간격으로 깜빡이게 해 움직임을 인식시킨다. 첫 번째 막대의 연장선상에 동일한 각도로 놓인 두 번째 막대에도 같은 효과를 주면, 두 막대가 나란히 회전하는 것처럼 보인다. 하지만 두 번째 막대의 깜빡이는 간격을 달리 하면, 두 막대가 나란히 정렬되지 않은 것처럼 인식되어 시계 바늘이 꺾여 보인다. 첫 번째 막대의 움직임이 예측 가능한 특성을 갖고 있기 때문에, 우리는 막대가 있을 것이라고 예상하는 위치에서 막대를 인지한다. 그런데 두 번째 막대의 예측 불가능한 깜빡임은 예상과 다른 막대의 실제 위치를 보여준다. 그로써 지연이 발생하고, 결과적으로 두 막대가 서로 다른 각도로 놓인 것처럼 인식하는 것이다.

섬광지연 착시

심지어 무선 통신 차원에서도, 우리의 결함을 해결하기 위해 몇 가지 발전적인 해결책이 도입되었다는 증거가 있다. 전자의 세계에서는 대역폭 문제를 오랫동안 인지해 왔다. 텔레비전에서 스크린의 모든 픽셀에 상세한 정보를 전송하는 것은 어려운 도전이었다. 하지만 모든 픽셀의 색이 인접한 픽셀의 색으로부터 예측될 수 있다는 사실은 오래 전에 밝혀졌다. 예를 들어 TV 화면에 파란 하늘이 있으면, 파란색 픽셀 하나는 다른 파란색 픽셀들로 둘러싸여 있을 가능성이 높다. 이는 정보에 어느 정도의 불필요한 중복이 있음을 시사한다. 즉 각 픽셀의 세부 정보를 초당 20회나 50회씩 전송할 필요가 없는 것이다. 더 중요한 것은 변화이므로, 픽셀의 색이 변한 지점의 정보를 전달하면 된다. 대용량 컴퓨터 파일을 이메일로 전송할 때 압축하는 것처럼, 전송되는 데이터를 상당 부분 압축하면 불필요하게 중복되는 정보를 없앨 수 있다.

생물학적 관점에서 볼 때도 우리가 관심을 갖는 것은 변화다. 우리 주변의 정적인 세계는 위협적이지 않지만, 우리가 그 사이로 움직이거나 그것이 우리 주위를 움직일 때 우리 생존에 영향을 미친다. 음식물이나 물이 쏟아지고, 사자가 덮치려 하는 순간의 변화를 감지해야 한다. 우리는 일상의 변화에 굉장히 민감하지만 그만큼 변화 적응력도 뛰어나다. 호수에 뛰어들었을 때 심장이 멎을 듯한 추위는 서서히 가라앉고, 방에 들어갈 때 훅 끼치던 악취에도 서서히 둔감해져 다른 사람이 방에 들어올 때의 반응을 보고 나서야 다시 냄새에 주의를 기울이게 된다.

따라서 환경 변화를 감지해야 한다는 진화적 압박은 분명 존재하지만, 우리 신경계가 매 순간, 모든 감각 입력을 뇌에 전달하는 데 필요한 대역폭을 유지할 수는 없다. 우리의 신경계가 이에 대처하기 위해 적응하고 있다는 증거는 얼마든지 있다. 시각계로 돌아가 보면, 망막은 눈 하나당 약 1억 2천만 개의 간상세포와 6~700만 개의 원추세포를 가진 광수용체로 가득 차 있다. 하지만 광수용체가 작동된다 해도 2억 5천만 개 이상의 신호를 전부 시각피질에 전송하지는 않는다. 그렇게 되면 시스템 과부하가 발생한다. 대신에 망막에 있는 수평세포가 광수용체들을 그룹으로 연결한다. 이 세포의 기능 중 하나는 이런 광수용체 그룹으로부터 상대적인 신호를 감지하는 것인데, 기본적으로 유사한 신호는 제거하고 절댓값이 아닌 다양한 광수용체들 사이에서 차이가 보이는 곳의 메시지만 뇌로 전달한다. 데이터 압축의 간단한 예라 할 수 있다.

이쯤 되면 그래서 그게 니나나 시각적 환각을 경험하는 다른 사람들과 무슨 관련이 있다는 것인지 궁금할 것이다. 앞서 언급한 신경계의 내재적 한계는 근본적으로 해결 불가능한 문제다. 우리 뇌는 삶의 매 순간 환경으로부터 의미를 끌어내고 처리할 수 있는, 아무 제약 없는 컴퓨터가 아니다. 그래서 생존을 달성하려면 지름길을 이용해야만 한다. 이 지름길은 예측이라는 형태로 나타난다. 뇌가 예측기라는 개념, 우리의 감각 입력이 세계에 대한 예측의 맥락에서 번역된다는 사실은 이제 인지 및 전산신경과학의 확고한 기반으로 자리 잡았다. 뇌 속에는 우리가 이해하는 세계의 모델이 있고, 이는 우리의 이전 경험에 근거한다. 이 모델은 유전과 성장과정, 지금까지의 삶의 경험에 기초해 만들어지기 때문에, 지구상의 모든 사람마다 약간씩 다르다. 그 모델은 그날그날의 경험에 기초해 끊임없이 개선되고 조정된다.

내 다른 저서 『야행성 뇌The Nocturnal Brain』에도 썼지만 우리가 꿈을 꾸는 이유에 대한 한 가지 가설은, 꿈꾸는 행위가 우리가 외부 세계에서 배제되어 있는 동안 우리 내부 모델을 개선한다는 것이다. 예측은 우리에게 내재된 대역폭, 지연, 모호성의 제약을 해결하기 위해 꼭 필요하다. 두뇌의 '예측코딩모델predictive-coding mode'에 따르면, 모든 단계에서 들어오는 감각 입력과 이 예측 과정 사이에는 균형이 존재한다. 즉, 감각의 '상향식' 신호와 '하향식' 예측 신호가 상호 피드백을 주고받는다는 이야기다. 본래 이 모델은 시각의 양상을 설명하기 위해 개발되었는데, 이것이 사회적 상호작용과 신념 체계를 포괄하는, 훨씬 더 높은 수준의 인지와 인식에 관한 것으로 확장될 수 있다는 관점도 있다.

반대 방향으로 흐르는 두 정보 흐름 사이에서 균형을 맞추기는 쉬운 일이 아니다. 우리는 예측을 통해 세계에 대한 인식을 최적화하고 싶어 하지만, 예측에 지나치게 의존하면 자신이 기대하는 이미지만으로 세상을 창조할 위험이 커진다. 그런 한편 감각 입력에 지나치게 의존하거나 반대로 예측에 너무 적게 의존하면, 소음의 바다에서 익사하거나 앞에서 설명한 뇌와 신경의 한계를 극복하지 못할 위험이 있다. 그 균형은 매우 중요하며, 환시의 본질에 관한 이론을 통합하는 구심점이 된다. 니나의 경우, 실명 때문에 감각 신호가 부족해지자 내적 예측에 지나치게 의존하게 되었고, 그 상대적 불균형이 뇌의 예측에 너무 많은 비중을 두어 보이지 않는 상태에서도 시각을 인지하게 된 것이다.

다른 감각 상실을 겪고 있는 사람들의 케이스에도 비슷한 설명을 붙일 수 있다. 그렇지만 정신병이나 알츠하이머, 파킨슨병과 같은 기저 뇌 질환으로 인한 경우, 뇌의 내부 예측 특성이 감각 입력보다 우선하기 때문에 환각을 일으킨다. 이 견해는 또한 망상도 설명할 수 있는데, 망상의 원인은 현실에 반하는 증거에 대한 지나친 신뢰다. 왜냐하면 우리 세계의 내부 모델은 감각뿐 아니라 환경을 이해하려는 모든 측면으로 확장되기 때문이다. 우리가 어떻게 기능하는지를 알려주는 이 모델은 다른 영역에도 적용할 수 있다. 예를 들어 자폐 스펙트럼이 있는 사람들에게서 종종 보고되는 '감각 과부하'는, 시끄러운 소음이나 어지러운 시야 등 감각 정보가 너무 많을 때 이에 대처하지 못하고 불편함을 느끼며 통제 불능 상태가 되는 것이다. 아마도 그들의 내부 세계가 가진 힘이 더 약하기 때문에, 감각 입력을 처리하는 능력이 제한되는 것으로 짐작된다.

✦ ✦ ✦

니나와의 대화를 마무리할 때가 되어서야 나는 그녀가 들려준 이야기를 제대로 흡수하기 시작한다. 이제 서른다섯인 니나는 지난 30년 동안 시력이 개선될 거라는 수많은 약속을 믿고 나아가다가 번번이 내동댕이쳐졌다. 몇몇 경우는 어느 정도 예측이 가능했다. 이식 수술에서 거부반응이 나타날 가능성은 많으니까. 하지만 그녀가 겪은 마지막 두 사건은 나로서는 퍽 이해하기가 힘들다. 두 사고 모두 그녀의 나아진 시력을 겨냥했다는 지극히 낮은 확률을 보면, 운명의 장난이라고 밖에 설명할 수 없을 것 같다. 끔찍한 재앙. 그녀를 향한 운명의 음모. 나는 니나에게 이 모든 것을 어떻게 받아들이는지 묻는다. 그녀는 예전에는 전혀 독실한 사람도 아니었고, 이름뿐인 가톨릭 신자였다고 한다. 하지만 자신에게 일어난 일들에 대해서는 이렇게 말한다. "여기가 제가 있어야 할 곳이라고 믿어요. 사람들의 경각심을 끌어내면서 세상과 저의 이야기를 나누는 이곳이요. 제가 그런 여정을 지나왔기에 다른 사람들이 제 이야기를 듣고 배울 수 있잖아요. 같은 일을 겪고 있는 사람들에게 도움이 되었으면 하는 바람이에요. 그게 이유일 거라고 생각해요. 정말로 온 우주가 제가 이곳에 있기를 원한다고 믿어요."

영적인 부분의 비중이 커지면서 니나는 불교와 불교 원리에 관심을 갖게 되었다. 명상을 시작했고 마사지 치료사 과정을 밟고 있는데 재미있다고 했다. 그녀는 덧붙인다. "누군가에게 마사지를 해줄 때면 그 사람이 눈에 보이는 것 같아요. 미친 소리처럼 들릴지 모르겠지만 그게 제 세 번째 눈이 아닐까 싶어요. 상대방과 접촉할 때, 침대에 누워 있는 사람이 물리적으로 보이는 것 같아요. 그럴 때면 환영도 사라져요." 그녀의 아들은 발

마사지 받는 것을 좋아한다. 니나도 아들의 발을 만져주는 게 좋다. "아들의 일부라도 볼 수 있으니까요." 나는 그 말에 관심이 간다. 아들의 얼굴을 몇 년 동안 보지 못했으니, 혹시 얼굴을 '보려고' 아들의 얼굴 마사지를 해본 적은 없을까? 그녀는 아니라고 답한다. "'얼굴을 만지게 해줘.' 그런 말을 하는 맹인이 되고 싶지는 않거든요." 그렇지만 친구의 얼굴을 만져본 적은 있단다. "이상하게 들릴지 모르겠지만 그 친구의 얼굴 모양을 볼 수 있었어요." 눈이 아닌 손끝으로 보는 또 다른 시각인 것이다.

해답을 구하고, 또 가능한 해결책을 찾아보기 위해, 니나는 런던 남부에 위치한 우리 자매 병원에 있는 샤를 보네 증후군의 세계적 권위자인 내 동료를 찾아갔다. 사실 내가 니나를 알게 된 것도 그 동료를 통해서였다. 동료는 약물치료로 니나의 환시를 가라앉힐 가능성을 제기했다. 나는 그녀에게 마지막 질문을 던진다. 환영을 없앨 수 있다면, 그 기회를 잡을 것인가? 확신은 들지 않는 모양이다. "제 자신에게 매일 물어요. 특히 안 좋은 날이면 더 그래요. 하지만 그것마저 사라지면 제겐 뭐가 남아 있을까요? 깜깜한 어둠뿐이겠죠. 적어도 지금은, 아직 볼 게 남았잖아요."

03

장미의 악취

'다섯 번째 감각'이 떠나고 맞은 치명적 일격

"과거를 가장 생생하게 되살려내는 것은 과거에 맡았던 냄새다."

○

블라디미르 나보코프(Vladimir Nabakov), 『메리(Mary)』

,

지금까지 내가 경험한 것 중 가장 지독했던 악취는 기억에 아로새겨져 25년이 지난 지금까지도 여전히 스멀스멀 피어오르곤 한다. 지금도 왠지 그 냄새가 나는 것 같다. 1995년, 의대생으로서 병동에 나온 첫 달이었다. 그 전 3년 동안은 환자를 대면하지 않은 채 강의실, 개별지도실, 해부실, 실험실만 돌아다녔다. 아마 우리는 일반 환자를 직접 대면하게 할 만큼 신뢰가 가지 않고, 너무 모르는 게 많아 아무데나 풀어놓을 수 없었을 것이다.

그런 내가 학교 밖으로 나와 처음 들어간 '의료팀(내가 배정된 전문의와 수련의들로 구성된 팀)'은 혈관 수술 담당이었다. 신선한 얼굴, 배움에 대한 열망, 처음으로 환자를 만난다는 흥분에 휩싸였던 나는 멘토들을 만나자마자 금세 실망했다. 당시 내가 있던 병원은 여전히 의료시설의 보루로 알려져 있었지만 구식인 데다 전통을 답습하며 그다지 진보적이지도 않았다. 그중 압권은 팀의 외과 전문의들이었는데, 『청춘진단Doctor in the house』(영국의 병원을 무대로 한 코미디 소설(1952)로 영화(1954)와 TV 드라마로도 제작되었다. -옮긴이)의 랜슬롯 스프랫 경에게서 딱 유머와 인간성만 뺀 인물을 상상하면 된다. 그들의 교육 스타일은 고함, 괴롭힘, 모욕 기술이 바탕을 이루었고, 그런 기풍은 의료팀 구조도를 따라 아래로 번져 나가 수련의와 전공의들도 똑같은 방식으로 우리 같은 하찮은 의대생들을 가르쳤다.

혈관 수술은 주로 정맥과 동맥의 질병을 치료하기 위해 시행한다. 정맥류를 제거하는 것부터 대동맥(심장에서 나가는 주요 동맥)에서 터진 동맥류를 복원해 생명을 건지는 것까지 다양하다. 그리고 당시는 구식 수술 방식이 행해지던 때라 심장 박동, 지혈대 해제, 절단 순간에 뿜어져 나온 피로 수술실은 피바다가 되곤 했다. 스타틴이 널리 보급되기 전이자 그런 약물의 이로운 효과가 명백해지기 전이었고, 그때만 해도 동맥에 노폐물이 쌓이면서 야기되는 혈관 질환이 매우 흔했다. 혈관 병동은 동맥경화, 다리궤양, 동맥류가 있는 중증 당뇨병 환자나 골초들로 가득했다.

첫 병동 회진 교육은 수련의와 의대생 여섯 명이 한 조가 되어 특히 더 배울 거리가 있는 환자들을 선별해 진찰하는 것이었다. 우리는 셔츠와 넥타이 위에 새로 풀 먹인 흰 가운을 입고 과열된 병동을 발발거리며 돌아다녔고, 환자들을 볼 때는 재빨리 커튼을 휙 쳤다. 그 좁은 공간에서 흰 가운을 입은 의료진 일곱 명이 가엾은 환자 옆에 서서 전문용어를 내뱉으며 여기저기를 쿡쿡 찌르고 잡아당겨댔다. 수련의는 아무것도 모르는 경험 없는 학생들에게 위협적인 표정을 지으며 협박 게임을 즐겼다.

그렇게 마지막 환자 주위에 모였다. 커튼을 치기도 전부터 대변 냄새가 희미하게 풍겨왔고, 무언가 썩은 냄새가 공기를 가득 메우고 있었다. 침대에는 실제로는 일흔 살쯤 된 것 같지만 백 살은 족히 넘어 보이는 여성 환자가 작은 참새처럼 누워 있었다. 얼굴에는 주름이 자글자글했고, 입가 주름도 깊게 패 있었으며 안색은 밀랍 같았다. 부스스한 흰 머리카락은 몇 달, 몇 년, 몇 십 년의 담배 연기로 앞부분이 누르스름해졌고, 치아는 거무

스름했으며, 오른손 검지와 중지 사이는 타르의 갈색 얼룩이 져 있었다. 우리를 둘러보며 이 이상한 의학의 세계를 이해할 수 없다는 듯 어리둥절한 표정을 보고, 치매 말기 환자임을 알 수 있었다. 침대 주위로 커튼을 치자 그 전까지 희미하게 풍기던 냄새는 강한 악취로 바뀌었다. 이미 그 좁은 공간에 여덟 명이 다닥다닥 붙어 있는 것만으로도 공기가 후끈후끈한데, 공간이 차단되니 견디기가 힘들었다. 수련의는 별 동요 없이 애매한 미소를 지으며 가엾은 여인을 덮고 있던 면시트를 홱 제쳤다. 마치 최신 묘기를 펼치고 박수갈채를 기대하는 마술사 같았다.

하지만 그 역시 예상하지 못했던 일이 벌어졌다. 시트를 들추자, 동맥질환 때문에 혈액 순환이 되지 않아 산소 공급이 끊긴 그녀의 괴저성 다리(구제 혹은 절단을 대기 중인)가 드러난 것이다. 검은색과 자주색으로 물든 다리에서 녹색 진물이 흘러나오고 있었다. 우리에게 충격과 혐오감을 심어주려는 수련의의 노력은 아주 성공적이었고 나와 동기들의 속을 뒤집어 놓기에 충분했다. 불행히도 그 환자는 치매에다 요실금까지 있었다. 침대 시트, 환자복, 다리…… 모든 곳에 짙은 색의 대변이 잔뜩 묻어 있었고, 침대 한가운데 다리 사이에는 오줌이 고여 있었다. 배설물과 감염, 죽은 조직, 죽어가는 조직 등이 한데 어우러져 내는 악취가 우리의 코와 입을 가득 채우고 옷 속으로 스며들었다. 나의 병동 생활 중 가장 견디기 힘들었던 순간, 기절 직전까지 갔던 경험이었다. 동기들과 나는 재빨리 그곳을 빠져나왔다. 글을 쓰는 지금도 여전히 목구멍 뒤쪽에서 어렴풋이 그때의 감각기억이 되살아난다.

솔직히 말하면 나의 자전적 기억은 정말 형편없다. 아내는 대화를 나눌 때 우리가 함께 갔던 모임이나 나눴던 대화, 여행 이야기를 종종 한다. 아내는 20년 전의 대화를 거의 한 글자 한 글자 암송할 정도로 끄집어낸다. 반면에 나는 아내가 무슨 말을 하는 건지 하나도 모를 정도로 기억에 없는 경우가 많다. 그런 대화가 시작되면 기억나지 않는다고 솔직하게 인정해야 한다. 하지만 당시 그 병동 주변, 그 환자, 그 사건에 관해서는 아주 세세한 부분까지 기억이 난다. 가엾은 환자의 얼굴, 벽 색깔, 다른 학생들의 표정, 공포로 변해가는 수련의의 미소까지도. 무엇보다 콧속 가득 퍼진 끈끈하고 더러운 공기는 폐 속 깊숙이 가라앉아 머릿속까지 침투해 들어온다. 그 악취, 죽음의 냄새, 뱃속의 메스꺼움은 돌에 새긴 조각처럼 도무지 지워지지 않는다.

✦ ✦ ✦

모든 감각 중에서도 후각과 미각은 감각의 성격이나 우리의 이해 측면에서 모두 기준치를 벗어나는 것이다. 가장 기본적인 수준에서 비교해 봐도 우리가 코와 입을 통해 환경에서 채취하는 표본은 다른 감각들과 매우 다르다. 시각, 청각, 촉각도 에너지를 경험으로 변환하지만, 그건 전자기복사(파장이 짧은 감마선부터 파장이 긴 라디오파까지 포함하는 에너지 -옮긴이) 혹은 역학에너지(역학적인 양으로 결정되는 운동, 위치, 탄성 에너지의 총칭 -옮긴이)에 불과하다. 하지만 맛과 냄새의 경우에는 우리가 직접 삼키거나 아예 온몸이 휩싸이는 화학적 환경을 형성한다. 그것들은 우리가 들이마신 공기나 먹은 음식에서 추출해 내는 분자다. 아메바 같은 단세포 유기체들과 공유하는 가장 원시적이고 원초적인 경험, 세상으로 뻗친 촉수로 주변 물질들을 만지면서 얻게 되는, 우리가 살고 있는 화학적 세계에 대한 통찰은 음식과 위험, 혹은 짝에 대한 정보를 준다.

다른 감각들과 달리, 미각과 후각은 덜 세밀하고, 환경에 대한 정보를 덜 담고 있으며, 냄새나 맛의 근원을 규정하기도 쉽지 않다. 눈이나 귀, 손과 마찬가지로 콧구멍도 두 개이긴 하지만, 코 안의 감각기관들은 냄새가 어디서 오는지 쉽게 구별하지 못한다. 우리는 냄새가 점점 강해지는 쪽으로 코를 들이대 볼 수는 있지만 눈으로 깊이와 거리를 재거나, 소리의 발생원을 파악하거나, 손끝으로 복잡한 세부까지 느끼는 예민한 다른 감각과는 차이가 크다. 미각도 마찬가지다. 입안에서 다양한 맛을 느끼긴 하지만 그 출처를 바로 파악할 수 있을 만큼 섬세하지는 않다.

우리가 이 두 감각을 제대로 이해하지 못하는 이유는, 보통의 삶과 임상 장애의 맥락에서 그것들이 갖는 중요성에 대한 상대적인 인식 부족 때문이다. 후각과 미각은 감각의 축구 리그에서 최하위를 차지한다. 미각이나 후각을 잃는 것에 비해 시각, 청각, 촉각을 잃으면 기본적인 삶의 기능에 즉각적인 영향을 미친다. 과연 사과를 맛보거나 장미의 향기를 맡을 수 없다고, 세상이 끝났다 느낄까? 그렇지만 미각과 후각에 대한 지식이 상대적으로 결핍된 원인은 그게 다가 아니다. 이 감각들에 대한 과학적 연구가 제한되어 온 이유는 좀더 평범한 것에 있다.

우리는 위치, 파장, 주파수, 강도, 압력에 따라 우리가 감지하는 빛, 소리, 물체의 양과 질을 쉽게 측정할 수 있다. 그렇지만 냄새나 맛, 심지어 이런 감각들을 둘러싼 우리의 언어조차도 평균치에서 벗어난다. 해석할 필요가 없거나 해석이 아예 불가능하다. 광경이나 소리, 사물의 느낌을 묘사하는 어휘는 광범위한데, 후각과 미각의 언어는 냄새나 맛을 표현할 수 있는 다른 범주의 언어로 제한된다. 우리는 경험이나 마음 깊은 곳에서 떠오르는 기억들을 가지고 냄새를 묘사한다. 우리가 표현하는 냄새나 맛은 우리에게 개인적으로 어떤 의미가 있는지를 바탕으로 할 뿐, 그것들을 각각 의 구성성분으로 나누어 표현하지 않는다.

이것은 매우 중요한 점을 시사한다. 통증을 느끼지 못하는 폴, 앞을 보지 못하는 니나를 떠올려보자. 이런 신경계의 장애는 현실 세계와 우리가 현실을 경험하는 방식이 분리되어 있음을 보여준다. 정상적인 상황에서는 현실 세계와 그것에 대한 우리의 인식 사이에 단절이 있다는 사실을 제대로 이해하기 어렵지만, 냄새와 맛이라는 두 화학적 감각의 경우에는 객관과 주관 사이의 충돌이 더 직감적으로 다가온다. 보거나 듣는 것은 대부분 환경의 물리학과 직접 관련이 있다. 앞에 사과가 있다고 하면, 내게서 몇 미터 떨어진 책상 위에 빨간 구의 형태가 놓여 있다는 뜻이다.

하지만 냄새와 맛의 경우, 아무도 그 감각을 통해 우리가 어떤 물질의 실제 분자구조를 알 수 있다고 주장하지는 않는다. 바닐라 아이스크림을 맛볼 때, 바닐린의 화학적 구조나 바닐린에 특정한 맛을 주는 1차화합물에 대해 알 수 있는가? 향수 냄새를 맡을 때, 우리가 하는 경험이 코로 들어오는 공기 중 분자 칵테일의 물리적 특성과 어떤 식으로든 관련이 있는가? 아니다. 아이스크림이나 향수에 대한 우리의 경험은 단순화되어 있고, 우리의 화학적 환경에 대한 이해는 맛이나 냄새로 제한되며, 뇌가 붙여 놓은 라벨에 불과하다.

단순히 공기나 입에서 화학물질을 추출하는 문제라면, 적어도 이런 감각이 화학물질의 분자구조를 알려줄 거라는 기대는 해볼 수 있다. 그것도 어느 정도는 사실이다. 모든 아민은 구운 냄새가 나고, 지방산은 썩은 냄새가, 알데히드에서는 방금 깎은 잔디나 잎과 같은 식물 냄새가 난다. 하지만 항상 그런 것은 아니다. 가끔은 유사 분자인데도 완전히 다른 냄새가 난다. 때로는 같은 분자라도 다른 3차원 구조(거울상이성질체)를 가질 때 전혀 다른 냄새가 나는데, 예를 들어 열대과일 냄새와 고무 냄새는 분자구조가 똑같다.

'미라클베리'라고 알려진 신세파룸 둘시피쿰Synsepalum dulcificum은 화학적 감각의 환상을 잘 보여주는 예다. 서아프리카가 원산지인 이 관목은 몇 미터 높이까지 자라며 올리브나 도토리처럼 생긴 2센티미터의 붉은 열매를 맺는다. 여기까지는 딱히 기적적이지 않게 들릴 것이다. 그러나 그 기적은 베리를 씹을 때 일어난다. 자체적으로는 톡 쏘는 듯하고 살짝 달콤한 맛이 나는데 그다지 특별할 건 없다. 하지만 베리를 먹고 나서 레몬이나 라임을 베어 물거나 식초를 약간 마시면 입안에서 설탕 맛이 강렬하게 폭발해 달콤함이 흘러 넘친다. 미라쿨린miraculin으로 알려진 베리의 활성화합물이 침으로 씻겨 내질 때까지 몇 분 동안 단맛이 지속된다. 미라쿨린은 그 자체로는 아무것도 하지 않는다. 정상적인 입안 환경에서 중성 타액과 함께 있을 때, 미라쿨린은 단맛 수용체에 붙어 그것들을 봉쇄할 뿐 실제로 단맛에 대한 감각을 자극하지는 않는다. 하지만 침에 신 것이 섞여 입안이 산성화되면 미라쿨린은 타액 단백질과 결합해 구조를 변화시키고, 돌연 단맛 수용체를 봉쇄하지 않고 촉발시킨다. 이 열매가 주는 맛의 환상은 물리적 세계와 그것에 대한 우리의 경험 간의 관계가 다소 느슨한 본질을 띠고 있음을 잘 보여준다.

신맛이 단맛으로 바뀌는 '미라클베리'

✦ ✦ ✦

"사람들은 농담을 하고 절 비웃을 거예요. 코를 손수건으로 막고 아무 냄새도 들어오지 않게 숨을 참으며 앉아 있어야 해요. 정말로요. 냄새를 맡지 않으려고 코 대신 입으로 숨을 쉬기도 해요. 사람들은 그냥 놀리기만 해요. 심지어 이렇게 말하는 사람도 있었어요. '글쎄, 적어도 귀머거리나 장님은 아니잖아.'" 지난 5년 동안의 경험을 들려주는 조앤의 목소리에는 씁쓸함이 묻어난다. 자신의 상태가 삶에 어떤 영향을 미치는지 제대로 알지 못하는 사람들, 그 모든 상황에 대한 씁쓸함.

조앤의 문제는 평범하게 시작되었다. 2015년, 40대 중반에 걸렸던 단순 코감기. 영국에 사는 사람이라면 누구에게나 익숙한, 가을, 겨울 그리고 봄의 간헐적 동반자인 그 감기 말이다. 멀리 북동쪽, 북해의 칼바람이 몰아치는 타인사이드Tyneside에 사는 조앤이 감기에 걸린 건 하나도 이상한 일이 아니었다. 하지만 감기가 몇 주 동안 지속되며 만성 축농증이 생겼고, 결국 항생제를 투여해야 했다. 감기는 가라앉았고, 그녀는 더 이상 그것에 대해 생각하지 않았다. 몇 주 후 이상한 점을 알아차릴 때까지는.

"정말 이상하고, 고약한 냄새가 나기 시작했어요. 딱히 어디서 나는 냄새라고도 말할 수 없었어요. 살 썩은 냄새나 하수구 악취 같기도 했어요. 정말 역겹고 고약한 냄새였어요." 시간이 지날수록, 그 악취는 어디든 조앤을 따라다니며 괴롭혔다. "점점 더 나빠졌어요. 한순간도 사라지지 않았고요." 불행히도 영향을 받은 것은 후각만이 아니었다. 썩은 냄새는 음식 맛에도 스며들었다. "화학적인 맛 같기도 하고, 그냥 맛이 사라진 느낌이랄까, 곰팡이가 슬거나 썩은 음식 같았어요."

특정 냄새가 불쾌감을 고조시켰고, 악취를 촉발시키는 원인도 너무 많아 정상 생활이 힘들었다. "담배 연기, 음식, 커피, 심지어 섬유 유연제나 향수 냄새만 맡아도 악취가 스무 배는 더 심해졌어요." 치약의 민트 냄새를 맡으면 구역질이 나서 아무 맛도 안 나는 치약을 찾기 시작했다. 출근해서 동료들의 향수와 로션 냄새에 둘러싸이는 것도 곤욕이었다. 몇 달 동안은 죽을 지경이었다. 가정생활에도 문제가 생겼다. 남편과 여동생 가족과 함께하던 일요일 점심식사도 힘들어졌다. 음식 냄새, 석탄 연기, 사람들의 체취가 너무 버거웠다. "그래서 그냥 밖으로 도망쳤어요. 하지만 밖에서도 냄새는 휘몰아쳤어요. 상점에만 가도 담배 피우는 사람들을 지나치게 되잖아요. 그럼 반대 방향으로 1마일은 도망쳐야 해요. 심지어 방금 깎은 잔디 냄새도 견딜 수가 없었어요."

순식간에 모든 게 망가졌다. 새로운 현실은 극도로 고통스러웠다. "그냥 계속 잠만 자고 싶었어요. 그게 유일한 탈출구였으니까요. 겨울잠을 자고 싶었어요. 밖에 나가 사회생활 하는 것도, 일하는 것도 그만두고, 말 그대로 잠만 자고 싶었어요." 미라클베리처럼 조앤의 감각 세계는 환상이 되어버렸다. 그것도 죽음, 부패, 부식의 냄새가 끊임없이 맴도는, 기적이라기보다는 무시무시한 냄새의 환상.

조앤의 고통은 도움이나 이해의 결여로 인해 더욱 악화되었다. 그녀가 찾아갔던 첫 일반의는 무표정으로 그녀를 대했다. "의사는 그런 사례는 들어보지도 못한 것 같았어요." 조앤은 회상한다. 여러 가지 비강 스프레이와 약을 받았지만 전혀 도움이 되지 않았다. 나는 조앤의 가족들이 이것을 심리적인 문제라고 생각하는지 물어보았다. (예전에 정신이상이 올 정도로 우울증이 심한 환자를 만난 적 있는데, 주변 세계가 썩거나 죽어간다는 망상을 갖고 있었다.) "가족들도 생물학적인 문제라는 건 이해하지만 어떻게 도와야 할지 모르는 것 같았어요." 이런 경우 종종 그렇듯, '구글 박사'가 대답이 될 만한 것을 알려주었다. 심지어 그녀의 상태를 가리키는 이름도 있었다. "저는 처음 들어봤어요. 일반의에게 물어봤을 때도 처음 들어본다고 했어요." 그 이름은 '착후각parosmia'이다.

✦ ✦ ✦

단순한 흡입 행위. 입을 다문 채 천천히, 숨을 깊게 들이마시는 일. 미묘하게 좁아지는 콧구멍과 코를 간질이는 공기의 격렬한 진동. 무의식적 행위이며 삶 자체에 대한 단순한 관심. 하지만 동시에 무의식적으로 취하는 경계 태세이자 외부 세계의 표본을 채취하고, 위험을 감지하며, 음식, 가족, 잠재적 짝을 찾는 행위. 그 단순한 호흡 하나로 우리 몸은 온 세상을 탐구한다. 이 우주 탐사의 바탕에는 중추신경계가 외부 세계와 만나는 유일한 지점, 우리 뇌가 몸의 경계를 뛰어넘어 뻗어 나가는 지점이 있다. 다른 감각들의 경우라면, 보안요원들이 뇌를 보호한다. 고급 클럽의 문 앞에 서서 회원이 아닌 사람은 들어가지 못하게 막아 세우는 그 보안요원 말이다. 말초신경과 귀, 안구 같은 감각기관들은 세상과 안전거리를 유지한다. 하지만 냄새에 관해서라면 뇌는 경계태세를 늦추고, 외부 공간으로 촉수를 뻗어 공기 중에서 직접 샘플을 낚아챈다.

의과대학에서 뇌신경에 관해 배울 때 처음 보게 되는 해부도는 머리, 목, 코의 다양한 신경분포를 나타내는데, 뇌에서 직접 이어지는 신경만 열두 쌍이 있다. 이 신경들은 머리 감각, 눈의 움직임, 시력, 심지어 위장의 기능까지 담당한다. 하지만 이 신경 중에 첫 번째 쌍인 후각신경은 다른 신경들과 좀 다르다. 시각신경처럼 뇌간이 아닌 대뇌 자체에서 뻗어 나오지만, 시각신경과 달리 거의 모든 경로가 두개골 안에 남아 있고 섬유가 외부 환경과 직접 접촉한다. 후각신경의 섬유는 비강 점막에서 자유롭게 떠다니다가 두개골에서 체 모양의 사상판을 뚫고 들어가는데, 이것은 비강의 지붕을 구성하는 뼈 구조다. 하지만 신경 자체는 뇌에서부터 나온 것이다. 기본적으로 뇌에서 두개골 바깥쪽으로 세상을 향해 뻗어 나간다.

후각신경의 세부를 들여다보면 충격적이다. 각 콧구멍 통로의 지붕과 중격 안, 면적 2.5제곱센티미터에 불과한 좁은 점막조직이 냄새를 전담한다. 우표 크기의 이 작은 공간에 약 600만에서 1,000만 개의 감각 뉴런이 자리 잡고는, 각기 호흡을 통해 화학물질이 들어오길 기다리고 있다. 신경계의 다른 많은 부위와 달리, 이 후각 뉴런들은 지속적으로 재생되며, 줄기세포를 계속 복제해 평균 한두 달 정도 남아 있다가 대체된다. 하지만 이 물살에 먹이가 밀려오기를 기다리다가 촉수를 뻗쳐 낚아채는 말미잘 같은 수백만 개의 뉴런이 어떻게 후각을 만들어내는지는 불과 몇 십 년 전까지만 해도 미스터리였다.

1990년대 초, 린다 벅Linda Buck과 리처드 액설Richard Axel은 자신들에게 노벨상을 안겨준 연구에서, 점막 내벽에 용해된 휘발성 공기매개 화학물질을 감지하는 대규모 유전자군, 후각수용체 유전자를 발견했다. 쥐에는 약 1,100개의 서로 다른 후각수용체 유전자가 있는 데 비해, 인간은 350~370개로 미미한 수준이다. 각 감각 뉴런은 오직 한 종류의 후각수용체 유전자만 발현하며, 이는 한 뉴런이 냄새로 감지할 수 있는 화학물질은 단 하나라는 뜻이다. 그렇다면 우리는 어떻게 그 무수한 냄새들을 감지할 수 있을까?

후속 연구에서 한정된 배열의 탐지기를 사용해 수천 가지 냄새를 구별하는 과정이 밝혀졌다. 그 내용은 설명하기가 좀 까다롭다. 망막에 있는 세 가지 색 수용체가 신호를 결합해 무지개색을 인식하는 것과 비슷하지만, 그보다 훨씬 더 복잡하다. 빛이 다양한 파장을 가지긴 해도 시각계의 입력은 한 종류밖에 없는 것과 달리, 후각계는 화학구조, 모양과 크기가 서로 다른 관련 없는 분자들의 형태로 입력된다. 시각에 필요한 수용체는 세 유형으로 충분한 반면, 입력 정보가 상이한 후각 시스템에서는 수용체도 수백 가지 유형이 필요하다. 하지만 세 가지 광수용체로 색을 인식하는 시각과 370개의 후각수용체로 냄새를 추출하는 후각 사이에는 궁극적인 유사성이 있다.

각각의 개별 감각 뉴런은 실제로 한 가지 유형의 화학수용체만 발현하지만, 한 가지 냄새는 정도의 차이는 있어도 여러 다른 수용체를 자극한다. 게다가 각 수용체는 여러 종류의 관련 분자를 감지할 수 있다. 본질적으로 화학물질은 각기 고유의 시그니처를 갖고 있어서 여러 뉴런 집단을 각기 다른 정도로 자극한다. 그리고 이런 시그니처의 총체(장미향이나 신 우유의 불쾌함 등이 한데 어우러진 다양한 휘발성 화합물)가 우리의 후각 인식을 구성하는 것이다.

화학적 현실과 우리의 후각계(근본적인 후각 메커니즘) 인식 간에 단절이 있다는 점을 이해하면, 후각이 얼마나 불안정한 시스템인지가 명백히 드러난다. 첫째는 해부학적 취약성이다. 후각 뉴런들은 외부 세계와 직접 접촉하는데, 매우 이례적인 일이다. 따라서 감염, 염증, 외상으로 손상을 입을 위험이 매우 높다. 단순 감기, 콧속 염증, 코에 가해진 타격 등으로 후각 뉴런이 죽는 경우가 생긴다. 다른 구조들은 두개골 속에 안전하게 들어가 있는데, 후각 뉴런은 위치상 특히 손상에 취약하다. 후각 신경섬유들은 두개골을 관통한 다음, 사상판의 작은 구멍도 통과해야 한다. 머리에 외상을 입어 두개골 내부 기관에 작은 위치 변동만 생겨도, 뼈를 통과하면서 후각 뉴런이 망가질 수 있다. 실제로 머리를 다친 사람 중 약 7퍼센트가 후각 장애를 경험하는데, 이는 섬유 또는 뇌의 후각 담당 부위가 손상을 입었거나, 코에 부상을 입어 후각수용체로 가는 공기 통로가 차단되었기 때문이다.

둘째, 후각계 전체가 고유한 자극 패턴을 생성하는 각각의 냄새에 기반하기 때문에, 다양한 수용체와 뉴런의 입력·출력 사이의 미묘한 균형이 무너지면 후각이 완전히 변질될 수 있다. 손상된 뉴런의 비율과 특정 뉴런이 영향을 받았는지 여부에 따라, 후각의 경도, 중증도, 완전 상실로 이어질 수 있다. 하지만 조앤의 경우처럼 모든 것의 냄새가 변하고, 모든 것에 다른 냄새가 덧입혀져 후각이 변질되기도 한다. 다시 한번 시각과 유사한 지점이 있는데, 시각은 빨강, 초록, 파랑의 원추수용체가 파장 정보를 통합해 색을 인식하게끔 하며, 한 가지 유형의 수용체를 잃으면 '색맹'이 되어 세계는 새로운 색조를 띤다. 태어날 때부터 한 가지 유형의 수용체가 부재해 발생하는 유전적 색맹에 대해서는 많이들 알고 있을 것이다. 하지만 결핵 치료에 사용되는 특정 항생물질 같은 것 때문에 신경이나 망막이 손상되어도 이와 비슷한 현상이 나타날 수 있다.

의식적으로 후각을 경험하는 일차후각피질 근처 뇌에 문제가 생겨 발작을 일으키는 환자들도 있다. 그들은 발작의 전조증상인 아우라를 경험하게 되는데, 고무나 다른 고약한 무엇이 타고 있는 것 같은 불쾌한 냄새를 맡는 경우가 종종 있다. 그 냄새는 통제되지 않은 전기 활동이 뇌의 후각 담당 부위를 자극해서 생긴다. 이런 발작은 아주 간헐적이기는 하지만 뇌 자체에서도 발생한다. 하지만 착후각은 거의 항상 이미 후각이 손상된 사람들에게서 나타난다는 사실로 미루어 보면, 대뇌피질의 문제라기보다는 후각 뉴런의 파괴나 혼란이 원인이라는 견해에 무게가 실린다. 왜곡된 냄새는 보편적으로 썩은내, 더러운 냄새, 하수구 냄새 같다고 묘사되며, 환자 대부분이 휘발유, 담배, 향수, 과일 같은 특정한 냄새가 착후각을 유발시킨다고 말한다. 근본적인 원인으론 심한 감기, 만성축농증, 두부 외상이 가장 흔히 꼽히지만, 개중 4분의 1은 원인이 밝혀지지 않았다. 여러 가지로 판단해 보건대, 조앤은 전형적인 착후각 환자다.

✦ ✦ ✦

착후각이나 다른 후각-미각 장애의 또 다른 중요한 특징은 우울증이다. 환자의 50퍼센트 이상이 우울증을 경험한다. 그 점에서는 조앤도 예외가 아니다. 조앤이 명시적으로 말하지는 않았지만 그녀와 나눈 이야기로 미루어볼 때 그런 상태가 기분에 엄청난 영향을 미쳤음은 분명하다. 잠만 자고 싶다고 했고, 깨어 있는 모든 삶에 스며든 부패한 냄새의 고문으로부터 달아나고 싶어 했다. "계속 썩은내가 나고 음식도 전부 썩은 맛이 나는데 살아갈 엄두가 나겠어요?" 그녀는 일도, 사회생활도 할 수 없었고, 가족들과 같은 방에 있는 것조차 견디기 힘들었다. 다른 사람들에게서 나는 냄새는 그녀를 갉아먹는 악취를 더 악화시켰다. 사는 것 자체가 힘들었다.

조앤이 절망감에 빠진 데에는 다른 요인도 있었다. 진단을 받기까지 걸린 시간, 그녀의 상태에 대한 의료진과 주변 사람들의 지식 부족, 성공적이지 못했던 반복 치료, 착후각뿐 아니라 후각의 다른 특정 측면의 상실로 인한 불안감이었다. “가스나 연기를 감지할 수 없었어요. 냄새는 맡아졌지만 다른 것과 구별할 수가 없었죠. 걱정이 되기 시작했어요.” 진단을 받은 후에도 미래는 불확실했다. 치료법이 없다는 통보를 받았고, 아무도 후각이 정상으로 돌아갈 수 있다고 말해주지 않았다. “정말 화가 났고, 말수가 줄었고, 그냥 혼자 있고 싶었어요.” 그녀는 회상한다. “가족들도 제 설명만 듣고 제가 겪은 일을 이해하기는 힘들죠. 겪어보지 않은 사람은 그게 정말 어떤 건지 몰라요.” 일반의가 항우울제를 처방했지만 그녀는 아무것도 달라진 게 없었다고 말한다.

조앤과 같은 증상을 겪는 사람들에게 왜 우울증이 생기는지는 이해하기 쉽다. 첫째는 가족, 사회, 직장생활에 미치는 영향 때문이고, 둘째는 바깥세상을 모험하려는 욕구, 세계에 참여하려는 욕구가 전혀 채워지지 않기 때문이다. 하지만 다른 일이 있을 수도 있다. 아마 이 기분 교란에 대한 다른 설명이, 최소한 다른 요인이 있을 것이다. 앞에서도 살펴봤지만 후각은 감각계의 특이점이다. 후각 감각기관과 뇌 사이의 경로는 다른 감각들보다 더 직접적이고, 여과 과정이 훨씬 적다. 말초신경에 해당하는 것도 없다. 뇌가 직접 환경을 향해 손을 뻗는 셈이다. 다른 감각의 경우에는 대뇌피질로 가는 경로가 더 길고 복잡해서, 하위 신경, 척수, 뇌간을 통하거나 다양한 중계핵relay nucleus(뉴런의 클러스터)을 경유한다. 하지만 후각은 전혀 그렇지 않다. 후각망울에서 나오는 신경섬유(사상판 바로 위에 있는 후각신경의 일부)는 우리 후각 경험의 중심이 되는 후각피질로 바로 들어간다. 이 일차후각피질은 놀랍게도 뇌 안에 넓게 퍼져 있는데, 냄새를 구별하는 영역뿐 아니라 변연계, 즉 감정을 처리하는 영역에도 분포되어 있다. 뇌의 이 부위가 냄새에 대해 즐겁거나 불쾌한 반응을 나타내는 것으로 보인다.

끔찍한 냄새에 노출될 때 뇌를 스캔해 보면 변연계의 핵심 영역인 편도체가 밝아지는 것을 볼 수 있다.

후각 입력은 이 일차후각피질을 넘어, 뇌의 다른 영역에까지 더 넓게 투사된다. 이 영역이 어디인지 살펴보면 우울증에 관련된 영역과 현저하게 겹쳐 있다. 후각과 기분 사이의 연결고리를 단순히 해부학으로만 설명할 수 있는 것도 아니다. 후각과 우울증 사이에는 상호연관성이 있다. 임상우울증이 있는 사람은 대조군에 비해 후각 기능이 떨어지며, 후각 장애가 있는 사람은 장애 정도에 따라 우울증 증상이 악화되는 경향을 보인다. 실제로 후각망울을 구성하는 조직의 부피가 우울증 환자들의 경우 더 작게 나타난다. 심지어 동물에게서도 강한 연관성이 나타난다. 설치류는 후각망울이 손상되면 뇌에서 도파민과 세로토닌의 농도가 바뀌면서 면역력, 호르몬, 화학적 수치가 우울증에 걸린 사람과 비슷하게 변화한다. 설치류의 행동에서도 변화를 확인할 수 있는데, 이 역시 인간의 우울한 행동과 일치한다.

그러니까 조앤의 착후각이 생활 방식에 미친 직접적인 영향에 더해, 왜 그녀가 화가 나고, 말수가 줄고, 짜증을 내는지에 대한 더 근본적인 이유가 존재할 수 있는 것이다. 후각이 조앤의 뇌에 직접적인 영향을 미쳤을 가능성이다. 하지만 후각과 감정 사이의 이 강한 관계는 더 많은 의문을 불러일으킨다. 왜 애초에 그 두 가지가 연관이 있는가 하는 점이다. 또다시 나는 25년 전 맡았던 병동의 악취, 외과 수련의가 환자의 시트를 젖혔을 때 났던 고약한 살 썩은내와 대소변 냄새 곁으로 끌려간다. 그 냄새는 지금도 내 콧속을 가득 채우고, 뱃속 깊은 곳에서부터 끓어오르던 공포와 역겨움까지 생생하게 불러낸다. '나는 누구? 여긴 어디? 너희는 누구? 거기서 뭐하니?' 이해하지 못한 채 우리를 바라보던 그 가엾은 환자의 표정도 생생하게 떠오른다. 그녀의 얼굴, 그때 맡았던 악취, 그때 느낀 감정들은 시간이 흐른 뒤에도 사라지지 않고 내 기억에 새겨져 있다. 나와 같은 경험을 한 독자들은 많지 않기를 바라지만, 거의 대부분이 내가 이 경험을 통해 무슨 말을 하려는지 이해할 것이다.

우리는 강렬하지만 오랫동안 잊고 있던 순간의 기억, 감정, 장면을 불러일으키는 특정한 냄새, 종종 긍정적이거나 부정적인 감정과 연결되는 특정 시간이나 장소로 우리를 다시 끌어들이는 후각의 능력에 관해 알고 있다. 오븐에서 구워지는 케이크 냄새, 오랫동안 잊고 있었지만 좋아했던 향수나 로션 냄새. 혹은 내 아내가 최근에 경험한 것처럼, 딸아이가 입학할 학교를 둘러보던 중 학교 복도에서 나는 냄새 때문에 불쾌했던 학창 시절의 기억이 떠올라 방문한 학교의 호감도가 급격히 떨어지며 후보에서 즉시 배제하게 되었던 일. 그리고 이런 주제가 나올 때마다 거의 모든 과학 기사에 인용되는 마르셀 프루스트Marcel Proust까지. "갑자기 기억이 되살아난다. 그 마들렌 부스러기의 맛……. 그 마들렌 한 조각을 보고 그것을 맛보기 전까지는 아무 생각도 나지 않았다." 프루스트를 과거로 데려간 것은 작은 케이크의 (그저 냄새만이 아닌) 맛이었다. 내 경험보다는 훨씬 덜 불쾌한…….

감정 상태나 관련된 사건을 떠올리게 하는 데에는 다른 어떤 감각보다도 냄새만 한 게 없다. 소리나 촉각, 언어적 자극은 사건에 대한 기억을 불러내지만, 냄새는 사건의 감정적인 부분을 더 지속적으로 떠올리게 한다. 감정 상태가 실제로 후각과 기억 간의 연결을 강화한다는 사실은 이미 실험으로 입증되었다. 한 실험에서 시험 전 학생들에게 단어 기반의 암기 과제를 내주었는데, 일부 학생들 주변에는 냄새를 풍겼고, 다른 학생들에게는 그렇게 하지 않았다. 냄새를 맡게 한 학생들은 약간 더 성적이 잘 나왔고, 이런 효과는 학습 중에 불안감이 높았던 학생들에게서 특히 더 크게 나타났다.

그러고 보면 후각과 감정 사이에만 겹침이 있는 게 아니라, 후각과 감정적 기억도 겹치는 것 같다. 후각과 감정 처리에 관여하는 뇌의 영역은 기억에서도 큰 역할을 담당한다. 후각신경으로부터 직접 정보를 받는 편도체는 공포 경험 및 '공포 조건화'의 기반을 이루며, 이전에 중립적이었던 사건(자동차 브레이크 소리)을 공포(심한 자동차 충돌 사고로 충격을 받은 경험)와 결합시킨다. 이 과정은 특히 외상 후 스트레스 장애를 가진 사람들을 힘들게 하는데, 피나 휘발유, (베트남 참전 용사의 경우) 네이팜 냄새가 끔찍한 기억과 이어져 엄청나게 과장된 공포 반응을 유발한다. 하지만 이 과정은 생존에도 매우 중요하다. 고양이 냄새에 대한 생쥐의 본능적인 공포 반응을 생각해 보자. 고양이 배설물이나 고양이 사료 냄새만으로도 공포를 느끼는 것은 잠재적으로 쥐에게 매우 유용하다. 이런 효과는 인간에게도 마찬가지로 도움이 된다. 내후각피질도 일차후각피질을 구성하는 또 다른 영역인데, 새로운 학습과 기억의 기초가 되는 뇌 영역인 해마와 밀접하게 연결되어 있다. 특정 냄새에 대한 쾌감 반응은 생물이 먹이 찾기나 안전 확보, 짝짓기를 용이하게 하는 냄새를 찾게끔 만들기에 진화적 관점에서도 중요하다.

이렇게 기억을 촉발시키는 후각의 경향은 종종 광범위한 영향력을 발휘하기도 한다. 연구에 따르면 냄새로 인한 긍정감정기억은 단순히 후각 영역을 넘어 뇌 활동에 변화를 일으킬 뿐 아니라 면역체계와 염증에도 이로운 효과가 있다. 공기 중의 화학물질을 인식하는 '단순한' 행위(후각상피에 있는 화학수용체에 분자가 결합하는 것)는 수많은 인지, 행동, 물리적 과정에 영향을 미치는 신경학적·심리학적 시스템의 기초가 된다. 핵심만 보면 단순한 화학적 감지 시스템이지만, 후각은 그렇게 단순하지 않다.

✦ ✦ ✦

착후각으로 삶이 망가진 지 약 5년이 지난 현재, 조앤은 상당한 회복세를 보이고 있다. "80퍼센트 정도는 좋아진 것 같아요. 이제 썩은내는 나지 않아요. 정상적인 냄새도 안 나지만요. 아직도 냄새가 왜곡되어 느껴지기는 해요. 지금도 향수 냄새가 많이 나면 싫어요." 평범한 후각으로 돌아가는 길은 길고도 복잡했다. 그녀는 후각 장애를 전문으로 하는 정말 찾기 어려운 이비인후과 전문의를 발견했다. 조앤은 테오필린이라는, 주로 천식에 사용되는 약으로 실험 치료를 받았다. 이 약이 후각 뉴런을 복제하도록 유도하는 코 점막의 인자를 증가시킴으로써, 세포의 정상적인 교체 과정을 가속화할 수 있다는 추정에서 시도된 치료였다. 조앤의 착후각을 일으킨 근본 원인이 뉴런 하위 그룹의 손실이나 손상이었다면, 재생 촉진이 정말로 도움이 될 수 있다.

우연이었든, 플라시보 효과였든, 약의 직접적인 효과였든, 조앤에 따르면 "그 약을 1~2주 정도 복용했더니 악취가 줄어들었다." 그녀는 또한 가바펜틴도 복용했는데, 이 약은 뇌전증 치료제로 개발되었지만 요즘은 뉴런 활동을 억제시키기 위해 다양한 신경학적 맥락에서 사용된다. "그 두 약의 조합으로 상황은 훨씬 나아졌어요. 그럭저럭 대처해 나갈 수 있을 정도로요. 코에 있는 후각망울이 때때로 재생된다는 건 알아요. 두 가지 약물 조합이 후각이 재생될 때까지 그런 냄새를 억제하는 데 도움이 되었을 수도 있겠죠." 현재 조앤은 1년째 두 약을 복용하지 않고 지내고 있다. 처음에는 약 복용을 중단하면 착후각이 재발하지 않을까 하는 두려움도 있었지만, 아직까지 그런 징후는 보이지 않고 약을 끊은 뒤로도 상태는 계속 좋아지고 있다. 후각 재활치료도 시작했다. 하루에 두 번, 냄새가 강한 오일들을 코밑에 들이댄다. 목적은 신경계가 본질적으로 다시 냄새를 맡을 수 있도록 재훈련시키는 것이다. 무슨 메커니즘인지는 분명하지 않지만 후각수용체 뉴런의 성장이 촉진되는 것으로 추정된다. 아니면 후각망울 내지 뇌 내부 경로를 재구성하는 것일 수도 있다.

"분명히 진전이 있는 것 같아요. 처음 진단을 받았을 때, 6개월 안에 후각이 돌아오지 않으면 그 뒤로도 돌아오지 않을 수 있다고 했어요. 하지만 지금 상태까지 도달하는 데 4년이 걸렸죠." 현재 개선 속도는 거의 감지할 수 없을 정도이며, 조앤은 눈에 띄는 변화를 알아차리기까지는 수개월이 걸린다는 것을 깨달았다. "그러니까 나아진 점이 있어도 미미하다고 밖에는 말할 수 없어요. 한 달이나 두 달에 한 번씩 몇 퍼센트가 나아졌다고는 말할 수 없는 거죠. 어떤 변화를 알아차리려면 아주 오랜 시간이 걸려요. 전에는 3개월에서 6개월에 한 번씩 병원에 가서 얼마나 좋아졌는지 검사했는데, 이제부터는 2년에 한 번씩 가기로 했어요."

이 책을 시작하면서 감각의 순위를 매기는 게임을 해보자고 했다. 중요한 감각부터 순위를 정하고, 없어도 괜찮다고 생각하는 감각은 무엇인지 알아보기 위해서였다. 내가 고른 리그 순위에서는 후각과 미각의 화학적 감각들이 가장 밑바닥을 차지했었다. 나는 그 감각들은 없어도 살 수 있다고 생각했다. 하지만 조앤의 말을 들어보면, 처음에 단순히 '냄새를 인식하는 일'이라 생각했던 것이, 실제로는 훨씬 더 광범위한 영역에 영향을 미친다는 사실을 알 수 있다. 후각은 단순히 환경에서 화학물질을 감지하기만 하는 게 아니라 우리의 기분과 기억력에 중요한 역할을 한다. 후각은 외부 세계에 대해 알려줄 뿐 아니라 내부 세계에도 영향을 미친다. 그리고 뒷부분에서 다시 설명하겠지만 후각은 우리의 생존에 결정적인 역할을 하며, 음식 선택과 배우자 선택에도 영향을 미치고, 타인과의 말없는 의사소통을 가능하게 한다.

하지만 중요한 것은 다른 감각들과 마찬가지로 우리가 냄새를 통해 인지하는 것은 뇌와 몸이 공기 중의 화학물질에 의미를 부여해 만들어내는 환상일 뿐이란 사실이다. 미라클베리가 그렇듯, 조앤의 착후각은 질병이, 신체 기능의 사소한 변화(심지어 건강할 때조차)가 우리의 현실 인식을 어느 정도까지 왜곡시키는지 잘 보여준다. 우리가 냄새를 어떻게 인지하는지와 냄새에 대해 어떤 감정적 반응을 보이는지는 전적으로 생존의 필요에 따라 달라진다. 나는 병원 침대에 누워 있던 나이든 여성 환자를 떠올려 본다. 그 역겨운 냄새, 죽음과 부패로 짙게 물든 공기, 내 목구멍으로 역류하던 담즙. 그러나 내가 구더기나 쇠똥구리의 입장이고 생존을 위해 썩은 조직이나 대변에 의존해 살아가야 한다면, 공기를 가득 채운 그 악취는 분명 빵 굽는 냄새만큼이나 원기를 북돋우며, 장미향처럼 달콤했을 것이다.

The Man Who Tasted Words

04

멋쟁이 아가씨는 선원을 좋아하네

노래가 멎은 곳에 대신 남은 것들

"그때 하나님이 이르시되
소리가 있으라 하시니 소리가 있었고
소리와 침묵을 폭넓게 나누시니
듣기에 좋았더라."

○
카미샤 L. 존스(Camisha L. Jones), 『내 보청기에 바치는 송가(Ode to My Hearing Aids)』

,

Bill, 새소리를 잃고 머릿속 DJ를 얻은 남자

이슬비가 섞인 독특한 런던의 안개 속에 서 있으면 초현실적인 경험을 하는 기분이다. 나는 햄스테드Hampstead의 정원에 있다. 멀리서 차들의 부드러운 웅웅거림이 들려온다. 정원의 잔디는 다소 의도한 듯 웃자랐고, 발치에는 개구리알이 바글바글한 작은 연못(야생동물의 안식처를 만들기 위한 노력)과 괴짜 디자이너의 손길이 닿은 듯한 풍경이 균형을 이룬다. 사방에는 새 먹이통이 널려 있고, 새와 다른 생명체들의 멋진 조각품도 있으며, 덤불 속에 숨은 자그마한 정원 요정도 있다. 초목 한가운데 작은 잔디밭에 손을 귀 뒤에 대고 서서, 빌 오디Bill Oddie는 전화기 벨소리가 아닌 말 그대로 진짜 새들의 간헐적 지저귐에 귀를 기울인다. 그는 정원에 대해 말한다. "우리는 오랫동안 여기서 살았어요. 아내 취향대로 정원을 요상하게 바꿨습니다."

빌은 내가 영국에서 본 최초의 텔레비전 프로그램 출연자였다. 친구 집에 놀러갔는데, 대충 의사소통을 할 수 있을 만큼만 영어를 익혔던 때로 기억한다. 배경의 텔레비전에서는 세 남자가 트란뎀(3인승 자전거)을 타고,

다양한 스톱 앤 고 애니메이션 기법의 장면을 연출하고 있었다. 내 영어 실력으로는 무슨 상황인지 이해하기 어려웠지만 친구와 어머니는 '구디스The Goodies(영국의 코미디언 트리오 -옮긴이)'가 연기할 때마다 깔깔대며 웃었다. 내 어릴 적 기억 중에 가장 또렷한 것은 빌의 목소리다. 약간 투박한 고음이 특이했다. 1980년대 아이들에게 친숙한 토요일 아침 만화영화 <바나나맨Bananaman>의 등장인물 목소리이기도 하다. 나중에는 BBC 라디오4의 여러 코미디 패널 쇼, TV 자연사 프로그램의 진행도 맡게 되어 지난 몇 십년 동안 어디서나 그의 목소리를 들을 수 있었다. 아마 그는 영국에서 가장 유명한 조류 관찰자 또는 '트위처twitcher'일 것이다. 하지만 내가 흐린 하늘을 올려다보는 지금, 그는 북런던 교외의 정원에서 다양한 새들의 노래를 흉내 내고 있다. 잠시 눈을 감으면 공중파에서 들려오던 귀에 익은 목소리가 들린다. 내가 여기 와 있는 이유를 다시 상기시킬 필요가 있다.

조류 관찰이란?

집 뒤편에는 빌의 조용한 오아시스가 내려다보이는 온실이 하나 있다. 그 방은 악기들로 가득하고, 중앙 무대에는 큰 드럼 세트가 놓여 있다. 심벌즈 스탠드에 색이 바랜 구디스 모자가 걸려 있는데, 그의 길고 다양한 경력을 보여주는 유일한 흔적이다. 우리는 소파에 앉아 이야기를 나누고, 뒤쪽의 바깥 정원에서는 새들이 시끄럽게 날아다닌다. "방금 스펙세이버(보청기)가 나갔습니다." 그의 목소리는 거의 속삭이는 수준으로 작아진다. "제대로 들리지 않아서 새 보청기를 써보려고 합니다." 청력이 저하되는 건 누구에게나 중요한 문제겠지만, 빌에게는 특히 더 그렇다.

"청각은 저에게는 매우 중요합니다. 조류 관찰자들은 시각보다 청각으로 새를 인지하는 경우가 더 많기 때문이지요. 조류 관찰자라면 누구든 소리를 듣고 이렇게 말합니다. '어? 저거 어디서 나는 소리지?' 그러고 나서야 쳐다보는 겁니다. 그러니까 청각은 절대적으로 중요합니다. 또 저는 비상한 정도까지는 아니라도, 꽤 귀가 좋다는 평판을 받곤 했으니까요." 새들의 노래나 울음소리의 주파수는 매우 다양한데, 빌은 특정 종이 내는 고음이 잘 안 들리기 시작했다고 말한다. "나이가 들어 가면서 '섬개개비 울음소리가 들리지 않아. 자네는?' 같은 말들을 하게 하는 몇몇 새들이 있어요. 소모임도 있답니다. 일명 '나도 그 새소리 안 들려' 모임이지요."

빌은 청력이 약해지고 있음을 깨닫던 순간을 회상한다. "전 팔러먼트 힐 근처에 삽니다. 친구 몇 명과 새를 보러 갔는데, 작은 새들이 이동하고 있었어요. 밭종다리새였습니다. 보통은 1마일 떨어진 곳에서부터 울음소리를 알아들을 수 있었는데……. 하지만 그 끔찍한 순간에는 새 한 쌍이 날아오는 게 먼저 보였습니다. 그래서 친구에게 물었지요. '쟤들 지금 울음소리 내고 있나?' 친구가 말하더군요. '그래.' 그리고 또 한 쌍이 날아왔어요. 다시 물었습니다. '지금도 우나?' '응.' 그게 다였습니다. 끔찍했죠. '이런, 밭종다리새 소리가 안 들리네.' 높은 음조를 가진 다른 새소리로도 시험해 봤는데, 실제 소리든 녹음된 소리든 간에 그 주파수대의 소리가 전부 사라진 걸 깨달았습니다."

밭종다리 울음소리

그 순간부터, 그러니까 약 4, 5년 전부터, 빌의 청력은 점차 약화되었다. 상모솔새, 개똥지빠귀, 다른 새들도 마찬가지였다. "더는 그 새들 소리가 들리지 않았습니다." 증상은 새소리를 넘어서까지 나타났다. "아주 끔찍한 건 아니고 고약한 상황이죠. 아내는 끔찍하다고 하겠지만. 아내는 했던 말을 또 해야 할 때 짜증을 너무 냅니다. 굉장히 소모적이죠, 안 그래요? 청력을 잃은 사람은 누구나 그럴 겁니다. 배우자가 돌아버릴 지경이 되고 말아요." 또 많은 사람 앞에서 발언을 하기나 저녁 식사 자리에서 대화하기도 점점 어려워졌다. 그는 '와글와글' 소리라고 표현한다. 그의 문제는 대부분 볼륨보다는 명료함 때문에 생긴다. "아내가 이 말을 들으면 싫어하겠지만 어떨 땐 아내의 말이 들리지 않습니다."

약 2~3년 전, 빌은 보청기를 사용해 보기로 결심했다. 그건 문제 해결을 하기 위한 첫 시도였고, 어느 정도 성공적이었다. 그는 보청기가 약간은 도움이 되지만, 새소리나 아내의 말을 듣는 능력까지는 정상화시키지 못한다는 것을 알았다. "보청기는 제가 했던 스펙세이버 광고료 일부로서 받은 거였습니다. 광고 문구도 제가 썼습니다. 아, 초기 광고만요. '스펙세이버에 갔어야 했는데.' 그거요. 훌륭한 광고였죠." 대화가 조금 주제에서 벗어난다. "영화 같은 멋진 광고였습니다. 광고라기보다는 일종의 프로모션이었죠. 제가 새소리를 냈습니다. 제가 들을 수 있는 소리, 들을 수 없는 소리까지 만들어냈어요." 하지만 첫 보청기 실험은 다소 갑작스럽게 끝났다. "어느 날 극장에 갔다가 보청기를 떨어뜨렸습니다. 보청기를 줍기 좋은 장소는 아니었죠. 사람들을 헤치고 기어 다녀봤지만 찾지 못했습니다." 우리가 만나는 날 아침, 그는 다시 한번 스펙세이버를 시도해 보기로 했다고 한다. 그는 최고급 보청기를 주문했다. "카드 값이 꽤 많이 나올 거예요." 빌은 껄껄 웃는다.

악기들이 사방에 널린 방에는 커다란 드럼 세트가 위풍당당하게 자리를 잡고 있다. 나는 악기가 모두 그의 것인지 묻는다. 그는 드럼 세트만 그의 것이고 대부분은 딸 것이라고 했다. "저는 연주할 때도 꽤 조용히 합니다. 알다시피 그렇게 시끄러운 소리가 아니죠. 아는 음악가들이 많은데, 청력에 문제 있는 사람도 아주 많습니다. 다들 귓구멍에 장비를 10톤씩 넣고 다니는데도요!"

✦ ✦ ✦

소리를 정의하라고 하면 대부분은 "공기를 통해 귀에 전달되는 압력파, 진동"이라고 말할 것이다. 물론 그 말도 맞다. 하지만 소리를 듣는 과정은 그것과는 매우 다르다. 청력이 축음기에 음성을 녹음하는 것과 비슷하다고 생각하는 사람도 많을 것이다. 가수나 연사가 나팔에 대고 소리치면 바늘이 마스터 레코드에 홈을 새긴다든지, 마이크가 그런 진동을 전기 신호로 변환하는 것 말이다. 하지만 그건 청력과 다르다. 소리를 듣는다는 것은 그보다는 우리 주변의 모든 압력파를 이해하는 과정이며, 분자의 떨림에 의미를 부여한 결과다. 일종의 조기경보 시스템으로, 우리 몸 바로 너머 또는 시야 밖에 뭐가 기다리고 있는지를 인식하는 것이다. 그것은 효과적인 의사소통 방식이다. 『청각신경과학』 교과서에서는 "당신은 누군가와 대화할 때마다 텔레파시 활동을 효과적으로 해내고 있다. '보이지 않는 진동'을 매개로 '상대방의 머리에 자신의 생각을 전송하는 것'이다."라고 설명한다.

물체가 내는 소리는 물리적 성질과 위치로 이루어진 함수다. 그게 우리 청각 세계를 이해하는 과정의 핵심이다. 역학에너지가 물체에 전달되면, 물체는 그 크기, 강직도, 모양 등의 물리적 성질에 따라 다르게 진동한다. 청력 테스트를 할 때 헤드폰으로 들리는 순음은 많이들 들어봤을 것이다. 순음은 진폭, 주파수, 고조파의 편차가 전혀 없는 인공적인 소리로, 시간이 지남에 따라 사그라지지 않는 소리다. 현실의 소리가 갖는 특징들은 우리에게 세상에 관해 알려주는 반면, 순음은 유니콘 같은 상상의 산물이다.

기타줄 같은 가장 단순한 잡음 발생기를 생각해 보자. 줄을 잡아당기면 줄의 두께, 소재, 장력에 따라 특정 주파수인 '공진 주파수'로 진동한다. 하지만 그 기타줄에서 나는 소리가 청력 테스트 헤드폰의 순음처럼 들리지는 않는데, 거기에는 이유가 있다. 기타줄은 공진 주파수로만 진동하는 게 아니라 그 주파수의 배수로도 진동한다. 따라서 진동하는 기타줄은 하나의 단일 주파수가 아닌 여러 주파수의 소리를 생성하며, 이 소리들은 전부 공진 주파수의 배수로 '배음harmonics'이라고 한다. 그것은 순음이나 단일음만이 아닌 음의 조합을 만들어낸다. 또 기타줄의 정확히 어느 부분을 치느냐에 따라 각 주파수의 상대 진폭이 달라지며 약간씩 다른 소리를 낸다. 물론 줄은 1차원 물체다. 2차원, 3차원 물체는 둘 이상의 축에서 진동할 수 있기 때문에 다양한 공진 주파수와 고조파를 생성한다. 길거리에서 철제 맨홀 뚜껑이 쨍그랑거리는 소리는 에릭 클랩튼이 기타줄로 장난치는 것과 매우 다르게 (극히 불쾌하게) 들린다.

그래서 물체가 만드는 진동수, 즉 주파수(단일주파수건 복합주파수건 간에)는 우리에게 물체의 크기, 모양, 구성에 대해 말해준다. 하지만 소리로부터 얻을 수 있는 정보는 그보다 더 많다. 물체가 만들어 내는 진동은 결국 사그라지고 무無로 변한다. 이 또한 물체의 구성에 따라 달라진다. 콘크리트 바닥에 철근을 떨어뜨릴 때와 나무 판자를 떨어뜨릴 때를 비교해 보자. 둘 다 큰 소리가 나겠지만 철근의 울림은 몇 초간 지속될 것이고, 판자는 아주 잠깐 덜거덕거리다 말 것이다. 목재에서는 에너지가 훨씬 더 빨리 소모되고 소리는 빠르게 잦아드는 반면에, 강철은 계속 진동한다. 물체의 성질은 그것이 만들어내는 소리의 기본을 이루므로, 심지어 컵에 따르는 물이 뜨거운지 차가운지도 소리로 구별할 수 있다. 물이 뜨거워지면 물을 부을 때 점도가 낮아져 거품이 더 많이 생기고, 더 높은 음의 소리가 난다. 집에서 눈을 감고 실험해 보라. 단 물 붓는 일은 다른 사람에게 맡기고 들어보길!

우리가 듣는 소리가 무엇인지 알려주는 것은 소리의 원천만이 아니다. 환경도 소리에 대한 인지에 영향을 미칠 수 있다. 표면이 딱딱한 공간, 가령 빈 방에서 나는 소리의 반향은 (바닥에는 카펫이 깔리고 창에는 커튼이 쳐진) 가구가 있는 방의 울림과는 다르다. 환경은 마치 음파탐지기처럼 음원 자체만큼이나 우리 주변의 수동적 세계에 대해 많은 것을 알려준다. 정확히 무슨 소리인지 아는 것도 중요하지만 소리가 어디서 나는지 아는 것도 중요하다. 이런 점에서 청각은 시각보다 더 가치가 있을지 모른다. 시각은 관심 대상이 바로 앞에 있고 주위가 깜깜하지 않을 때만 정보를 제공한다. 반면 음원의 위치를 아는 것은 곧 포식자나 먹이, 물 혹은 잠재적인 짝이 있는 장소 발견과 이어져, 삶과 죽음의 차이를 가를 수 있기 때문이다. 도움이 되는 몇 가지 중요한 특징들이 있다. 소리가 공기를 통과할 때, 높은 음은 공기 중의 마찰 때문에 더 빨리 소멸되고, 낮은 음은 더 멀리까지 이동한다. 예를 들어 혼잡한 차도 옆에 서 있으면 오토바이와 자동차 엔진의 고음이 더 잘 들리지만, 같은 도로에서 1마일쯤 떨어지면 멀리서 저음의 웅웅거리는 소리만 들린다.

그러므로 '무엇'이 들리냐는 소리와의 거리를 알려줄 수 있지만, '어떻게' 들리냐는 소리가 어디서 오는지를 알려주기 때문에, '무엇'보다도 '어떻게'가 훨씬 더 중요하다. 음원의 정확한 위치를 확인하는 것은 궁극적으로 해부학으로 귀결된다. 우리 머리의 모양과 밀도, 두 귀 사이의 거리, 심지어 귓바퀴의 모양까지도 그렇다. 머리를 가운데 두고 약간 거리가 있는 귀 2개를 가져서 생기는 좋은 점은, 각각의 귀에서 들리는 소리가 다르다는 것이다. 왼쪽에서 나는 소리는 오른쪽 귀보다 몇 분의 1초 먼저 왼쪽 귀에 닿는다. 그 차이는 최대 700마이크로초 정도로 아주 미미하지만, 뇌는 그 차이를 포착해낼 만큼 충분히 민감하다. 또 머리 왼쪽에서 나는 소리는 오른쪽 귀보다 왼쪽 귀에서 약간 더 크게 들리고, 그때 오른쪽 귀는 머리가 드리우는 음향음영에 있게 된다. 두 귀 각각이 감지하는 소리의 크기나 정도의 차이는, 소리의 파장뿐 아니라 외이의 주름, 접힌 부분과의 상호작용에 따라 달라지고, 뇌가 소리의 방향을 계산하는 데 중요한 데이터를 제공한다. 게다가 우리의 귀는 온갖 가능한 방식으로 비대칭적인데, 그 때문에 음파가 머리에 도달하는 각도에 따라 음질이 미묘하게 달라지게 된다.

이제 청각 행위가 단순히 소리를 포착하는 것과는 다르다는 사실을 알았을 것이다. 청각은 매우 복잡하고, 소리의 타이밍, 크기, 음조의 미세한 차이에 기초한 계산에 의존하며, 다른 감각들을 저 멀리로 날려버리는 시간 해상도를 가진다. 700마이크로초가 채 되지 않는 차이만으로도 소리의 방향을 충분히 알 수 있다. 망막에 닿는 빛이 시각 신호로 뇌에 도달할 때까지의 시간보다 대략 10배 더 빠른 속도다.

하지만 소리를 의미로 변환하는 이 전체 과정에는, 전송 측면에서 두 가지 주요 장애물이 있다. 첫 번째는 언뜻 보면 중요해 보이진 않지만 없다고는 할 수 없는 것이다. 바로 물리적 진동을 우리 신경계의 언어인 전기 임펄스로 바꾸는 문제다. 여기에는 물리적, 해부학적, 계산상의 장애물을 극복하는 것도 포함된다. 우리는 거의 0데시벨$_{dB}$에 가까운 것부터 시끄러운 록음악에 해당하는 120데시벨에 이르기까지 다양한 소리에 노출된다. 그냥 이렇게 설명하면 큰 문제가 없어 보인다. 하지만 에너지 준위 면에서 생각해 보면 가장 큰 소리는 가장 조용한 소리보다 1,000억 배나 더 많은 에너지를 갖고 있다. 개미와 지구의 질량을 재기 위해 같은 저울을 쓰는 셈이다. 우리는 또한 광범위한 주파수 대역을 들어야 한다. 인간의 귀는 20에서 2만 헤르츠Hz(1헤르츠는 1초에 한 번)를 오가는, 다양한 주파수의 소리를 동시다발적으로 들어야 한다.

또 다른 문제는 몸 깊숙한 곳까지 소리를 전달하는 것이다. 물론 몸은 액체로 채워져 있지만 적어도 육지 동물들의 경우에는 공기를 통해 소리가 전달된다. 그러면 소리가 공기와 물 사이의 장벽을 넘는 게 문제가 되는데, 공기에서 이동하는 데 필요한 에너지보다 물에서 이동하는 데 필요한 에너지가 훨씬 크기 때문이다. 공기로 전파되는 음파는 액체에서 비슷한 크기의 진동을 일으키기에는 너무 약하기 때문에, 공기와 액체 사이의 경계에 도달한 소리에너지는 대부분 그냥 반사되고 만다.

소리가 체내에 전달되었다고 해도, 이제 그 소리를 어떻게 뇌가 해석할 수 있는 전기 신호로 변환할 것인지의 문제가 남는다. 귀는 이 모든 문제에 대한 자연의 공학적 해결책을 제공한다. 궁극적으로 역학에너지를 전기에너지로 바꿔주는 것은 달팽이 껍질 모양의 구조, 달팽이관이다. 크기는 가로 9밀리미터, 세로 5밀리미터로, 우리와 청각계를 이어주는 아주 작은 연결고리다. 본질적으로 액체로 채워진 코일형 튜브이며, 펼치면 3.5센티미터 정도 길이가 된다. 그 길이를 따라 막(기저막)이 있는데, 한쪽 끝은 빳빳하고 좁으며, 다른 쪽 끝은 넓고 늘어져 있다. 달팽이관과 그 안에 있는 막의 미세한 구조는 달팽이관에 매우 특수한 물리적 특성을 부여한다. 달팽이관으로 전달된 소리는 기저막을 진동시키지만, 가장 크게 진동하는 위치는 소리의 주파수에 따라 절묘하게 달라진다. 빌의 밭종다리새 노래와 같은 고음은 달팽이관으로 들어가는 소리의 진입점에 가까운 곳에서 기저막을 가장 강하게 진동시킨다. 웅웅거리는 자동차들의 저음은 소리의 진입점에서 가장 먼 지점의 기저막을 진동시킨다. 기저막은 들리는 소리의 주파수와 진동 위치를 일치시킴으로써, 궁극적으로 주파수 분석기 역할을 한다.

하지만 기저막 자체가 뇌에 정보를 전달하지는 않는다. 이런 진동은 여전히 전기에너지보다는 역학에너지에 가깝고, 변환 작업은 아직 더 남아 있다. 기저막에는 코르티기관이라고 하는 취약한 구조가 붙어 있으며, 그 안에는 훨씬 더 섬세한 모세포가 자리 잡고 있다. 길이가 20마이크로미터에 불과한 아주 작은 가닥이나 털이 손가락처럼 세포에서 툭 튀어나와 있는데, 이 털의 편향은 진동의 진폭과 리듬을 모두 식별할 수 있게 하고, 전류를 촉발시켜 뇌로 전달하기 시작한다.

귀의 구조도

자, 이제 우리는 귀의 구조가 어떻게 주파수 분석이나 역학에너지에서 전기에너지로의 변환 같은 청각과 관련된 몇 가지 문제를 해결하는지 조금이나마 알게 되었다. 그러면 소리의 크기 문제는 어떻게 될까? 어떻게 우리는 핀이 바닥에 떨어지는 소리부터 굉음을 내며 날아오르는 제트기 엔진음에 이르기까지 다양한 범위의 소리에너지를 들을 수 있을까? 매우 높은 소리에너지로부터 어느 정도의 보호를 제공하는 동시에, 소리를 공기에서 액체로 이동시키는 문제까지 해결해 주는 메커니즘이 있다. 그 메커니즘은 바로 '중이'다. 일견 불필요해 보일 정도로 복잡한 세 개의 뼈가 고막과 난원창(달팽이관에서 소리가 들어가는 지점) 사이의 틈새를 메워준다.

그중 말에 다는 발 받침대인 등자 모양 구조인 등자뼈stapedius는 우리 몸에서 가장 작은 뼈로, 지름은 3밀리미터, 무게는 6밀리그램이다. 이 세 개의 뼈가 마치 유압 시스템처럼 작용해 공기와 액체 사이의 소리 전달 문제를 해결하는 것이다. 상대적으로 큰 고막의 음압은 이 뼈 구조에 의해 훨씬 작은 난원창으로 집중된다.

그리고 이 뼈 자체가 청력에 어떤 영향을 미친다. 아주 작고 가벼운 뼈지만 약간의 관성을 가지고 있어, 고주파가 효율적으로 전달되지 못하게 무력화시켜 우리의 가청 범위를 조정한다. 사실 박쥐처럼 고주파에 민감한 종들은 이런 초음파 에너지의 전달을 용이하게 할 수 있도록 중이의 뼈가 훨씬 더 작다. 중이골 크기와 고주파 청음 간에 존재하는 이러한 연관에도 예외는 있다. 바로 돌고래 같은 수생 포유류다. 돌고래는 특히 고주파 흡착음 같은 소리를 만들어 반향음을 탐지하고, 이를 통해 의사소통도 하는 것으로 알려져 있다. 물론 수생 포유류는 소리를 공기에서 액체로 전달할 걱정은 하지 않아도 되며, 실제로 그들이 몸담고 있는 바다에서부터 나는 소리를 아래턱을 통해 내이로 전달한다.

이 공기와 액체를 이어주는 가교의 복잡성, 하나가 아닌 세 개의 뼈로 이루어진 구조가 들어오는 소리의 전달을 어느 정도 제어할 수 있게 한다. 등자근이라고 불리는 아주 작은 6밀리미터 길이의 근육이 등자뼈에 부착되어 자동차 서스펜션의 완충장치 같은 역할을 한다. 수축할 때 달팽이관과 맞붙은 등자뼈의 움직임을 제한해, 큰 소음을 줄이고 취약한 내이 구조의 손상을 방지하는 것이다. 우리는 이런 활동을 인식하지는 못하지만, 가끔은 등자근의 기능 장애가 미치는 영향을 보게 된다. 가장 흔한 신경학적 질환으로는 얼굴 신경이 손상된 결과 얼굴 반쪽이 약해지는 안면신경마비

(벨마비)를 들 수 있다. 그런데 안면신경 안에는 이 미세한 근육에 이어진 신경섬유가 몇 개 있다. 그 신경들이 손상되면 종종 시끄러운 소리가 더 크게 들리고, 때때로 견딜 수 없을 지경이 된다. 하지만 등자근은 의식적으로 통제할 수 없고, 매우 큰 소리가 들리거나 우리가 말할 때 반사적으로 수축된다. 그런데 이런 반사 작용은 충돌, 총소리, 그 밖에 갑작스러운 큰 소음은 따라잡지 못한다. 이런 전조 없는 소리에너지 폭발에 반복적으로 노출되면 귀가 스스로를 방어하기 어려워 손상될 가능성이 훨씬 더 커진다.

귀는 등자뼈 외에도 마주치는 소리 크기의 방대한 범위를 처리할 다른 방법을 갖고 있다. 기저막에 위치한 일부 모세포는 소리를 증폭시키는 능력이 있다. 외유모세포라 불리는 이 모세포들은 특별한 성질을 갖고 있다. 그 외부벽인 세포막에는 프레스틴이라는 단백질이 포함되어 있는데, 프레스틴은 세포에 붙은 섬모들을 움직이게 하는 분자모터 역할을 한다. 프레스틴은 소리 자극을 받으면 섬모들의 활동을 강화시켜 편향을 과장하고, 아주 작은 양의 소리에너지(잎의 부스럭거림, 내쉬는 숨소리 등)를 감지하는 모세포의 능력을 증폭시킨다. 하지만 이 초감각에는 대가가 따른다. 외유모세포는 쉽게 손상되고, 망가졌을 때 심각한 청력 상실을 초래할 수 있다. 갑작스러운 큰 소음을 반복해서 들으면 등자뼈도 우리를 보호해 주지 못한다. 빌이 아는 많은 음악가가 청력 손실로 고통받는 이유는 바로 그 때문이다.

빌과 내가 앉아 있는 방에도 드럼 세트가 위용을 뽐내고 있지만 그의 청력 손실은 직접적으로 소음의 피해라고만은 하기 어렵다. 현재 78세인 그가 겪는 청력 손실은 많은 사람이 나이가 들면서 겪는 문제다. 사실, 이

노청(나이와 관련된 난청)은 너무 흔해서 노화에 반드시 뒤따른다고도 말할 수 있다. 일부 추정에 따르면, 80세 이상인 사람 중 100퍼센트가 심각한 청력 손실을 겪는다. 50세만 넘어도 약 40퍼센트에서 청력 손실이 나타난다. 난청은 심혈관 질환보다 두 배, 당뇨병보다 다섯 배는 더 흔하고, 노화와 가장 친숙한 문제다. 청력 감퇴를 유발하는 요인들은 많다. 소음에 쉽게 손상되는 외유모세포가 나이가 들면서 손상되고, 여기에 시끄러운 소음 노출이 결합되면 특히 청력 건강에 안 좋은 영향을 미친다. 유전, 귀 질환, 약물 노출도 모두 청력 손상의 원인이다.

난청의 본질은 특히 잔인하다. 노청의 경우, 특히 고주파수의 소리를 듣지 못하게 되면서 말소리의 명료도가 떨어진다. 빌의 경우에는 그가 좋아하는 새들의 고음의 노래를 구별하지 못하는 것으로 나타났다. 이렇게 고주파수 소리를 듣지 못하면 말소리가 명료한 음성이 아닌 중얼거림으로 들리기 때문에 특히 문제가 된다. 말소리명료도가 떨어지면 말소리를 알아듣기 위해 들여야 하는 노력이 증가하고 의사소통에 방해를 받는다. 그리하여 환자가 사회적 상호작용을 회피하게 되거나 외로움이 악화되는 등의 파괴적인 결과가 초래된다. 그런 증상은 꼭 달팽이관의 모세포 손상 때문만은 아니다. 나이가 들면 청각 시스템 전체가 영향을 받는다. 귀에서 뇌로 전기 임펄스를 전달하는 신경섬유와 마찬가지로, 달팽이관의 구조에서도 노화의 증거가 나타난다. 소리와 음성을 인식하는 뇌의 영역에도 구조와 기능 면에서 변화가 생긴다. 소음이 있을 때 듣고 싶은 요소에 주의를 기울이는 능력, 듣고 싶지 않은 요소를 차단하는 뇌의 능력이 약화되어, 시끄러운 방에서 대화를 골라 듣는 일도 어려워지게 된다.

청각피질의 이런 변화가 귀로 들어오는 입력이 감소해서인지, 귀와 뇌에 동시에 영향을 미치는 노화 때문인지는 아직 명확히 밝혀지지 않았다. 하지만 최근 몇 년 동안, 노화로 인한 청력 손실과 광범위한 뇌 변화 사이의 연관성이 인지 장애의 형태로 나타난다는 것은 더욱 분명해졌다. 꼭 청각피질만 영향을 받는 것도 아니다. 이런 난청은 치매와 관련이 있으며, 난청이 심할수록 인지 능력이 저하될 위험이 커진다는 사실이 대규모 연구에 의해 밝혀졌다. 그렇다고 난청이 알츠하이머를 유발한다는 것도 아니고, 청력이 나쁘면 치매에 걸린다는 뜻도 아니다. 치매와 청력 손실은 근본 원인이 같아서 함께 올 수도 있고, 혹은 다른 가설에서 말하는 대로 불완전한 귀로 소리를 들으려고 노력하다가 뇌의 다른 인지 영역으로부터 두뇌 자원을 끌어온 탓에 생길 수도 있다.

그러나 감각 결핍이 인지 자원의 재분배뿐 아니라, 사회활동 감소, 의사소통 감소, 우울증을 유발하며, 이 모든 것이 인지 능력 저하의 원인이 된다는 이론은 과학계에서 설득력을 얻고 있다. 그 경이로운 텔레파시는 "보이지 않는 진동"의 형태를 매개로 "상대방의 머리에 당신의 생각을 비추는" 것으로, 배우자, 가족, 동료, 사회와 우리를 연결 지어주는 근간이다. 타인과의 소통은 우리를 인간답게 만드는 핵심 요소다. 청력(내적 생각, 감정, 욕망, 관점을 표현하고 청취하게 해주는 능력)이 상실될 때, 그것은 또한 장소의 상실, 연결의 상실, 궁극적으로는 자아의 상실을 초래한다.

✦ ✦ ✦

1996년 가을. 런던 북서부 스톤브리지 에스테이트의 산책로를 전문의와 함께 성큼성큼 걸어가다 보니 옷 선택에 후회가 들기 시작했다. 나는 의대 남학생의 유니폼이라 할 수 있는 셔츠에 넥타이, 치노 바지 차림이었는데,

그런 갑옷 같은 차림새는 병동에서 프로답고 진지하게 보이기 위한 의대생들의 필사적인 몸부림이었다. 재킷이나 블레이저는 너무 과하고 주제넘게 보일 수 있는 데다, 그런 차림은 이제 곧 전문의가 될 수련의들의 것이었다. 크랙 코카인, 갱 폭력, 총격으로 유명한 1960년대 주택가의 고층 건물 사이에서, 나는 나의 실수(특히 넥타이 선택)를 깨달았다. 누군가에게 선물받은 이 넥타이에는 가죽 양장본이 가득한 책꽂이 그림이 그려져 있었는데, 이전에는 공부하는 사람에게 어울린다고 생각했던 것이 이제는 희생양이 되기 딱 좋은 차림으로 느껴졌다. 내 정신과 상사는 어두운 색의 양복을 쭈글쭈글한 방수 코트로 완전히 폭 감싸며 나와는 사뭇 다른 접근법을 취했다. 나중에 알게 된 바 그가 넥타이를 매지 않은 이유는, 과거에 두세 번 환자에게 목이 졸린 경험 때문이었다. 어렴풋이 지린내가 나는 비좁은 엘리베이터로 들어서자마자 나는 그나마 안전지대로 들어섰다는 안도감을 느꼈다. 우리는 몇 층 위 어딘가에서 열린 통로로 나가, 현관문은 동일하지만 색상과 파손 정도가 제각각인 플랫flat들 중 한 곳으로 갔다. 상사가 칠이 다 떨어져가는 문을 두드렸다. 한참이 지난 후 걸쇠가 풀리고 문이 열렸다.

나는 그 주에 처음 정신의학을 배우기 시작했고, 그 전 며칠 동안은 강의실에 틀어박혀 지냈다. 우리는 정신의학의 역사를 비롯해 자살 위험을 평가하는 방법, 정신병과 신경증의 구성 요소 등 다양한 측면에 대해 공부했다. 하지만 그때까지 환자는 만나본 적이 없었다. 그날은 지역사회 정신과 의사인 내 전문의가 나를 데리고 그의 환자를 방문했다. 40대 여성으로, 만성 조현병을 앓고 있는 환자였다. 문이 열리자 어두운 복도와 얼굴이 보였다. 여자는 우리를 내다보고 의사를 쳐다보더니, 나를 본체만체 하고는 문을 열어둔 채 돌아섰다. 나는 즉시 그녀에게서 치료 약의 영향을 알아차렸다. 걸음걸이는 느렸고, 팔도 제한적으로 흔들렸으며, 모든 움직임이 달팽이 같았다. 축축한 곰팡이 냄새와 담배 냄새가 진동하는 거실에 앉고 나서도, 그녀는 아무 표정 없이 가끔씩 느릿느릿 눈만 껌벅였다. 나는 일부러 무시한 채 전문의에게만 건네는 인사조차도 45RPM인 노래를 33RPM의 속도로 재생하는 느낌이었다. 이 모든 게 몇 년간 향정신성약물을 복용한 결과로서, 파킨슨병 같은 부작용을 낳은 것이다.

그녀는 낡아빠진 안락의자에 앉아 있었다. 의자 팔걸이는 수년간 묵은 때로 시커멨고, 주위는 온통 힘들고 혼란스러웠던 삶의 잔재들로 가득했다. 그녀의 옆 바닥에 놓인 재떨이에는 꽁초가 수북했고, 주위 카펫은 잘못 떨어진 담배꽁초 때문에 군데군데 지져진 얼룩이 있었다. 전문의는 그녀의 바로 맞은편 작은 소파에 앉았다. 가구마다 잭슨 폴록의 그림처럼 다양한 색의 불특정 얼룩이 묻어 있는 것을 보며, 전문의의 수트를 감싼 낡은 비옷이 다시 한번 부러워졌다. 나는 소파 반대편 끝에 엉덩이 끝만 조심스레 걸치고 앉아, 소파와의 접촉면을 최대한 줄이면서 여자와 눈을 마주치지 않으려 애썼다. 전문의가 그녀에게 나를 소개할 때 나는 잠자코 고개만 살짝 까닥해 보였다.

상담이 시작되고, 전문의는 여자에게 어떻게 지내는지 부드럽게 물었다. 질문마다 약간씩 지연되는, 짧고 느린 답변이 이어졌다. 그녀는 조용히 머뭇거리며 말했고, 나는 그녀의 말을 놓치지 않으려고 안간힘을 썼다. 이내 전에 참관했던 다른 상담들과 크게 다르지 않다는 것을 깨닫자 약간 긴장이 풀렸다. 나는 두 사람 사이의 조용한 대화에 마음을 놓고는, 슬쩍 시선을 돌려 실내를 둘러보기 시작했다. 그때 갑자기 여자가 빽 비명을 지르더니, "의대생, 하지 마!" 하고 외쳤다. 그 바람에 나는 다시 긴장하지 않을 수 없었다. 내 심장이 쿵쾅거리고 뺨이 달아오르는 게 느껴졌지만, 정신과 전문의를 쳐다보니 꿈쩍도 않고 그녀가 어떤 말도 내뱉은 적 없다는 듯 아무런 티도 보이지 않았다. 두 사람의 대화는 그녀의 감정 분출로 중단되지 않았던 것마냥 조용한 어조로 다시 이어졌다. 하지만 잠시 후 다시 "안 돼, 안 돼, 안 돼, 의대생! 하지 마!"란 외침이 들렸다. 시간이 지날수록 그녀는 점점 더 자주 폭발했다. "그런 말 하지 마, 의대생!" "아냐, 난 안 할 거야, 의대생!" "왜 그렇게 말해, 의대생!" 내가 그곳에 가만히 앉아 묵묵히 있는데도, 그녀는 내가 자신을 해치고, 찌르고, 목을 매라고 부추기는 소리가 들리는 모양이었다. 당연히 그 방문은 더 길게 이어지지 못했다. 아직도 상처 입은 그녀가 비난하는 목소리가 들려오는 것 같다. "의대생!"

책꽂이 넥타이는 그날 이후로 처분했지만, 나는 인간 정신의 본성, 인간 경험의 폭, 정신병의 공포, 제정신과 '미치광이' 사이의 미묘한 경계 등에, 즉 정신의학에 대해 (두려움이 결합된) 강한 흥미를 느끼게 되었다. 아마도 그건 미숙한 정신의 증거일 터이지만, 정신의학 현장실습 내내 나는 정상과 정신 질환 사이의 경계가 모호하다는 느낌을, 매우 불안한 생각을 떨칠 수가 없었다.

그 "의대생!" 사건은 내가 처음으로 환청(그 여자가 자살하라는 내 목소리를 들은 것)을 접한 사건이었다. 물론 앞에서 언급한 정신병의 환시와 마찬가지로, 상상의 목소리, 즉 정신 질환으로서 나타나는 환청의 개념은 많은 사람에게 익숙할 것이다. 휴대전화와 이어폰이 등장하기 전, 혼자 걸어가면서 큰 소리로 떠드는 사람은 정신 질환의 징표였다. 그러나 모든 환청이 정신 질환의 징후인 것은 아니다. 사실, 조금 덜 극적일지언정 환청 자체는 거의 모든 사람이 경험한다. 매일 밤 꿈속에서 듣는 연설이나 음악도 환청이다. 더 확실하게는, 나이트클럽이나 콘서트를 다녀온 후 몇 시간 동안 귓속에서 울리는 소리도 있다. 귀가 감염되어도 윙윙거리는 소리가 난다. 그 두 가지 경우 모두 환청의 정의에 들어맞는다. 존재하지 않는 무엇인가를 명백하게 인식하는 것이다.

더 구체적으로 말하면, 이명$_{\text{tinnitus}}$이라는 말은 라틴어 동사 '울리다$_{\text{tinnire}}$'에서 유래되었는데, 외부 세계에서 진짜 소리가 나지 않는데도 들리는 환청, 울림, 윙윙거림, 쉬익 소리가 다 포함된다. 심지어 밤에 야외로 나갔을 때 생기는 일시적 현상을 제외하고도, 이명은 믿을 수 없을 만큼 흔하다. 성인의 약 10~15퍼센트가 이명을 겪는 것으로 추정되며, 그 수는 나이가 들수록 늘어난다. 노화와 난청 사이의 강한 연관성을 고려할 때, 노년기와의 상관관계는 놀랍지 않지만 난청이 있어야만 이명이 생기는 것은 아니다. 이명이 심한 사람 중 일부는 정상 청력을 갖고 있고, 심각한 난청이 있는 사람들은 이명을 경험하지 않는다. 이명이 생기는 다른 요인으로는 지속적인 소음 노출이나 약물에 의한 손상, 신경 기능에 영향을 미치는 장애 등이 있다.

하지만 왜 청각기관, 즉 중이, 달팽이관, 내이신경(귀에서 뇌간으로 전기 임펄스를 전달하는 신경)의 손상이 청력 증진이나 손실을 야기할까? 우리는 앞서 아주 조용한 소리를 증폭시키는 메커니즘을 살펴보았다. 달팽이관의 외유모세포와 그곳에 있는 분자모터 말이다. 하지만 청각계가 소리를 증폭시키는 방법이 그것만 있는 것은 아니다. 뇌에도 청각피질 내 청각세포의 민감도를 높여 실제 존재하지 않는 소리를 인식하게 하는 메커니즘이 있는 것으로 보이며, 그 시스템은 조용하거나 소리가 없을 때 활성화된다.

이명은 기본적으로 이렇게 청각피질의 민감도가 증가되어 생기는 것으로 생각된다. 뇌의 청각중추를 재연결하는 것, 즉 '가소성(외력으로 변한 물체가 외력이 없어진 후에도 원래 형태로 돌아오지 않는 성질. 뇌 부위나 신경이 유동적으로 변하는 것을 뇌가소성, 신경가소성이라 한다. -옮긴이)'이 만성 이명의 진짜 원인일 수 있다.

따라서 이명의 시초는 내이나 신경 손상 때문일 수 있지만, 이명 자체는 뇌의 산물이다. 이명이 있는 사람의 내이신경을 절단하더라도, 귀로부터 아무 입력도 받지 않은 채 환청이 지속된다. 이것은 시력을 잃고 갖가지 색깔과 모양의 환영을 보게 된 니나의 증상과 분명 유사점이 있다. 뇌는 자신이 원하는 만큼 보고 싶어 하고, 듣고 싶어 하기 때문에, 시각이나 소리 입력을 빼앗기면 자신만의 시각이나 청각 세계를 만들어내는 것이다.

✦ ✦ ✦

빌 오디가 겪은 청력 상실도 니나의 시각처럼 다시 균형을 이루었지만, 빌에게는 이명이 생기지 않았다. 그는 훨씬 더 희한한 증상을 얻었다. 그 증상은 2~3년 전에 갑작스럽게 시작되었다. "지금처럼 집 안에 있었습니다. '어, 옆집에서 음악을 크게 틀어 놨나 보네.' 싶었지요. 레코드나 라디오를 튼 것 같았습니다. 전 무슨 음악인지 궁금해서 벽 쪽으로 가까이 가봤습니다. 그리곤 생각했지요, '이상하네. 여기서는 음악이 다르게 들려.' 집 안 곳곳을 돌아다녀봤더니, 비슷한 음악이 흐르고 있었습니다." 빌은 몇 주 동안 계속해서 다른 방들과 집 모퉁이를 돌아다니며 음악의 출처를 밝혀내려고 애썼다. "아내에게도 계속 물었습니다. '새벽 4시에 라디오 켰어?'

아내가 '당연히 안 켰지.' 합디다." 그가 껄껄 웃는다. "'어젯밤에 누가 라디오 틀어 놓은 거 들었어?' 하고 계속 물으니까, 아내가 진저리를 치더군요." 그는 그 즉시 그것을 환청으로 인식했을까? 그에게 묻자, 처음에는 부인하고 있었다고 말한다.

하지만 그때부터 빌의 삶에는 반주가 깔리기 시작했다. 그 이후로, 어디를 가든 사운드트랙이 따라다녔다. 조용히 혼자 있을 때면 더 두드러지지만 그렇지 않을 때에도 종종 배경음이 들린다. 나는 어떤 음악인지 묻는다. 빌은 다소 특별한 소리라고 말한다. 브라스 밴드 형식의 음악이라고나 할까. 거의 항상 리드 트럼펫이 높은 음을 연주한다. "제가 정말 싫어하는 소립니다." 그는 음악의 존재와 음조에 일관성이 있다고 묘사하지만, 그가 듣는 음악에는 모호한 정취가 배어 있다. 빌은 음악적 표현에 대한 자신의 인식이 시간이 지나면서 달라진 것 같다고 생각한다. 때때로 그는 스스로 실제 음을 정확히 구분하는지 의문이 든다.

지난 1~2년 동안 악기로만 연주하는 음악은 거의 들리지 않았다. "거의 항상 가수들이 있었습니다. 남자 솔로거나 비교적 작은 규모의 남성 합창단이었지요. 아주 가끔은 여자 목소리도 났고, 아나운서 같은 목소리도 있었죠. 누군가 라디오를 틀어 놓은 것 같았는데 옛날 스타일이었어요." 시간이 지나면서, 그는 어떤 노래인지도 알아차리기 시작했다. '제1차 세계대전 이후에 나온 재미있고 신나는 컨트리송'이었다. 갑자기 빌은 〈멋쟁이 아가씨는 선원을 좋아하네All the Nice Girls Love a Sailor〉 노래의 몇 마디를 그만의 개성 있는 목소리로 부르기 시작했고, 나는 다시 한번 라디오4의 코미디 패널 쇼를 듣는 기분이 들었다. 그는 자신의 머릿속 주크박스 곡들인("내겐

〈멋쟁이 아가씨는 선원을 좋아하네〉

선택권이 없으니까요!") 〈데이지, 데이지Daisy, Daisy〉, 〈블레이든 레이스 Blaydon Races〉, 〈그녀는 산을 돌아올 거야She'll Be Coming Round the Mountain〉, 〈룰 브리타니아Rule, Britannia!〉를 차례로 흥얼거리더니 영국 국가까지 불렀다. "더 현대적인 노래였으면 좋았겠지만요. 좀더 최신곡 말입니다. 그게 좀 실망스러워요. 왜 꼭 그 시대의 음악인지 그게 이해가 안 됩니다." 그는 머릿속 알렉사에게 재즈, 재즈 록, 미국 노래 중에서 "아무 곡이나 하나" 주문할 수 있었으면 좋겠노라고 말한다.

나는 빌에게 음악적 환청이 악화되고 있는지 아니면 그것 때문에 뭔가를 하다가 멈춰야 했던 적이 있는지 묻는다. "나빠지고 있는 것 같지는 않아요. 하지만 점점 짜증이 납니다. 서재에 있으면 더 오래 소리가 들립니다. 한두 번은 '그만해!' 하고 소리친 적도 있지요." 그는 웃는다. "하지만 보통은 제 삶에 영향을 미치지 않습니다." 나는 환청이 완전히 사라진 적도 있는지 궁금했다. "아, 지금은 안 들립니다. 선생님이 오시기 30분 전까지 있었는데. 선생님이 오신다는 걸 알았나 봐요." 그는 코웃음을 친다. "'아가씨들, 이제 쉬는 시간 끝났어!' 아직 유머감각도 녹슬지 않았죠? 이것 때문에 미쳤다면 그것도 녹슬었을지 몰라요."

나는 다음 질문을 하기가 망설여진다. 빌은 수년 동안 우울증, 조울증과 사투를 벌여왔다. 나는 환청이 시작되었을 때 미쳤다는 생각은 들지 않았는지 묻는다. "아뇨." 그는 킥킥 웃는다. "그 전부터 미쳤었으니까요! 전 이미 조울증을 한두 차례 심하게 겪었습니다. 하지만 이건 달랐어요. 특별히 우울감은 들지 않았습니다. '도대체 어디서 그런 소리가 나는 거야?' 하면서, 그냥 뜬금없다고만 생각했습니다."

그 음악이 무엇인지 깨닫고 나서 빌은 인터넷으로 책을 몇 권 주문했다. "한 미국인 남자가 쓴 책을 발견했어요." 나는 그 『환각Hallucinations』이라는 책의 저자가 북런던 출신으로 미국으로 이주한 거라고 말해주었다. 그 남자, 올리버 색스Oliver Sacks는 북런던에서 몇 마일 떨어진 킬번의 메이프스버리 로드에서 자랐다. 어렸을 때 색스는 빌의 집에서 엎어지면 코 닿을 거리에 있는 햄스테드 수영장에서 아버지와 함께 수영을 했다. "맞아요, 그 사람입니다! 놀라웠던 점은 거기에 일관성이 없어 보인다는 거였습니다. 알다시피 어떤 사람들은 코러스나 합창단 소리를, 어떤 사람들은 다른 종류의 음악을, 어떤 사람들은 끔찍한 소리를…… 그런 식입니다."

내가 의대생일 때 가정방문했던 환자가 안락의자에 앉아 "의대생! 하지 마!" 하고 소리치게 만든, 정신 질환의 환청과는 본질적으로 다르긴 해도 빌의 사운드트랙도 분명 환청이다. 비록 그 소리가 옆집에서 연주하는 음악인 양 실제처럼 들리지만, 그는 그게 환청이라는 것을 잘 안다. 그의 현실감은 아직 확고하다. 빌의 머릿속에서 연주되는 노래와 트럼펫 연주는 이명에 더 가깝다. 그는 외부 자극이 없을 때 소리를 인식하지만, 그것은 울림이나 윙윙거리는 소리, 쉬익 하는 소리라기보다는 더 복잡하고, 더 미묘하며, 멜로디가 있다. 드문 현상이라 생각되지만, 생각보다는 심심치 않게 발견된다. 최근 연구에 따르면 청각 클리닉에 다니는 사람들의 5퍼센트 이상이 음악이 들린다고 보고했다고 한다. 사람들은 '미쳤다'라 보는 시선이 두려워 이런 증상들을 보고하기 꺼린다. 빌의 음악적 경험은 꽤 전형적이며, 빅밴드 음악, 교회 합창 음악, 트럼펫이나 나팔, 심지어 엘리베이터 뮤직(백화점 엘리베이터 등에서 나오는 경음악 -옮긴이)이나 컨트리송 등, 대부분의 환자가 묘사하는 것과 비슷하다. 하지만 시간이 지남에 따라, 많은 환자가 그 음악이 점점 더 짧은 멜로디로 나눠진다고 말한다. 음악적 환각은 정신 질환이 있거나 치매, 뇌전증, 뇌 감염, 종양 같은 신경 질환이 있는 사람들에게서도 나타나지만, 아주 건강한 사람들에게서도 볼 수 있다. 가장 흔한 요인으로는 청각 장애를 들 수 있지만 그마저도 항상 그런 것은 아니다.

놀랄 것도 없이 신경학적 장애가 있는 환자들의 경우, 많은 수가 뇌의 청각중추 손상과 관련이 있다. 실제로, 뇌의 특정 영역이 음악을 암호화하는 것처럼 보인다. 와일더 펜필드Wilder Penfield는 미국 출신의 캐나다 신경외과 의사로, 뇌 속 물질을 제거하기 전에 깨어 있는 환자의 뇌에 전기 자극을 주어 제거하려는 부위의 중요 역할을 연구했다. 그는 환자 11명의 상측두엽 왼쪽이나 오른쪽을 자극함으로써, 크리스마스 캐롤, 라디오 프로그램 주제곡, 피아노와 오케스트라의 음악적 환각을 유발했다. 다시 한번 말하지만 여기에는 니나의 샤를 보네 증후군(눈 질환 맥락에서의 시각적 환각)과 매우 분명한 유사점이 있다. 이명이 니나가 본 단순한 모양이나 색과 같은 맥락이라면, 빌에게 들리는 제1차 세계대전 이후 음악들의 경쾌한 곡조는 니나가 본 좀비 얼굴이나 샤를 보네가 묘사한 고전적 릴리퍼트 난쟁이들의 복잡한 시각적 현상과 더 유사하다. 추측컨대 환청의 본질은 (단순하든 복잡하든) 뇌의 청각을 담당하는 영역 중 특히 어느 부위의 활동이 증가하느냐에 따라 달라지는 것인데, 이는 보통 귀 자체의 변화에 반응한 결과다.

환시와 마찬가지로, 음악적 환각, 이명, 정신 질환과 관련된 환청("의대생! 하지 마!") 등의 소리 현상이 어떻게 발생하는지에 관한 통일된 이론이 있다. 이런 뇌의 모델은 신경학과 정신의학 사이의 간극을 메워주며, 정신 질환에 대한 그럴듯한 생물학적 설명을 제공한다. 이 이론은 이전에도 잠깐 언급했는데, 뇌는 궁극적으로 예측기여서 환경으로부터 정보를 입력받지만 동시에 정보수집장치로 정보를 출력하기도 한다는 것이다. 우리 뇌는 하루 매 순간 입력되는 정보로 우리의 환경을 매번 새로 구성해낼 능력이 없다. 대신에 우리가 이해하는 세계의 내부 모델을 기반으로 삼아, 일어나고 있다고 인식하는 것에 대해 가장 그럴듯한 설명을 예측한다.

균형이 잡혀 있을 때는 외부로부터 흘러 들어온 정보(미가공 감각정보)와 내부에서 외부로 흘러 나가는 정보(우리의 기대)가 합쳐져 감각이 완벽하게 작동된다. 물론 때로는 예상치 못한 일도 일어난다. 우리의 예측과 기대는 틀릴 수 있고, 우리는 그런 순간마다 배우게 된다. 하지만 시스템이 제대로 작동하지 않을 때, 가령 청력 손실 등으로 입력되는 정보가 너무 제한적이거나 정신 질환 등으로 두뇌의 출력(세계의 예측 모델)이 너무 강할 때 환각이나 망상이 나타난다. 뇌가 자체적으로 한 예상을 너무 확신해서 입력되는 감각 정보를 무시하면, 그릇된 믿음을 갖게 되거나 잘못된 인식을 경험할 수 있다. 세상을 더 잘 이해할 수 있도록 고안된 그 메커니즘은 결국 우리의 현실감각을 명확히 해주기보다는 혼란스럽게 만든다.

사실, 우리의 뇌가 어떻게 작동하는지, 어떻게 인지하는지에 대한 이런 관점은 놀라운 결과를 가져왔다. 케타민, 실로시빈(환각버섯의 활성성분), LSD 같은 약물들은 그 향정신성으로 인해 정신에 변화를 야기하기 때문에 오랫동안 남용되어 왔다. 이런 약물의 힘을 빌린 '여행'이 가져오는 인식의 변화는 예측의 변화라는 측면에서 이해할 수 있다. 그 '여행'을 하고 있는 누군가를 떠올려보자. 집에 있는 화초를 쳐다보고 있는데, 초록색의 기다란 잎이 천천히 뱀으로 바뀌었다가 초록 강이 되고, 다시 집의 화초로 돌아오는 것이다. 이런 약물은 일상 생활에서 예측의 방해 요소를 제거해 우리의 감각 데이터에 대한 다른 가능성, 다른 해석의 문을 자유롭게 열어주는 효과가 있는 듯하다. 본질적으로, 이 약들이 하는 일은 뇌의 화학적 변화를 촉진시켜 입력과 예측 사이의 균형을 변질시키고, 덜 엄격한 방식으로 지각할 수 있도록 풀어주는 것으로 생각된다.

우리 정신의 이 같은 모델은 그런 부류의 약물을 정신 질환 치료에 사용할 가능성을 열어준다. 이 약들은 우리가 다른 방식으로 상황을 인지할 기회를 만든다. 예를 들어, 불안감은 내일, 다음 주, 혹은 내년에 일어날 일을 엄격하게 예측하려고 하기 때문에 생길 수 있다. 우울증의 밑바탕에는 자신에 대한 지나치게 엄격한 예측이 깔려 있을 수 있다. 다른 예측, 다른 현실을 고려하게 하면 변화의 기회가 찾아온다. 실제로 우울증 치료에 이런 약물을 사용하는 사례들이 등장하고 있으며, 케타민 기반의 비강 스프레이가 치료에 저항감이 있는 환자들을 위한 우울증 치료제로 출시되기도 했다.

다시 한번 말하지만, 우리의 다른 감각들에서도 그렇듯이 현실과 인식은 매우 다르다. 공기를 통과하는 역학에너지, 즉 소리는 견고하고 실제적이며 측정 가능한 현실이다. 하지만 우리가 인지하는 것과 실제 듣는 것 사이의 관계는 훨씬 더 복잡하다. 앞서 살펴본 대로, 그 관계는 우리의 귀와 뇌에 달려 있고, 손상이나 질병에 의해 완전히 달라질 수 있다. 심지어 그 관계는 정상적인 노화 때문에 변질되기도 한다. 세계에 대한 우리의 기대, 어떤 소리를 듣게 될 거라는 예측은 '우리가 무엇을 듣는지'에 있어서 때때로 소리 자체보다 더 강력한 결정 요인이 된다. 빌 오디의 음악적 환각은 물론, 우리가 듣게 되는 이명, 배달이나 중요한 전화를 기다리고 있을 때 초인종이나 벨소리가 들렸다고 착각하는 경우처럼 말이다.

그런 사실이 자신의 견해와 달라 다소 믿기 어렵다면 인터넷에서 무료로 볼 수 있는 짧은 동영상을 보길 권한다. '맥거크 효과McGurk effect'를 검색하면 된다. 영상에는 계속 '바, 바, 바'만 반복하는 사람이 나온다. 그런데 어느 시점이 되면 '파, 파, 파' 하고 말하기 시작한다. 다른 자음을 발음할 때는 입술의 움직임도 동시에 바뀐다. 하지만 눈을 감고 들으면 소리는 여전히 '바, 바, 바'라는 것을 깨닫게 된다. 다시 눈을 뜨고 입술의 움직임을 보면 '파, 파, 파'로 들린다. 스피커에서 재생되는 소리는 처음부터 끝까지 바뀌지 않았고 비디오만 바뀐 것이다. 우리가 듣는 것에 대한 기대에는 시각이 영향력을 행사하며, 이는 실제 들리는 것에 직접적인 영향을 미친다.

맥거크 효과

나는 이 영상을 볼 때마다 내 감각들이 그렇게 쉽게 영향을 받고, 불완전하고, 너무 잘 틀린다는 사실에 새삼 충격을 받는다. (그리고 그건 나이 들수록 더 심해지는 것 같다.) 보통은 자신의 귀로 들리는 것이 현실이라고 확신하지만, 아마 그런 경험에 대한 우리의 믿음은 잘못된 것일 테다.

✦ ✦ ✦

후기: 나는 이번 장의 내용이 모두 맞는지 확인받고자 빌에게 연락했다. 그의 이메일은 친숙한 스타일로 시작한다. 'D ear Guy(D ear은 실수를 가장한 적절한 오타다).' 그는 나에게 2020년의 불쾌했던 경험과 코로나19 대유행에 대해 전하고 나서 계속한다.

최종 보고라고 할까요? 음…… 남성 합창단은 여전합니다. 가사가 덜 분명하고 멜로디는 덜 익숙하지만 전체적인 스타일은 한결같습니다. 보컬

뿐 아니라 카주 같은 소리의 '리프' 연주나 롤프 해리스가 개척한 '스타일로폰' 같은 연주도 들립니다. 몇 년 전 일이냐고요? 물론 아니에요! 그 음악들은 제가 자주 듣거나 즐겨 듣던 음악이 절대 아니었다는 점이 놀랍고 거북합니다. 누가, 혹은 뭐가 그런 선곡을 하는 거죠? 좀 새로운 뇌 속 DJ가 필요해요. 아 안 돼요, 〈희망과 영광의 나라Land of Hope and Glory〉는 더는 싫다고요.

치료법이 있을까요?

The Man Who Tasted Words

05

맹인의 왕국에서

불완전한 성에서 내다본 가려진 시계視界

"대부분의 책에서 말하는 것처럼 인간의 우월성이 두뇌 때문이 아니라는 생각은 한 번도 하지 않았다. 그것은 좁은 가시광선 대역으로 전달되는 정보를 이용할 줄 아는 뇌의 능력 때문이다. 성취했거나 성취하게 될 모든 인간의 문명은 빨강에서 보라까지의 진동을 감지하는 능력에 달려 있다. 그 능력이 없었다면 인간은 길을 잃었을 것이다."

○

존 윈덤(John Wyndham), 『트리피드의 날(The Day of the Triffids)』

,

내가 일하는 병원 문으로 끝없이 흘러드는 사람들(그리고 그들이 가진 질병) 중에서도 확연히 눈에 띄는 환자들이 있다. 한 사람의 의료 경력을 통틀어 봐도 그렇다. 나는 그들이 모두 영웅처럼 나타난 신경과 전문의가 진단 패배의 문턱에서 승리를 낚아챈 사람들이라고 말하고 싶다. (보통 안경을 쓰고 약간 꺼벙한) 주인공이 믿음직스러워 보이는 힘줄 망치를 움켜쥐고 진료실로 성큼성큼 걸어 들어가 침대에 누운 실의에 빠진 환자를 잠시 훑어보다가 입이 쩍 벌어지게 하는 논리, 지성, 전문 지식으로 희귀한 진단을 내린다. 짧은 치료 과정을 거친 후 부활이 뒤따른다. 병상에 누워 있던 환자는 나사로(죽은 지 나흘 만에 예수가 살려낸 인물 -옮긴이) 처럼 벌떡 일어나 병실을 빠져나간다.

안됐지만 그다지 자주 생기는 일은 아니다. 하지만 재난, 죽음, 공포 같은 여러 이유로 내 마음속에 남아 있는 환자들은 수없이 많다. 첫 야간근무 때, 젊은 일본인 여성이 런던에 관광하러 왔다가 급성 복통을 호소하며 실려왔다. 나는 희귀 종양으로 인한 복강 출혈로 그녀의 복부가 급격히 팽창하는 것을 목격했다. 수련의 시절 한밤중 불려가 진찰하게 된 60대 남성은 흉통으로 입원했는데, 심장에 문제가 있는 것 같았다. 그는 신선한 선

홍색 피를 몇 리터씩 토해냈고, 엄청난 양의 수액, 혈장, 적혈구 수혈이 필요했다. 나는 침대 옆에 서서 분출되는 주홍색 토사물을 피하며 혈액을 더 빨리 정맥 속에 밀어 넣기 위해 수혈팩을 쥐어짜야 했다. 심정지 상태로 응급실에 실려온 한 젊은 여성은 염색약을 바르는 동안 미용사와 수다를 떨다가 염료 과민성 쇼크(폭발적인 알레르기 반응)를 일으켰다고 했다. 그녀는 머리 밑 하얀 리넨을 마치 피 같이 붉은 염색약으로 물들인 채 CPR 도중 숨을 거두었다.

때로는 환자들에게서 나 자신의 무엇인가를 인지하게 되는 경우가 있다. 비슷한 나이 또래라거나, 같은 관심사를 가졌거나, 바깥에서 만났다면 친구가 되었을지 모르겠다는 생각이 드는 환자들은 더 오래 마음에 남는다. 가끔은 또 다른 이유로 기억에 오래 새겨지기도 한다. 갑자기 실명을 하고 다리가 마비되어 버린 한 젊은 여성 환자가 그랬다. 그녀는 내가 처음 요추천자를 맡은 환자였다. 15년 후, 전문의가 된 나는 또다시 입원한 그녀를 병동에서 만났는데, 우리 둘 다 머리가 희끗희끗해졌지만 그녀의 얼굴은 그대로였다. 차트를 훑어보다가 10년도 전에 내가 휘갈겨 놓은 기록들을 발견했고, 인생 최초의 요추천자를 성공적으로 끝내고 밀려오던 희열의 순간이 떠올랐다. 그녀에게 그 이야기를 들려주었더니, 마찬가지로 내 목소리가 기억난다고 했다.

또 오랫동안 돌봐온 환자들도 마음에 남는다. 계속해서 악화되는 상태와 뇌종양, 운동신경원성 질환, 끔찍한 유전병을 치료하는 데 무력한 현대 의학을 목도해야 했기 때문이다. 1장에 등장하는 라헬이나 수련의로서 돌본 첫 환자였던 데니스도 그렇다. 내가 의사가 된 지 3일째 되던 날, 요정체(방광에 오줌이 있지만 배뇨하지 못하는 상태 -옮긴이) 증상으로 비뇨기과 병동에 입원해 있던 그를 만났다. 그가 어디에서 왔는지는 약간 미스터리였지만, 데니스는 치매 후기 단계였다. 상선에 타던 선원이었는지 간호사들이 깔끔하게 손질해 준 희끗희끗한 수염과 닻 문신은 캡틴 이글로 Captain Birdseye 같은 분위기를 자아냈다. 22년이 지난 지금도 데니스의 얼굴은 어제 본 듯 눈에 선하다. 그는 시간의 흐름을 기억하지 못한 채 매번 순간을 살았다. 매일 아침 그의 병실에 들어가면 이 없는 잇몸을 드러낸 채 씨익 웃으며 목청껏 "안녕하세요!"라 외치곤 했다.

좋은 일이 없어도 항상 쾌활하고, 온화한 표정에 바른 몸가짐을 갖춘 남자. 사실 데니스의 요정체 문제는 오래 전에 해결되었고, 내 상사들은 다른 환자들이 수술받을 수 있도록 그를 외과 병동에서 내보내려 애쓰고 있었다. 사무엘 셈 Samuel Shem의 소설 『하우스 오브 갓 House of God』에는 의사라면 익숙한 어둡고 우스꽝스런 풍자들이 등장하는데, 거기에 따르면 데니스는 진정한 '고머 GOMER, Get Out My Emergency Room(내 응급실에서 당장 나가)'였다. '신의 집' 제1법칙은 "고머는 절대 죽지 않는다."이다. 비뇨기 증상과 치매와는 별개로 데니스는 멀쩡했다. 하지만 그는 갈 곳이 없었고, 그가 갈 곳을 찾아주는 일이 내 임무였다. 3개월 동안 우리는 관료적이고 행정적인 연옥에 갇혀 있었다. 요양원에서 약속했던 자리가 그에게 적합하지 않다거나 없어졌다는 통보가 끊임없이 들려왔다. 그러는 동안에도 나는 매일 매일이 그라운드호그 데이(마멋이 겨울잠에서 깨어난다는 날 -옮긴이)라도 되는 양 그 우렁찬 "안녕하세요!" 소리로 환영을 받았다.

시간의 흐름에 대한 데니스의 이해력에는 제한이 있었지만 문제가 되는 건 그의 달라지지 않는 임상 환경이었고, 결국 그의 아침 인사에서도 실망과 분노의 어조가 비치기 시작했다. 내 병동 파견 마지막 주에 마침내 데니스가 퇴원할 거라는 소식이 들렸다. 적절한 요양원에 자리가 났고, 중요하게는 자금도 지원받게 되었다고 했다. 비뇨기과 병동에서도 곧 퇴원 통보서가 나올 예정이어서 돌아오는 화요일에는 퇴원할 수 있었다. 내 담당이었던 데니스가 나보다 먼저 병동을 떠나게 된다는 사실이 희망적이었고 모두가 기뻐했다. 심지어 데니스도 주변 분위기가 고조되어 있는 것을 감지했는지 조금 더 들떠 보였다. 주말 동안 오프였던 나는 금요일 밤에 병원을 나서면서 다음 주 화요일이면 내 병동 파견이 끝나고, 데니스도 같은 날 퇴원해 요양원으로 간다는 사실을 떠올렸다. 발걸음이 봄날처럼 가벼워졌다.

그리고 월요일 아침, 나는 일찍 출근해서 퇴원을 하루 앞둔 환자의 우렁찬 인사를 기대하며 병동을 돌았다. 하지만 데니스의 병실에 도착했을 때 침대는 시트가 벗겨진 채 비어 있었고, 개인 소지품도 모두 사라져 있었다. 처음에는 소통에 문제가 있어 그가 예정보다 일찍 요양원으로 가게 되었다고 생각했지만, 그런 경우는 매우 드물었다. 얼마 지나지 않아 데니스가 다른 곳으로 떠났다는 것을 알게 되었다. 주말에 갑자기 심정지가 와 세상을 떠난 것이다. 지난 3개월 동안 상황에 발목 잡혀 있던 데니스는 결승선을 눈앞에 두고 그만 마지막 한 걸음에서 넘어졌다. 그는 '신의 집'의 제1법칙을 깨고 말았다.

✦ ✦ ✦

또 눈에 띄는 두 가지 다른 범주의 환자들이 있다. 첫 번째는 내가 차이를 만들 수도 있었지만 그러지 못했던 환자들, 내가 뭔가 다르게 했다면 결과가 달라졌을까 싶은 환자들이다. 내 전공인 뇌전증과 수면 문제로 치료받

다가 집에서 숨진 채 발견된 이들도 있다. 갑작스럽게 설명할 수 없는 뇌전증으로 사망에 이르게 된 환자, 욕조에 있다가 발작이 와서 익사한 환자, 수면 장애로 고통받다가 자살한 환자, 정신적으로 힘들어하던 환자, 작은 뇌종양을 지속적으로 모니터링하던 중 갑작스럽고, 예기치 않게 종양이 악의적이고 공격적으로 변한 환자. 이 책에 그런 사례들을 자세히 언급하고 싶지는 않지만 내가 내린 결정들(약물치료를 시작할지 말지, 뇌 스캔을 지금 할지 3개월 후에 할지) 그리고 그들의 이름과 얼굴은, 몇 개월 혹은 몇 년이 지난 후에도 여전히 기억 속에 새겨져 되살아난다.

그 밖에 의료진의 행위가 아닌, 말로 상처를 받은 환자들도 있다. 나는 이것을 '의료원성 불완전의사소통형성증communicationis iatrogenica imperfecta'이라 부르는데, 의사가 말로써 환자에게 피해를 입히는 경우를 일컫는다. 요즘은 의과대학에서도 의사소통 능력, 정보를 효율적이고 친절하고 이해하기 쉽게 추출하고 전달하는 능력을 함양하는 데 많은 관심을 기울이지만 예전부터 그래왔던 건 아니다. 상대적으로 최근에 가까운, 내가 의대에 다니던 때만 해도 우리는 혈액, 수술, 복잡한 약물, 비싼 검사 같은 핵심 부분만 추구하고 관심을 기울였다. 이제는 그렇게 학리적인 의사를 만들어낸다는 게 어떤 건지 잘 안다. 열심히 책을 읽고, 최신 연구를 활용하고, 혈액양성검사의 모든 원인을 속속들이 파악하고, 수준 높은 기술로 메스를 휘두르는 것 말이다. 하지만 그것만으로 훌륭한 의사가 될 수는 없다. 어떤 차원에서든, 최소한 피상적으로라도 인간적으로 대화하고, 공감하고, 이해하고, 환자와 함께 슬퍼하고, 소통할 능력이 없다면 의사의 역할을 제대로 해낼 수 없다.

사실 우리가 하는 역할의 대부분은 위험, 불확실성, 판단을 전달하는 것이다. 우리 앞에 앉아 있는 사람이 단순한 환자나 질병이 아님을 알아야 하고, 진료실을 둘러싼 벽 너머에는 그들의 부모, 배우자, 동료들이 존재하며, 서로 간에 책임감과 심리적 이끌림을 느낀다는 것을 이해해야 한다. 이 모든 것이 환자들의 건강과 그들이 내리는 결정에 영향을 미친다. 공감과 소통이 없다면 우리는 로봇보다 나을 게 없다. 지난 몇 년 동안, 나는 의사가 생각없이 내뱉은 말이 미숙하게 휘두른 메스나 잘못 처방한 약만큼이나 해를 끼치는 끔찍한 경우를 많이 봐왔다. 침대 이불을 홱 젖혀 피가 통하지 않는 환자의 다리를 보면서 "잘라내야 합니다!"라고 무뚝뚝하게 내뱉고는 옆 침대 환자에게 성큼성큼 걸어가던 전문의. 공감하며 소통하는 능력이 형편없던 노인전문병동의 레지던트 때문에 우리 인턴들이 병동 회진이 끝난 후 다시 환자들을 찾아가 황량한 분위기를 수습해야 했던 일.

그중 특히 가슴 통증으로 입원했던 한 가련한 노인 환자가 잊히지 않는다. 환자는 자신의 문제뿐 아니라 남편이 6개월 전 같은 병동에서 죽어갔다는 사실 때문에도 예민한 상태였다. 그녀는 그곳에서 벗어나고 싶어 안달이었다. 그런데 (뛰어난 임상 기술만큼이나 공감과 친절이 결여된 태도 때문에) '백정'이란 별명이 붙은 한 전문의가 뚝뚝 눈물 흘리는 그녀에게 고개를 살짝 끄덕이고는, 미소 지으며 위로랍시고 "괜찮아요! 사람은 원래 병원에서 죽어요."라 말했다. 그런 다음 뒤돌아서 환자를 위로했다고 뿌듯한 표정으로 걸어갔다. 내가 그를 따라 다음 침대로 갈 때, 울부짖는 소리가 더욱 커지며 귓전을 울렸다. 아직도 나는 어떻게 그런 대처가 환자에게 어떤 식으로든 도움이 될 거라고 생각할 수 있는지가 의문이다. 그래도 조금 그를 위한 변명을 해주자면, 그가 취하는 환자와의 상호작용은 악의라기보다는 기량부족 때문이라 생각되긴 한다.

신경과 수련의 시절, 나는 금요일 오후마다 런던 지하철을 타고 세인트 토머스 병원에서 무어필드 안과병원까지 갔다. 녹내장, 백내장, 망막에 문제가 있는 수많은 사람 중에는 안과 의사들이 아무것도 해줄 수 없는 환자들도 있다. 시력 문제의 원인이 눈이 아닌 다른 곳에 있는 경우도 있거니와 '안과 수술(배타적이진 않더라도)'만을 전공으로 한 그들로서는 수술로 문제를 해결할 수 없는 때가 있기 때문이다. 그래서 신경과 전문의였지만 특히 시각에 관심이 많았던 당시 내 상사는 런던의 여러 병원을 오가며 이런 복합 환자들의 평가, 진단, 관리를 맡았다. 무어필드의 금요일 오후 클리닉에서는 다양한 키트와 여러 개의 책상이 구비된 큰 방에서 진료와 교육을 병행하는데, 신경과와 안과 수련의들이 타과 병동에서 위탁한 환자들을 진찰한다.

내 담당 전공의는 그 방을 돌아다니면서 환자들에게 우리가 내린 결론을 제시하고, 그들이 고개를 끄덕이거나 흔들기를 기다리곤 했다. 약간은 과시적인 부분도 있었다. 그는 세계적으로 유명한 의사였고, 환자들은 전 세계 곳곳에서 그의 클리닉을 찾아왔다. 그는 다양한 의사와 환자들 앞에서 각각의 환자에 대해 백과사전식 임상 정보들을 쏟아냈다. 아주 사소한 임상적 상황을 매우 세세하게 묘사해 우리의 관심을 끌고, 자신이 20년 전에 했던 연구로 눈앞의 환자 상태에 관한 힌트를 주기도 했다. 그는 진짜 걸어 다니는 교과서였다. 우리가 보던 환자들로부터는 대부분 시각 편두통, 뇌졸중, 눈 근육이나 신경에 영향을 미치는 질환이 발견되었지만, 드물게 다른 케이스도 있었다.

그 진료실 중 한 곳에서, 나는 60대 초반 남성과 그의 아내를 살펴봐 달라는 요청을 받았다. 프라이버시가 전혀 보장되지 않는 커다란 공동 진료실

구석에 앉아, 그는 최근 2, 3년 동안 시력이 어떻게 악화되어 왔는지를 말하기 시작했다. 읽는 게 점점 어려워졌고, 콕 집어 뭐라고 말할 수는 없었지만 무엇인가 잘못되었다는 건 느낄 수 있었다. 지난 2년 동안 그는 시내 안경원과 안과 의사들을 부지런히 방문했다. 일부 각막 이상이 있긴 했으나 검사 결과는 전부 정상이었다. 눈에 몇 가지 시술을 받았지만 시력은 나아지지 않고 오히려 악화되었다. 그러다 우리 병원으로 찾아온 것이었다.

그를 진찰해 보니 눈을 포함해 근접 시력과 원거리 시력 모두 정상이었다. 하지만 글을 읽어보라고 하자 하나도 읽지 못했다. 나는 그게 눈 문제가 아니라 뇌의 문제일까 의심했고, 인지 테스트에 사용하는 작은 녹색 책을 꺼내 들었다. 그 책은 얼굴 인식을 테스트하기 위한 얼굴 사진, 선으로 그린 다양한 동물 그림, 해변에서 모래성을 만들고 노는 남자아이들의 그림 같은 이미지로 채워진, 시각적 의미를 인지하게 하는 도구였다. 테스트를 진행하면서 환자의 눈은 정상이지만, 시각 입력에서 의미를 끌어내는 뇌의 시각피질에 문제가 있다는 게 점차 분명해졌다. 그는 깨진 글자를 알아볼 수 없었으며, 찻주전자, 신발, 자물쇠 같은 간단한 시각 물체를 인식하는 것조차 어려워했다.

그의 질환 진행 과정, 이전에 찍었던 정상적인 뇌 CT 사진, 인지 문제의 본질을 종합해볼 때, 나는 이것이 알츠하이머병의 흔치 않은 증상일 거라고 상당 부분 확신했다. 나중에 그 진단은 옳은 것으로 증명되었다. 나는 그에게 무슨 일이 일어나고 있다고 생각하는지 물었는데, 그와 그의 아내 모두 알츠하이머일 가능성에 대해서는 상상도 못 하고 있는 게 분명했다. 그들은 아직 판명되지 않은 눈병 때문이라고 확신했다.

이윽고 내가 상사 앞에서 진단 결과를 발표해야 할 때가 되었다. 발표를 시작하자 다른 의사들, 안과 의사들도 모여들었다. 한 켠에서 내 환자와 그의 아내가 내가 내뱉는 말 한마디 한마디를 집중해서 듣고 있는 게 보였다. 나는 늘 임상 생활의 이런 측면이 불편하게 느껴졌다. 가끔은 환자들 앞에서 그들의 케이스에 대해 논하는 게 하등 도움이 되지 않기 때문이다. 나는 결과를 내놓기 전에 잠시 말을 멈췄다. 남자와 아내는 내가 내린 진단을 전혀 예상하지 못하고 있을 것이기 때문이었다. 몇 초 후, 그래서 무엇 때문인 것 같냐는 질문을 받은 나는 공개적으로, 잔인하게 진단을 내려 이 가엾은 부부에게 충격을 주는 일을 피하고자 알츠하이머병을 의미하는 매우 전문적인 표현을 써서 "베타 아밀로이드 침전증이 있는 것 같습니다."라 대답했다. 또 한 번의 짧은 침묵이 있었고, 한 안과 의사가 불쑥 말했다. "뭐라고? 알츠하이머라고?" 그 남자와 아내의 얼굴에 나타난 공포와 낭패 어린 표정을 나는 결코 잊을 수 없다. 그 순간의 잔인함은 내 마음 깊숙이 새겨졌다. 그 끔찍한 기억을 떠올릴 때마다 구역감이 치밀어 오른다.

이 사례는 우리 의사가 환자에게 줄 수 있는 피해를, 질병의 원래 손상에 모욕까지 더해질 수 있음을 명확히 보여준다. 하지만 동시에 또 다른 시사점도 가진다. 니나 같은 시각적 환각이나 다른 시각적 현상들과 마찬가지로, 시력 손실이나 감소는 눈이 아닌 다른 문제 때문일 수 있다. 모든 안과 의사가 (가끔 놓치긴 하지만) 인식하고 있듯, 시력이 상실되는 원인이 우리의 '전문성 벙커'인 눈 질환뿐인 것은 아니다. 그런데 우리 모두는 그 전문성이라는 프리즘을 통해 증상을 보는 경향이 있다. 빛을 포착하고 그 빛을 전기 신호로 바꾸는 것은 눈이지만, 우리가 '보는' 것은 뇌 안에 있으며 그곳에서 외부 세계에 대한 감각과 의미가 만들어진다. 신경계의 각 단계마다 복잡성은 증가하고 그에 따른 다양한 결과들이 층층이 쌓이며 우리의 시각 세계는 풍부해진다. 그리고 문제나 결함이 나타나는 방식은 신경계 어디에서 발생한 일인지에 따라 달라진다. 방금 설명한 남성의 경우, 알츠하이머병이 좀처럼 영향을 드러내지 않는 대뇌피질의 시각 영역에서 점진적인 악화가 이뤄진 탓에, 복잡한 글쓰기나 시각 이미지의 의미 해석이 불가능해지고 말았다. 하지만 다른 사람들의 경우에는 시각계가 아닌 영역에서, 손상이 매우 다른 방식으로 나타나기도 한다.

✦ ✦ ✦

Dawn, 작은 점이 되고 만 눈을 가진 여자

던과는 몇 년째 만나고 있다. 알려지지 않은 유전자 돌연변이 때문에 뇌척수막이라는 뇌의 외측벽 조직에서 여러 개의 '양성' 종양이 자라난 사람이다. 내가 '양성$_{benign}$'이라는 단어에 따옴표를 붙인 이유는 원래 이런 종양은 신체의 다른 부위로 퍼지지 않지만, 던의 경우에는 꾸준히 시력을 빼앗고 있을 뿐 아니라, 다른 합병증까지 일으키고 있기 때문이다. 시각신경은 두꺼운 케이블을 통해 망막에서 뇌로 시각 정보를 전달하는데, 그녀의 종양은 계속 커지면서 수년 동안 끈질기게 이곳을 압박해왔다.

던의 문제는 교실에서 어려움을 겪으면서 처음 밝혀졌다. 보조 교사로 일하던 던은 어느 순간부터 읽기가 힘들어졌다. 시작은 아주 미묘했다. "두통이 있어서 안경 렌즈를 바꿀 때가 되었나 생각했어요." 그녀는 한동안 나빠지는 시력을 무시했다. "한번은 학생들에게 안내문을 읽어줘야 했는데 읽을 수가 없었어요. 다른 일을 하러 가야 하는 척하고 대신 동료에게 부탁할 수밖에 없었죠." 그러다 결국 안경원에 갔을 때 비로소 문제가 있다는 것을 깨달았다. 던은 왜 안경원에 가기로 결심하고 예약을 잡았는지에 대해서는 이야기하지 않았다. 그녀는 나중에야 고백했다. "운전할 때도 문제가 있었어요." 그녀는 잠시 멈췄다. "사실 사고도 냈어요. 하지만 햇빛 탓이라고 생각했죠." 그녀는 정차해 있는 버스의 범퍼를 들이받았다. 던은 햇빛에 눈이 부셨을 뿐이라고 말했지만 남편 마틴은 당장 안경원에 가지 않으면 이혼하겠다고 다그쳤다. "꽤 강력한 방법이었죠." 마틴이 덧붙인다.

그렇게 만난 안경사는 던의 눈 뒤쪽에서 염려스러운 징후를 발견했다. 시각신경들이 안구를 빠져나오면서 부풀어 오르고 있었다. 그건 두개골 내부 압력이 높아졌음을 나타내는 것이었다. 안경사는 서둘러 의사에게 가보라고 했다. 그녀의 초기 진단명은 '특발성두개내압상승'이었다. 젊고 종종 과체중인 여성에게서 빈번히 나타나며, 불분명한 이유로 뇌로부터 수분을 흡수하는 데 문제가 생겨 압력이 증가하는 질환이다. "충분히 고칠 수 있는 상태인 것 같다고 들었어요. 의사들은 뭔가 방법이 있을 거라고 했죠. 그래서 저도 긍정적으로 생각하면서 돌아왔는데……."

하지만 던의 일반의에게서 걸려온 전화 한 통은 그녀의 희망을 산산이 깨부쉈다. 이 또한 의료원성 불완전의사소통형성증 사례다. 나는 의사가 뭐라고 했는지 물어본다. "그냥, 이러더군요. '스캔 결과를 받았는데 종양 다섯 개가 발견됐어요.' 그게 다였어요." 던은 그 소식을 듣고 엄청난 충격에 휩싸였다. 그녀는 집에 혼자 있었고, 이야기할 사람도 없었으며, 종양이 양성인지 악성인지도 알 수 없었다. "수백 가지 질문이 머릿속을 맴돌았어요. 하지만 아무 답변도 얻지 못했죠." 아무리 부인하려 애써봐야 인생은 무작위고, 뛰어봤자 부처님 손바닥 안이다. 삶은 연약하고, 우리의 통제를 벗어난다. 우리는 담배를 피우지 않고, 과식도, 과음도 하지 않고, 운동을 많이 하면 오래오래 살 수 있다고, 운명을 손바닥 안에서 좌지우지할 수 있다고들 말하는 세상에 산다. 하지만 스물아홉의 나이에 존재를 뿌리째 뒤흔드는 전화 한 통을 받았던 던과 같은 사람들의 그 순간을 생각할 때, 나는 매번 건강과 질병은 제멋대로임을 상기하게 된다.

개인적으로 겪은 일도 있다. 몇 달 전, 예상하면서도 두려워하던 소식이 들려왔다. 20년 넘게 알고 지낸 친구가 암으로 세상을 떠났다. 신경외과 의사로, 진지하고 근면하게 사람들의 뇌에서 종양을 제거하는 수술을 해온 친구였다. 나는 우리가 20대 초반, 인턴일 때부터 그 친구와 알고 지냈다. 재미있는 것을 좋아하고, 도시적이고, 예술적이며, 매우 건강하고, 지독하게 잘생긴 데다 늘 삶에 활기가 넘쳤다. 내 결혼식 때 친구와 그의 약혼녀는 아침 6시까지 춤을 추었고, 그의 결혼식에서 우리 부부도 밤새 춤을 추며 놀았다. 한 순간 성공적인 외과 의사, 아버지, 스포츠맨이었던 그는 다음 순간, 결장암이 간과 폐로 전이된 암 환자가 되었다. 그는 나보다 겨우 두어 살 위였는데, 40대 후반에 어린 두 아이와 아내를 남기고 세상을 떠나고 말았다.

마지막 몇 달 동안, 그의 마음속에는 세상에의 좌절과 불공평함에 대한 분노만 가득한 나머지 어느 누구와도 만나지 않았다. 이메일과 문자에도 답은 오지 않았다. 그래서 나는 옛날 스타일로 펜과 종이를 들고 그에게 편지를 썼다. 그와 나의 삶이 어떻게 한데 짜였는지, 나와 내 아내의 시간 속 그의 모습은 어땠는지에 관해 써 내려갔다. 또 주위 사람들에게 그가 얼마나 소중한 존재인지도 썼다. 그리고 의사로서의 견해에 관해서도……. 우리는 매일매일 질병으로 삶이 망가진 사람들, 세상에 남아 있을 시간이 단축된 사람들을 보게 된다. 하지만 우리는 매일같이 진료를 통해 스스로에게 보호막을 친다. 우리는 우리고 그들은 그들, 우리의 운명은 환자들의 운명과는 다를 것이라고 말이다. 우리는 눈에 보이지 않는 보호막을, 가상의 개인 보호 장비를 두르고 현실로부터 한 걸음 떨어져 서 있다.

그리고 우리는 이것을 합리화한다. 젊은 의사일 때는 질병이 단순히 나이 탓인 것처럼 가장한다. 우리가 나이 들고 환자들이 우리보다 젊어질수록 그렇게 가장하는 것도 점점 더 힘들어지지만, 그래도 꾸역꾸역 이런 자기 기만을 고집한다. 이제 환자들이 병에 걸린 이유를 가난이나 나쁜 생활 방식, 유전 때문이라 여기며 어떻게든 우리 자신을 그들과 차별화할 방법을 다각도로 찾아낸다. 마음속으로 그렇게 믿으려 하나 머리로는 그렇지 않다는 것을 잘 안다. 물론, 생활 방식과 개인적 환경도 죽음과 질병에 영향을 미친다. 우리 모두는 그 사실도 잘 안다.

하지만 조금만 더 스스로에게 정직해지면, 우리는 인생은 무작위, 예측 불가능한 것, 주사위 던지기일 뿐임을 자주 목격하게 된다. 나는 던과 지난 몇 년 동안 봐왔던 사람들을, 무작위로 선택되어 돌이킬 수 없을 만큼 삶이 망가지고 단축된 이들을 떠올린다. 곰곰이 생각해 보면 의료 전문가로서 우리는 그 모든 사실을 잘 안다. 대개 무시하고 있을지라도 말이다. 하지만 직접적인 영향을 받지 않는 이상, 우리 대부분은 이런 삶의 측면으로부터 보호받으면서 건강과 질병의 자의적인 본성을 인식하지 못한 채 살아간다. 특히 현대 의학 기술이 잘 갖춰진 나라에서 운 좋게 운명을 통제하며 지낼 수 있다면 더욱 그렇다.

하지만 우리 모두의 그런 환상을 산산조각 낸 것이 있다. 이 글을 쓰는 지금, 우리는 코로나19 유행의 한복판에 서 있다. 런던에서는 첫 정점이 지나갔고 병원들은 서서히 환자들을 퇴원시켜 집으로 돌려보내고 있지만, 영안실로 향하는 경우도 너무 많았다. 우리는 코로나19가 이대로 서서히 사라질지, 아니면 제2차, 제3차 유행을 경험하게 될지 모르는 미래가 불확실한 상태에 놓여 있다. (그 이후에 정답은 나왔고 또 한 차례의 유행이 거대한 파도가 되어 우리를 덮쳤다.) 코로나19 대유행은 우리의 통제 수준을 넘어서는 힘을 휘두르며 인생은 무작위라는 사실을 받아들이길 강요한다. 우리의 건강과 생명력은 동전 던지기처럼 지나가는 사람의 기침에, 쇼핑 카트에 닿는 손에 따라 결정된다. 우리는 현대 의학이 틀리기 쉽고 불완전하며 모든 해답을 갖고 있지 않다는 것을 알고 살아가야 한다.

이전에는 한 번도 진정으로 고려하지 않았던, 우리가 연약하고 취약한 인간이라는 깨달음은 거의 모든 사람에게 깊은 감정적 영향을 미쳤다. 최전방 의료 종사자들은 이전에 들어보지 못했던 불안과 두려움을 말하고, 업무 전망에서도 불길한 예감이 고조된다. 많은 의료진에게는 매일 밤 사망자 통계를 찾아보며, ('우리와 같지 않다'를 완곡어법으로 표현한) '기저 질환이 있는'이란 이름이 붙은 집단을 세는 것이 일상이 되었다. 마찬가지로, 우리보다 젊고 건강한 사람들의 죽음을 접할 때 느껴지는 공포가 있다. 코로나19 대유행은 이 질병의 영향력이 예측 불가하다는 점(가벼운 기침이나 후각 상실부터 중환자실 장기 입원, 더 안 좋은 경우 그냥 운에 맡기게 되는)에서, 우리 몸의 허약함에 대한 재인식과 우리 자신에 대한 재평가로까지 이어졌다. 그리고 이 전염병의 결말이 어떻든, 여기서 얻은 지식은 바이러스 자체를 넘어 지속될 것이다. 내 친구의 죽음이 그랬듯, 삶의 어떤 측면에서 우리는 그저 영향권 밖에 있다는 사실, 인생은 본질적으로 무작위라는 사실을 잔혹하게 깨우쳐줄 것이다.

던이 검사 결과를 기다리던 때를 생각해 본다. 당시 아홉 살, 여섯 살 어린 두 아이의 엄마였던 그녀의 삶이 전화 한 통으로 뒤집혔을 때, '머릿속에서 자라나는 낯선 침입자가 내 시력을 앗아가고, 어쩌면 생명까지 앗아갈 수 있다는 사실'을 알게 된 바로 그 순간, 그녀가 느꼈을 공포를 나는 단지 상상만 할 뿐이다. 의료 경력에 있어서, 누군가의 삶을 근본적으로 바꾸게 될 문장을 내뱉어야 하는 일은 너무나 흔하며, 이런 상황에 익숙해지기도 너무나 쉽다. 하지만 '암', '뇌졸중', '내출혈'이라는 단어가 가진 힘은, 그 말을 듣는 입장에 있지 않는 한 헤아릴 수조차 없다.

+ + +

우리 모두는 은유적으로나 문자 그대로의 사각지대, '맹점blind spot'을 갖고 있다. 정상 시력을 가졌더라도 우리의 시각계는 불완전하다. 앞을 똑바로 바라볼 때, 우리 시야에는 빈틈이 있다. 눈 뒤에 있는 망막(안구에 덮여 있는, 눈동자로 들어오는 모든 빛을 포착하는 반구형 센서)이 완전히 균일하지가 않기 때문이다. 우리 시야의 중심과 일치하는 망막의 정중앙에는 고화질 카메라처럼 밀집된 원추형 수용체들이 섬을 이룬 중심와가 있는데, 이것이 미세한 세부 사항을 해석할 수 있게 해준다. 망막이 옆으로 퍼짐에 따라 주변시력을 통제하는 수용체의 분포도는 낮아진다. 색을 감지하는 원추세포(원뿔세포)의 수를 줄이되 간상세포(막대세포)의 수는 그대로 유지함으로써, 색을 희생하는 대신 믿을 수 없을 정도로 낮은 조도에서도 볼 수 있게 하는 것이다.

놀랍게도 망막은 균일하지 않을 뿐 아니라, 심지어 이어져 있지도 않다.

우리 시야의 중심에서 그리 멀지 않은 곳에 위치한 광수용체층에는 커다란 구멍이 있다. 이 구멍이 생기는 원인은 전적으로 설계상의 문제다. 모든 간상세포와 원추세포 그리고 빛, 어둠, 색, 대비, 강도를 나타내는 임펄스는 안구에서 뇌로 전달되어야 한다. 즉 이 모든 신호를 위한 출구, 안구 밖으로 나가는 문이 필요하다. 그리하여 망막의 출력들은 한데 뭉쳐져 시각신경을 형성하고, 시신경유두를 통해 눈을 빠져나가게 된다. 검안경의 작은 조리개로 누군가의 눈을 들여다볼 때 나는 시신경유두를 찾는다. 그곳에서 욕조 배수구로 물이 소용돌이치며 빠져나가는 것처럼 시각신경 정보가 흘러나간다.

눈의 구조

우리 안구의 이 부분에 수용체가 없기 때문에, 적어도 시신경유두의 영역 내에서는 시야 중심 양쪽으로 약 15도 정도 떨어진 위치에 작은 섬 같은 맹점이 생긴다. 하지만 우리는 이런 불완전한 시각에 대해 잘 모른다. 두 눈을 뜨고 보면 왜 그렇게 되는지 더 쉽게 이해할 수 있다. 각 눈에서 이 맹점은 시야 중심에서 살짝 측면에 위치하기 때문에 두 영역이 겹치지 않는다. 왼쪽 눈에 감지되지 않는 작은 영역은 오른쪽 눈으로는 보이고, 그 반대도 마찬가지다. 이제 한쪽 눈을 감아보자. 시력은 아직 멀쩡해 보인다. 다른 쪽 눈의 시력으로 뒷받침해 주지 않아도 맹점은 여전히 보이지 않는다. 부분적으로 이는 우리 눈이 끊임없이 움직이고 주위를 도는 덕택에 맹점 안의 시야가 계속 달라지기 때문이다. 그렇지만 시선을 한 곳에 고정시켜도 맹점은 저절로 드러나지 않는다. 신경계와 눈, 뇌는 맹점 주변에서 볼 수 있는 것을 추정해 그 공백을 메운다. 시야의 전폭을 가로지르는 선, 즉 부분적으로 맹점을 가로지르는 선을 뇌가 끊기지 않는 실선으로 재구성하는 것이다.

사실, 그 공백을 인식하려면 물체를 통째로 직접 맹점 안으로 밀어 넣는 방법밖에 없다. 손가락을 이용하거나 임상에서 모자 고정핀의 빨간 머리를 움직여 보는 식이다. 직접 해보자. 왼쪽 눈을 감고 오른손에 뚜껑에 색이 칠해진 펜을 잡는다. 먼 곳의 한 지점에 시야를 고정시킨 다음, 측면으로부터 시야의 중심을 향해 펜을 수평으로 서서히 이동시킨다. 시야의 중앙에서 오른쪽으로 몇 센티미터 떨어진 곳까지 오면 펜 뚜껑이 순간적으로 사라진다. 망막이나 뇌에 감지되지 않는 오른쪽 눈의 시신경유두에 뚜껑 전체가 투사되었기 때문이다. 거기서 몇 밀리미터만 움직이면 망막에 이미지가 다시 맺히면서 펜 뚜껑이 기적적으로 다시 나타난다.

빨간 뚜껑 펜 맹점 테스트

대부분의 사람에게 눈의 이런 설계적 특징은 인지할 수 없고, 중요하지도 않으며, 그저 학교 생물학 시간에 배우는 인간의 기이한 생리학적 특성에 불과하다. 하지만 어떤 사람들에게 이 맹점은 더 의미 있고, 즉각적으로 영향을 미치며, 더 거슬리는 것이다. 만약 시신경유두가 부풀게 되면 머리 내부의 압력 증가나 시각신경 압박에 의해 이 생리적 맹점이 커질 수 있으며, 그럼 물체가 맹점으로 더 쉽게 삼켜져 시야의 블랙홀이 한층 뚜렷해진다. 더욱 괴로운 것은 시야의 중심이자 가장 세밀한 시각(글씨를 읽고, 얼굴을 인식하고, 세부 사항을 자세히 보는)에 집중하는 중심와에 맹점이 있는 경우다. 황반변성은 정확히 이 부위의 망막이 파괴되는 것으로서, 사람들이 가장 보고 싶어 하는 지점의 시력을 흐트러뜨린다. 흐릿하고 일그러진 이미지를 제대로 보려고 끊임없이 애써야 하고, 주변부의 무언가 때문에 시야가 감질나고, 애를 쓰는데도 명확하게 보이지 않아 제대로 보고 싶은 욕구에 시달린다. 한편 망막박리로 안구 내벽을 감싼 망막이 떨어져 나오면 넓은 영역의 시야가 황량해진다.

눈 자체의 문제에서 비롯되는 이런 사각지대의 중요한 특징은, 두 눈의 시각에 다르게 영향을 미치는 경향이 있다는 것이다. 한쪽 눈에 망막박리나 황반 손상이 있어도 전체 시력에는 별 차이가 없을 수 있고, 다른 쪽 눈은 영향을 받지 않고 비정상적인 눈이 놓친 것을 여전히 '볼' 수 있다. 하지만 이미 살펴본 대로, 시력 상실을 초래하는 것은 눈 자체의 손상만이 아니다. 시각계의 어느 부분이 망가져도 그런 결과가 나타날 수 있다. 이런 시각 경로의 구성을 이해하면 환자가 설명하는 사각지대의 특성에 따라 손상 위치를 식별할 수 있다.

각 망막으로부터의 임펄스가 눈 밖으로 이동하면, 시각신경은 망막 신호를 다시 뇌로 전달한다. 왼쪽 시각신경과 오른쪽 시각신경은 각각 왼쪽 눈과 오른쪽 눈에서 받은 시각 정보를 완전히 분리해서 전달한다. 하지만 시각신경들은 안구로부터 되돌아오면서 콧대 뒤 깊숙한 곳에서 서로 합쳐진다. 시신경교차라고 불리는 이 부위에서, 왼쪽 눈과 오른쪽 눈 사이의 첫 번째 통합이 일어난다. 왼쪽 눈의 왼쪽 시야에 대한 정보를 전달하는 섬유는 이 교차점에서 오른쪽으로 건너가지만, 왼쪽 눈의 오른쪽 시야의 정보를 전달하는 섬유는 이곳을 통과하지 않는다. 마찬가지로 오른쪽 눈의 오른쪽 시야 정보를 담은 섬유도 이 교차점에서 왼쪽으로 건너간다. 두 눈의 정보가 융합되어 전체 시야를 전달하는데, 왼쪽 시각계에 대한 정보는 뇌의 오른쪽으로 전달되며, 그 반대도 마찬가지다. 이 지점만 넘어서면 본질적으로 양쪽 눈의 정보는 더 이상 분리되지 않는다.

그래서 안과 의사들과 신경과 의사들은 맹점의 위치를 파악함으로써 시각 상실의 원인을 알아낼 수 있다. 이런 경로를 지나는 광학 정보의 흐름은 전기 기술자가 합선의 원인을 파악하기 위해 살펴보는 집 배선도나 마찬가지다. 맹점이 양쪽 눈에서 다른 위치에 나타난다면 문제가 눈이나 시각신경, 즉 시신경교차 앞쪽에 있다는 뜻이다. 두 눈에서 맹점이 같은 위치에 나타난다면 시신경교차 너머에 손상이 일어났다는 뜻이며, 정보의 채널이 더 이상 두 눈을 구별하지 않게 되었다는 것이다. 맹점의 특정 패턴은 시신경교차 자체가 손상되었음을 나타내기도 한다. 두 개의 시각신경은 뇌하수체에 인접한 시신경교차에서 한데 모여 융합한다. 일반적으로 양성 종양 때문에 뇌하수체가 확장되면 시신경교차를 가로지르는 광섬유, 즉 측면 시야를 암호로 바꾸는 광섬유를 압박한다. 뇌하수체 종양은 종종 양쪽 눈의 측면 시야만 상실시켜 결과적으로 시야를 아주 좁아지게 한다. 전방 시력은 정상이지만 측면 시야에는 아무것도 보이지 않는다.

✦ ✦ ✦

다행히 던이 추가 답변을 기다려야 하는 시간은 길지 않았다. 그녀는 곧 안과 의사와 신경외과 의사를 잇달아 만났다. MRI로 종양이 원인임을 알아냈다. 종양이 악성이 아닌 양성이고, 뇌 안쪽이 아닌 외벽에 생긴 수막종이라는 소식을 듣고는 안도감이 들었다. 하지만 좋은 소식에는 안 좋은 징조도 있었다. 이 단발 종양은 시력 상실의 단독 원인이었다. 시신경교차 주위를 감싸고 있었고, 그래서 양쪽 눈이 동시에 영향을 받은 것이었다. 종양은 합쳐진 시각신경의 생명을 서서히 쥐어짜면서 눈과 뇌 사이의 연결을 파괴하고 있었다. 종양의 크기와 위치도 까다로웠지만 수술을 하지 않으면 실명이 가속화될 게 분명했다.

두 어린 자녀를 둔 스물아홉 살의 나이에 실명할 거라는 전망은 소름 끼치는 것이었다. 힘든 수술이 될 테고 시력을 보존할 수 있다는 보장도 없었지만, 던은 진행하기로 했다. "아들 해리슨은 그때 겨우 여섯 살이었어요." 그녀는 회상한다. "아이가 이해할 수 있게 TV와 비디오 플레이어를 가지고 설명했어요. 둘 사이는 케이블로 연결되어 있는데, 그 케이블이 작동하지 않는다고 했죠. 좀 바보같이 들릴 테지만, 그게 아이에게 해줄 수 있는 가장 좋은 설명이었어요. 수술 후에도 시력이 얼마나 돌아올지는 알 수 없었으니까요."

가족들은 애써 진단을 받아들였고, 위험한 수술 결정을 내렸으며, 아이들에게 소식을 전할 방법을 고민했다. 한편 영국군에 복무하고 있던 마틴은 아프가니스탄에 배치될 예정이었다. 끔찍한 시간이었을 테지만 지금 이 순간도 던은 그때를 회상하며 밝은 목소리로 진지한 이야기를 들려준다. 신경외과 의사와 나눈 대화도 아직 기억한다. "제가 너무 많은 정보는 원하지 않는다고 했어요. 일단 수술을 받기로 한 선택은 제 손을 떠났으니까요. 수술을 받지 않으면 시력은 계속 악화될 게 분명했어요. 하지만 수술을 받으면 일부라도 살릴 가능성이 있잖아요. 뭐 고민할 것도 없는 문제인 거죠. 안 그런가요?"

수술을 할 때 던의 시력은 이미 많이 나빠진 상태였다. 당시에는 어느 정도 보였을까? "그렇게 잘 보이지 않았어요." 그녀에 따르면 마틴의 얼굴만 겨우 알아볼 정도였고, 아주 가까이 앉아야 텔레비전 화면이 보였다고 한다. "그래도 수술 전날 밤 병원 침대에 앉아 있을 때는 상황이 그리 나쁘지 않다고 느껴졌어요." 던은 전신마취에서 깨어나던 일도 기억한다. "병실에 앉아 있는데 누구에게도 불을 켜 달라거나 커튼을 열어 달라고 부탁하고 싶지 않았어요. 하지만 분명 전등은 켜져 있고 커튼도 열려 있는 것 같았어요." 이제 완전히 보이지 않게 되었다는 것을 깨닫는 데 몇 분이 걸렸다.

수술의 예후를 말하기 어렵다는 것은 절제된 표현이다. 던은 시력이 보존될 수 있을지 알기까지 몇 달, 심지어 1년이 걸릴 수 있다는 이야기를 들었다. 마틴은 피로 물든 붕대로 머리를 감싼 아내에게 빛도, 아무것도 보이지 않는 채 그저 어둠만 남았다는 것을 깨닫고 메스꺼움을 느꼈다고 했다. 여러 테스트를 거칠 때마다 결과는 불확실성뿐이었다. 던이 회복될지, 영원한 어둠 속에 남게 될지 몰랐고, 그동안 어린 두 아이에게 적절하게 설명하려 노력해야 했다.

지난 몇 년 동안, 나는 던의 시력이 변화하는 것을 지켜보았다. 가끔 그녀는 내 얼굴의 상을 알아보았다. "선생님의 머리 윤곽과 약간의 움직임이 보여요." 내 머리색도 보이는지 묻자 "그 이상은 보이지 않아요."라고 답한다. 시력은 수술 후 몇 달 동안 약간 개선되었다. "왼쪽 눈으로 아주 짙은 안개가 낀 것처럼 흐릿하게 볼 수 있었어요." 하지만 지금 던은 "세부적인 건 보이지 않고 몇 가지 색상만 보여요."라고 말한다. "딸 샬럿과 상점에 가서 멋져 보이는 점퍼를 골라줬어요. 크림색이라고 생각했는데 알고 보니 밝은 분홍색이었죠." 샬럿은 그 이야기를 듣더니 얼굴을 찡그리며 웃는다.

불행히도 지난 1~2년 동안 시야의 중심에 있던 안개마저 검게 변했다. 오른쪽 눈의 시력은 수술 후 회복된 적조차 없이 영원히 사라졌다. 이제 던에게 남은 건 아주 작은 섬만 한 시력이다. "지금 보이는 건 위쪽에 아주 작은 부분이에요. 턱을 가슴까지 내리고 올려다보면 가끔 세밀한 것도 보여요." 떼어낸 종양이 이미 신경섬유를 회복 불가능할 정도로 손상시켰고, 수술 후 1년 동안 남은 종양조직을 축소시키기 위해 진행한 방사선 치료도 복합적으로 영향을 미쳤을 것이다. 추가 수술은 너무 어렵고 위험해 고려 대상이 못 되었다.

나는 아직도 던의 모습을 떠올린다. 진료실에서 만날 때면 그녀는 여유롭게 방을 돌아다니고, 이야기할 때 내 눈을 보며 정상 시력을 가진 사람처럼 의도와 목적이 있는 눈빛으로 나를 쳐다본다. 하지만 그녀의 빠른 회복력과 풍부한 기지 때문에 시력 손상 정도가 제대로 드러나지 않는 것뿐이다. 지난 몇 년 동안 그녀가 진료실로 들어올 때는 늘 바깥 복도에서부터 흰 막대기 두드리는 소리가 들렸다. 실명을 가장 분명히 상기시키는 대목이다.

던은 병원 진료 시간에 실명이 자신의 삶에 어떤 영향을 미쳤는지 주저리주저리 늘어놓는 사람이 아니다. 하지만 진료실의 제약에서 벗어나 자신의 집에 머물 때는 조금 더 마음을 터놓고 이야기한다. "이제 빛과 어둠을 볼 수 있지만 자세한 건 볼 수 없어요. 얼굴도요." 다른 감각이 시력 상실을 메우는 데 도움이 되는지 물으니 던은 웃는다. "요리할 때 손 데이는 데는 선수가 됐어요!" 그녀는 잠시 멈추었다가 더 진지하게 이야기한다. "아무래도 청각에 상당히 의존하게 되지만 가끔은 왼쪽 귀에서 큰 이명이 들려요." (던의 또 다른 종양은 귀에 정보를 전달하는 신경 위에서 발견되었다.) "그 종양이 청각을 방해하는 것 같아요. 후각은 확실히 정상이지만요. 바닥에 뭘 떨어뜨리면 손으로 더듬어 봐야 해요. 무릎 꿇고 손으로 바닥을 더듬는 거예요. 뭐가 깨지기라도 하면 난리 나죠. 전에 유리잔을 깨뜨렸을 때는 다른 사람이 와서 도와줄 때까지 부엌을 사용하지 못했어요. 혼자 힘으로 뭔가 해낼 수 없다는 게 가장 크게 느껴져요."

아직 어린 두 아이를 키우고 있는데 독립적으로 행동할 수 없다는 현실, 던의 경험은 더욱 가슴 아프게 느껴진다. 육군은 융통성을 발휘해 주었다. 마틴의 아프가니스탄 파견은 연기되었고, 신체 단련 교육 보직으로 전환되어 가족의 삶이 조금 더 유연해졌다. 육군 가족들의 긴밀한 공동체도 가족에겐 은혜였다. 지난 10여 년간 시력을 잃고 삶의 많은 부분에 변화가 있었지만, 여러 지원과 도움을 받았다. 던에게는 아직 겪어야 할 문제도 많고 미래는 불확실하다. 하지만 그녀와 마틴은 놀랍게도 여전히 미소 짓고 여전히 웃는다. 우리 대부분이 망가지고 말았을지 모를 역경을 태연하게 극복해 낸다.

✦ ✦ ✦

Oliver, 우연히 세상이 잘려 있음을 깨달은 남자

상실. 무언가를 더 이상 가지지 않거나, 덜 가지는 것. 생명의 상실, 관계의 상실, 소중한 물건의 상실, 돈의 상실 등 한때 가졌던 어떤 것이 더 이상 내게 존재하지 않는 일. 무엇인가, 혹은 누군가를 손에 쥐고 있는 게 어떤 것인지 아는 데서 오는 고통이나 불편함. 그 부재를 느끼고, 갈망하게 될 때의 아픔……. 하지만 어떤 사람들은 한 번도 갖지 못했던 것의 부재를 더 고통스럽게 느낄 수 있다. 예를 들어 팔이나 다리, 혹은 걷는 능력이 처음부터 없었다고 생각해 보자. 주변 사람들에게는 그런 것이 달려 있거나 그런 능력이 있고, 자신만 그걸 갖지 못했음을 깨닫는다. 감정적인 반응은 좀 다를 수 있는데, 한 번도 경험하지 못했다면 있을 때와 없을 때의 차이를 잘 모르기 때문이다. 하지만 그것도 성격만 다를 뿐 상실은 상실이다. 삶은 변하지 않고, 하는 경험도 그대로지만 그럼에도 상실이 삶에 미치는 영향은 너무나 가슴 아프게 다가온다.

그러나 감각은 눈에 보이는 것도 아니고 명백한 비교도 불가능하다. 누구도 다른 사람의 내면 경험을 알지 못한다. 다른 사람이 보는 빨강이 내가 보는 빨강과 같은지, 나와 같은 만큼의 고통을 느끼는지, 나와 같은 방식으로 음악을 듣는지 알지 못한다. 감각의 상실에 직면했을 때, 유일한 비교 대상은 상실 전과 상실 후 스스로의 감각적 경험, 즉 내부통제뿐이다. 하지만 감각에 장애를 가진 채 태어난다면 그 장애가 검사나 불의의 사고, 건강검진, 혹은 전혀 관련 없는 문제로 의사를 찾았다가 우연히 발견되지 않는 한, 그런 장애가 있다는 사실을 모르는 채 평생 살아갈 수도 있다. 이런 일을 '우연종incidentalomas'이라고 부르는데, 평생 있었던 뇌의 이상을 뇌 스캔으로 알아내거나 전혀 알지 못했던 몸의 움직임이나 좌우 힘의 미묘한 비대칭 같은 '문제'를 의료 전문가와 접촉하게 되면서 인식해내는 경우를 말한다.

여러 면에서 올리버는 우연종의 대표적인 예다. 이제 20대 중반이 된 그는 영화제작자로서 경력을 쌓아가고 있다. 올리버를 처음 만났을 때, 그는 친구와 함께 뮤직비디오를 연출하느라 바빴다. 영화와 사진 미디어 분야에서 일하는 그는 시각의 세계에 종사한다. "대개는 콤팩트 카메라를 가지고 다녀요. 정말 멋진 게 보이면 얼른 꺼내서 스냅 사진을 찍으려고요." 그의 말투는 가볍고 부드러우며 목소리는 조용하지만, 이야기를 듣고 있자면 그가 가진 일에 대한 열정의 색과 모양을, 움직임의 세계에 얼마나 몰입해 있는지를 느낄 수 있다. 어두운 색의 캐주얼 차림을 한 올리버가 맞은편에 앉아 있을 때, 그에게서는 어떤 의학적 문제나 질병, 기능 장애의 징후도 보이지 않는다.

나는 그에게 어떻게 여기 왔는지 묻는다. 그는 잠시 겸연쩍은 표정을 지어 보이곤 입을 뗐다. "좀 이상한 일이었어요. 저는 친구와 함께 작업을 해요. 그날도 작업 중이었는데 친구는 좀 산만하고 쉽게 지루해하는 편이에요. 걔가 대뜸 손가락으로 제 얼굴을 찌르기 시작했어요." 올리버는 웃다가 계속 말을 이어간다. "그런데 친구의 손이 보이지 않았어요! 친구가 '어떻게 이게 안 보일 수 있어?' 하고 물었죠. 갠 제가 제대로 보지 못한다는 사실에 충격을 받았어요. 하지만 전 아무 생각도 들지 않았죠. 그게 아마도 1년 전쯤이었던 것 같아요."

몇 달 후, 올리버에게 시각적 아우라를 동반한 편두통이 나타나기 시작했다. 그는 한쪽에 번쩍이는 불빛이 나타나서는 20분 정도 서서히 시야 전체로 퍼져 나가고, 수그러들기 전에 두통을 일으키는 전형적인 특징들을 묘사한다. "병원에 갔어요. 편두통이 점점 심해졌거든요. 한번은 2시간이나 계속될 정도였으니까요. 그렇게 진료실에서 이야기를 나누다가, 의사가 무심코 손을 들어 시야 테스트를 했어요. 그런데 의사의 왼손이 안 보이더라고요." 의사는 매우 충격을 받고 혼란스러워했다. "의사가 충격을 받고 당황하는 건 결코 좋은 징조가 아니죠."

이 우연한 발견은 올리버를 냅다 진단과 감정의 롤러코스터에 던져 태웠다. 의사는 자신의 시야와 올리버의 시야를 단순 비교했다. 올리버의 바로 맞은편에 앉은 그녀는 자신의 손이 왼쪽으로 움직이는 게 보인다고 했지만, 올리버는 그 손을 볼 수 없었다. 기본적으로 의사들은 환자를 진찰할 때 여러 상황에서 그런 행동을 한다. 우리는 우리가 '정상'이라고 가정하고 우리의 힘, 재주, 청각, 시각과 환자의 능력을 비교 평가한다. 우리의 신체와 신경계가 신경학적 기능의 최적기준이라도 되는 것처럼 본보기 삼아 다른 사람의 이상을 찾아내면서 평생을 보낸다는 것이, 내게는 늘 너무 이상하게 느껴졌다. 우리는 올리버처럼 자신의 신경계 결손을 알아차리지 못하는 환자들을 자주 보게 되는데, 그렇다면 의사라 해서 우리 자신에게 어떤 이상이나 문제도 없다고 믿을 이유는 없다. 사회의 다른 어느 분야에서도 자기 몸을 절대 기준으로 삼는 경우는 없다.

"그래서, 의사가 저를 응급검안사에게 보냈어요." 올리버는 일반의를 방문한 뒤에 일어난 여파를 회상한다. "그 사람도 시야 검사를 하더니 엄청 충격을 받았어요. 그는 제 시야가 뇌졸중으로 쓰러진 사람 같다고 했어요." 올리버는 그보다는 약간 절제된 표현으로 덧붙여 말한다. "듣기 좋은 말은 절대 아니었지요." 그는 그 즉시 세인트토머스 병원 응급실로 보내졌고, 이틀 동안 입원해 여러 가지 검사를 받았다. 메디컬 아이 유닛 병동에서 열린 검사 결과 보고 회의는 그야말로 절정이었다. 메디컬 아이 유닛에서는 수요일 오전마다 보고 회의가 열리는데, 나도 그곳에서 시니어 인턴과 수련의로서 잊을 수 없는 일주일을 보냈었다. 올리버는 당시의 경험을 회상한다. "잔뜩 긴장해서 가라는 곳으로 갔는데 한 방에 의사 열 명이 들어차 있었어요. 의사들이 결정을 내릴 동안 밖에서 40분을 기다렸죠."

메디컬 아이 유닛 병동 보고 회의는 안과 의사, 신경과 의사, 전문의, 수련의, 시니어 인턴으로 구성된다. 환자는 하루나 이틀 동안 모든 평가와 검사를 받고 큰 회의실에서 대기한다. 수련의들이 사례와 검사 결과를 발표한다. 전문의는 환자와 후배 의사들에게 질문을 하고, 검사 결과를 살피고, 몇몇 중요한 검사 소견을 검토하고 나서 결론을 내린다. 나도 수련의가 되자마자 그곳에 참여했던 기억이 난다. 당시 나는 신경과 지식이 한정되어 있었고 안과 지식은 전무했다. 무서웠지만 다행히 우리 신경과 수련의들에 대한 기대치는 매우 낮았다. 특히 안과 전문의들의 분노는 주로 안과 수련의들에게 집중되었다. (반면 우리 신경과 전문의는 침착하고 온화한 사람이었고, 몇 년 동안 나는 그가 화내는 것을 한 번도 보지 못했다.) 나는 안과 수련의들이 도살장에 끌려와 자기 순서를 기다리는 어린 양처럼 덜덜 떠는 것을 지켜보면서 내가 취할 수 있는 가장 좋은 태도는 구석에 조용히 서 있는 것임을 깨달았다. 그렇지만 우리 신경과 수련의들도 언제 갑자기 희생양이 될지 모른다는 두려움은 항상 갖고 있었다.

각설하고, 그래서 올리버의 검사 결과는 어떻게 나왔을까? 올리버가 아무것도 모르는 새 시야의 오른쪽을 전혀 볼 수 없게 된 원인은 무엇일까? 편두통과는 전혀 상관이 없었다. “진짜 원인은 뇌졸중이래요.” 올리버는 말한다. “하지만 그건 제가 엄마 자궁에 있을 때 혹은 태어난 직후에 일어난 일일 거라고 했어요.” 그의 왼쪽 후두엽 끝부분에서 일차시각피질로 이어지는 혈관이 살짝 막혀 있는 탓에, 시각 세계의 오른쪽, 의식적인 시각을 관장하는 뇌의 일부분이 없다는 결론이 나왔다. 올리버의 시야는 그가 태어난 날부터, 혹은 태어나고 얼마되지 않아서부터 줄곧 이런 상태였을 것이다. 다른 사람과 비교할 이유도 없었고, 항상 자신의 시각이 모든 면에서 다른 사람들의 시각과 똑같이 정상이라고 생각해왔을 터이다. 그는 자신이 다르다는 점을 전혀 알아차리지 못했다. 진단에 대해 그는 말한다. “그날 꽤 여러 감정들을 경험했어요. 앞으로 어떻게 될지 전혀 몰랐으니까요. 항상 암울한 결론은 성급하게 내리게 되잖아요. 제 시력이 천천히 사라질지, 한 번에 사라질지조차 모르는 거죠. 그래서 더 악화되지는 않을 거라는 사실을 알고는 오히려 안심이 되었어요."

그 사실을 깨닫지 못한 채 시야의 절반이 없는 상태로 25년을 보냈다는 건 믿기 어려운 일이다. 편두통이 없었다면 25년은 더 모른 채로 지냈을지도 모른다. 그의 친구가 그의 얼굴을 쿡쿡 찔렀던 일 외에 다른 단서는 없었을까? 학교 다닐 때는 운동을 했을까? "제가 운동을 별로 좋아하지 않아서 다행이라고 해야 할까요? 운동은 잘 못 해요." 그는 잠시 말을 멈추고 생각하다가 계속한다. "옥스퍼드 서커스 주변에서 잡일을 한 적이 있어요." 그는 영화나 방송 업계에서 제작 보조 인턴으로 일하던 시절을 떠올린다. "거기는 사람들이 많았어요. 저는 나름대로 사람들 사이로 빨리 걸어 다니는 데 익숙해졌다고 생각했지만, 항상 사람들이 제 오른쪽에서 불쑥 튀어나오곤 했어요. 그게 첫 단서가 아니었을까 싶네요." 올리버는 운전도 하는데 놀랍게도 한 번도 교통사고를 낸 적이 없다. 그는 시각 문제를 알고 나니, 오랫동안 왜 그런 일에 그렇게 서툴렀는지 이제야 이해가 된다고 언급한다. "돌아보면 집에서 깨뜨리거나 부순 것들은 항상 오른쪽에 있었던 것 같아요." 유리잔을 탁자 위에 올려놓을 때, 접시를 싱크대에 올려놓을 때, 올리버는 항상 그의 맹점인 오른쪽에서 사고를 쳤다.

아직도 나는 올리버의 전혀 보이지 않는 시야 오른쪽이 어떻게 그의 삶에 거의 영향을 미치지 않은 것인지, 왜 명백한 결과가 나타나지 않았는지, 집 안에서 깨뜨린 물건이 몇 개밖에 되지 않았는지, 갑자기 쑥 나타난 보행자들과 부딪친 일이 가끔뿐이었는지 잘 이해가 되지 않는다. 하지만 여기에는 생리학적 이유가 있을 수 있다. 올리버가 메디컬 아이 유닛에서 검사를 받는 동안에도 희한한 점들이 나타났다. 그는 오른쪽의 어떤 물체도(글자도, 색도, 빛도) 볼 수 없지만, 움직임은 감지할 수 있다. 맹인임에도 볼 수 있다.

✦ ✦ ✦

1914년 영국이 독일에 선전포고를 하게 된 것은 뜻밖의 사태였고, 영국은 전쟁을 치를 아무 준비도 되어 있지 않았다. 국가적 노력에도 부족한 점이 많을 수밖에 없었는데, 전선에서 불구가 되어 못 쓰게 된 몸을 이끌고 귀환하는 수많은 병사를 위한 의료 서비스도 그중 하나였다. 프랑스에서 대대적인 전투가 있고 나서, 부상병들이 들이닥칠 것을 예상하고 런던 병원들의 병상을 정리하라는 정부 명령이 내려졌다. 프랑스 북부에 소재한 전장 근처 야전병원에서 응급처치는 했지만, 신경학적 부상을 입은 장교 중 다행히 오래 살아남은 이들은 런던의 엠파이어 병원으로 이송되었다. 그곳에서 당시 몇 안 되는 신경과 의사였던 조지 리독George Riddoch이 환자들을 돌보았다. 리독은 스코틀랜드에서 태어나 교육받았고 제1차 세계대전이 발발하기 1년 전인 25세 때 애버딘 대학교에서 의학 학위를 취득했다. 1914년 그는 영국 육군 대위로 임명되어 영국 신경학의 거장인 고든 홈즈에 이어 육군의 두 번째 신경과 의사로 합류했다. 리독의 신경학 전문 지식은 매우 수요가 많았고, 이후 영국 전역에서 척추 부상을 입은 사람들을 치료하는 데 주요한 역할을 했다.

1917년, 리독은 그의 환자들에게서 특이한 점을 발견했다. 피폭되어 뇌에 부상을 입고 후두엽 손상으로 실명한 병사 다섯 명이 있었다. 그들은 정지된 물체는 볼 수 없지만 움직이는 표적은 볼 수 있다고 말했다. 그러나 움직임은 감지할지 몰라도, 움직이는 물체의 유형은 불명확해서 '모호하고 어슴푸레'해 보였다(리독이 묘사한 대로다). 물체의 형태와 그 움직임에 대한 의식적인 인식 사이에 단절이 있는 것처럼, 정적인 것과 동적인 것 사이에 간극이 있는 듯 보였다. '리독 증후군 Riddoch syndrome'이라 명명된 이 현상은 이후 반복적으로 보고되었다.

리독 증후군 사례

리독 증후군의 정확한 신경생물학적 근거는 아직 확실히 밝혀지지 않았다. 일반적으로 후두엽의 맨 끝 부분에 위치하며 시각 입력이 최초로 피질로 들어가는 부분인 일차시각피질V1 없이는 시각에 대한 의식적 인식도 없다고 여겨진다. 올리버의 경우처럼 일차시각피질이 손상되면 '피질맹(혹은 피질시각장애)'이 생기는데, 눈이나 시각신경 손상으로 인한 실명과 구분해서 그렇게 부른다.

하지만 리독 증후군은 모든 시각 정보가 일차시각피질을 통해 뇌로 들어간다는 고전적 견해에 의문을 갖게 한다. 그게 사실이라면 이 부위가 손상되었을 때 뇌의 다른 시각 영역으로 들어가는 시각 입력이 모두 사라져야 한다. 하지만 올리버의 케이스를 보면 그렇지 않다. 따라서 리독 증후군은 적어도 시각의 일부 입력 신호는 일차시각피질을 우회하는 대체 경로를 통해 뇌의 더 깊은 부분까지 들어간다는 것을 암시한다. 이런 시각 정보가 흘러 드는 대체 경로가 있다는 실제 증거도 있다. 본질적으로 제한적이기는 하지만, 움직임에 관련한 일부 정보는 일차시각피질을 우회해 다른 시각 영역, 특히 시각 영역의 움직임을 감지하는 중간측두운동복합체에 도달한다. 그래서 시력이 없는데도 움직임을 인식하게 된다.

이 대체 경로가 필요한 이유는 추측이지만, 진화적 관점에서 볼 때 시력이 손상되더라도 시야 주변부에서 커다란 무언가의 움직임을 파악하는 게 중요하기 때문이다. 사자가 달려올 때 인간은 자신의 유전자를 물려주기 위해 생존하려고 한다. 그러지 못하면 결국 사자의 점심식사로 생을 마치게 될 것이다. 그보다는 덜 극적이지만 올리버의 리독 증후군은 너무 자주 사람들과 부딪히거나 운전 중에 마주 오는 차와 충돌하지 않게끔 해준다. 그는 물체가 실제로 보이지 않는데도 무엇인가가 오른쪽으로 움직이고 있는 것을 인지하고 있다. 올리버를 진찰하면서 나는 일반의가 그 운명의 날에 했던 것과 같은 시야 테스트를 해보았다. 그는 그의 얼굴 오른쪽에 가만 있는 내 손을 보지는 못했지만, 빨리 움직였을 때는 손이 거기 있다는 것을 분명히 알아차렸다.

니나처럼 눈이 전혀 보이지 않거나, 올리버처럼 세상의 반만 보이는데도 무언가를 볼 수 있다는 개념은 다소 이상하게 들린다. 그것은 우리 뇌의 시각 경로가 얼마나 복잡한지, 보는 행위의 여러 측면을 처리하는 뇌의 영역이 얼마나 전문화되어 있는지 잘 보여준다. 하지만 시각은 그보다 더 희한해진다. 2장에서 설명했듯이 시각 처리를 담당하는 주요 경로에는 '무엇'과 '어디'의 두 가지가 있으며, 이런 경로 내에 색상, 질감, 얼굴, 문자, 움직임, 위치 등을 담당하는 각각의 전문 영역이 존재한다. 정상 시각('정상'의 의미가 무엇이든 간에)일 때 뇌의 이 모든 영역은 동기적으로 기능하고 결합함으로써, 우리가 거기서 의미를 끌어내고 생존을 도모할 수 있도록 세계에 대해 정확하거나 최소한 근접한 해석을 제공한다.

의대생 시절에 나는 '생리심리학' 수업을 들었다. 그때 꿈을 꾸는 이유에 대한 과제를 써내야 했는데, 잠에 대한 내 평생의 관심은 그때 생긴 게 아닐까 싶다. 그 과목 첫 주 수업 주제는 '맹시盲視, blindsight'였다. 올리버처럼 실명된 눈으로 본다는 뜻의 모순된 단어다. 맹시 현상은 리독 증후군보다 더 광범위한 뜻을 담고 있는데, 어떤 사람은 전혀 보이지 않거나 제한된 시야를 가지고도 여전히 무의식 수준에서 움직임이나 색, 형태, 모양을 볼 수 있다. 터무니없는 이야기처럼 들릴 것이다. 누군가 뭔가를 볼 수 있다고 하면, 그 말은 곧 앞을 볼 수 있다는 뜻이기 때문이다. 그런 까닭에 1970년대에 맹시의 특징이 공식화된 이후, 이에 대한 격렬한 논쟁이 벌어졌다. 본질적으로, 맹시의 '맹盲'은 일차시각피질의 손상 때문에 시야에서 아무것도 보지 못한다는 의미다. 스스로도 부분적 혹은 전체적으로 시각이 없음을 인식한다. 하지만 맹점에 있는 움직이는 시각 물체의 색, 형태, 이동 방향을 추측해야만 할 때, 그들은 평소보다 더 잘, 때로는 100퍼센트까지 정확하게 맞힌다.

맹시의 실존에 대해서는 반복적으로 의문이 제기되었고 대안적 설명도 제시되었다. 의식적인 시각은 실제로 무엇을 의미할까? 단순히 사람이나 동물의 시각 인식을 담당하는 일차시각피질이 완전히 파괴되지 않고, 그 기능이 군데군데 남아 있다는 뜻일까? 아마 맹시는 눈 안에서 빛이 산란되어 정상적인 시각 영역으로 떨어지는 것으로 설명될 수 있을지 모른다. 환자와 원숭이를 대상으로 한 실험은 이에 반대되는 견해를 주로 다루었지만(물론 만장일치를 보는 과학 분야는 거의 없다), 맹시가 실제 현상이라는 점에 대해서는 의견의 일치가 이루어졌다. 의식적 시각이 없을 때에도 움직임뿐 아니라 색, 모양, 방향, 심지어 얼굴 표정과 연관된 감정을 담은 시각 정보는 여전히 뇌로 전달된다. 이 데이터의 흐름에는 다양한 경로가 있는데, 그중 일부는 의식적 시각의 중심인 일차시각피질 주변에서 작동된다. 뇌가 관련되면 눈이 멀었다는 개념을 그리 간단히 설명할 수는 없다.

그렇다면 이것은 우리 모두에게 무엇을 의미할까? 아마도 그것은 우리는 누구나 자각하지 못한 채 끊임없이 보고 있고, 시각은 우리가 인식하는 것보다 훨씬 더 많은 정보를 제공하며, 시각계는 우리가 이해할 수 있는 것보다 훨씬 더 유익하고, 풍부하며, 미묘하다는 뜻이다. 더 나아가 만약 우리가 인식하는 것보다 훨씬 더 많은 정보가 뇌로 들어오는 것이라면, 이는 곧 우리가 시각계의 일부만 인식하면서 매우 제한적인 경험만 하고 있음을 의미한다. 우리의 인식은 우리의 환경 전체를 보여주는 것도 아니고, 온전한 현실을 보여주는 것도 아니다.

✦ ✦ ✦

나는 이 경험이 올리버의 시각에 대한 생각과 그가 가진 시각 세계의 현실에 어떤 영향을 미쳤을지 궁금했다. 특히 올리버는 미디어 업계에서 일하고 시각으로 먹고 사는 사람이지 않은가. 그는 영화제작자에 걸맞게, 화면 비율(화면비)에 빗대어 설명한다. "화면 비율은 사람마다 세상에 대한 인식이 어떻게 다른지를 확실히 보여줘요. 다른 사람들은 세상을 와이드스크린으로 보고 있는 것 같아요. 제가 보는 건 4:3 정도 될 거예요. 전통적인 1940년대 영화 비율이죠. 열등하다기보다는 그냥 조금 다른 거예요." 영화의 다양한 종횡비로 묘사되는 시각적 비교는 흥미롭다. 그의 말을 들으니 TV 화면의 가로 세로 비율을 바꾸는 리모컨 버튼이 떠오른다. 처음 바꿨을 때는 이상하고 왜곡되어 보이고 불편하게 느껴져도, 몇 분만 지나면 더 이상 신경 쓰이지 않는다. 와이드스크린 영화를 4:3 비율로 보면 영상의 주변부를 일부 잃게 되고, 시각적 경험이 미묘하게 달라지지만 본질적으로 영화를 감상하는 데는 큰 문제가 없다.

화면비에 대하여

올리버의 은유를 생각하면 할수록 점점 더 사로잡히게 된다. 우리가 영화관 스크린으로 보는 것은 실제 영화 세트장과는 근본적으로 다를 것이다. 주변 세계의 물리적 본질은 우리가 보는 것과 정확히 일치하지 않는다. 우리의 신체, 구조, 기능에 따라 크게 차이가 나는데, 그 점을 가장 잘 보여주는 예는 색맹이다. 기이한 운명의 변덕, 더 적확하게 말하자면 결함 있는 유전자를 물려받았기 때문에 망막에 있는 세 원추수용체 중 하나가 정상 기능을 발휘하지 못해 색을 다르게 인식하게 된다. 가장 흔한 색맹인 적록색맹인 사람에게 빨간 사과는 녹색으로 보일 수 있고, 드물게 색에 대한 인식이 전혀 없는 경우에는 회색처럼 보인다. 동물들도 마찬가지로 세상을 매우 다르게 볼 수 있는데, 동물의 눈은 우리가 지각하는 빛의 파장 너머까지도 볼 수 있다. 물체 자체는 고정된 색을 가지고 있지 않으며 빛깔이나 색조는 관찰자에 따라 달라진다. 색은 관찰자의 눈에 달려 있다.

올리버의 영화 작업에서 우리가 보는 것은 녹화 기능이다. 그건 조명 세기, 카메라맨의 프레이밍, 촬영 각도, 카메라 자체의 설정(시야의 깊이, 색 강도, 대비 등) 등을 포괄한다. 그 점은 눈이라는 기계(눈동자, 망막, 안구의 방향 등)도 마찬가지다. 하지만 우리가 영화를 볼 때는 녹화된 대상만이 아니라 그 영상이 투사된 방식과 그에 따른 결과물도 보게 된다. 거기에는 프로젝터의 전구 색, 카메라 렌즈에 붙어 있다가 스크린 몇 피트 위에 투사된 머리카락, 스크린 자체의 화면비(영상의 가로 세로 비율 -옮긴이) 같은 것이 포함된다. 초당 24프레임의 속도로 영사기를 통과하는 필름에서 흰 스크린으로 데이터(시각 정보)를 전달하는 것은 마치 눈에서 뇌로 정보를 전달하는 것과 같다. 유명 카메라 감독들이 자주 사용하는 기법이라고 알려진 '미묘한 단서'나 '잠재의식 메시지'도 맹시나 리독 증후군의 기초가 되는 시각의 무의식적 측면과 같다고 본다. 그리고 엔딩 크레딧에는 몇 분 동안 수많은 이름이 올라간다. 이들 중 한 명이라도 없었다면 영화는 그 모습 그대로가 아니었을 것이다. 단순한 촬영이 영화의 전부가 아니듯, 우리의 시각도 보이는 게 다가 아니다.

The Man Who Tasted Words

06

커피와 카다멈

풍미, 그 오묘한 화합에 대하여

"젊은이들의 냄새에는 원시적인 무엇이 있다.
불, 폭풍우, 소금기를 머금은 바다처럼 활력과 욕망으로
맥동하고, 모든 강함과 아름다움, 기쁨을 담은 그것은
내게 육체적 행복감을 안겨준다."

○
헬렌 켈러(Helen Keller), 『내가 사는 세상(The World I Live In)』

"음식에 대한 사랑만큼 진실된 사랑은 없다."

○
조지 버나드 쇼(George Bernard Shaw), 『인간과 초인(Man and Superman)』

,

"모든 요리는 이야기를 담고 있다." 클라우디아 로덴Claudia Roden은 그녀의 저서 『유대인 음식 책The Book of Jewish Food』의 첫 문장을 이렇게 시작한다. "유대 음식은 뿌리내리지 못한 이주자들과 그들의 사라진 세계에 관한 이야기를 들려준다. 음식은 사람들의 마음속에 살고 있고 계속 그렇게 살아남는다. 음식이 불러일으키고 표현하는 것 때문이다. 나의 세계는 40년 전에 사라졌지만 내 상상 속에는 여전히 강렬하게 남아 있다. 단절된 과거는 당신의 감정을 더 강하게 사로잡는다." 뒤이어 로덴은 야자수와 재스민 향기가 가득한 나일강 강둑에서 놀던, 카이로에서의 어린 시절에 대해 쓴다. 그 시절은 1956년 수에즈 위기로 갑작스럽게 끝나 버렸다. 현실에서는 끝이었지만 기억에서는 아니었다. 친구와 친척들이 간직한 레시피, 아랍, 유대, 프랑스에 뿌리를 둔 이국적 요리들은 그 기억을 다시 활활 타오르게 만든다.

모든 가족은 그들만의 음식 역사를 가진다. 어느 가정에나 대대로 전해 내려온 레시피가 있고, 그 레시피는 가족들이 음식을 먹었던 기억과 감정으로 계속 생명력을 유지한다. 또 어머니의 애정과 따뜻하고 행복했던 어린 시절을 떠올리게 하는 요리도 있다. 많은 사람, 특히 이민자 가족에게 가족의 레시피는 가족의 성姓만큼이나 기원과 고향, 다른 문화와의 상호 영향을 담고 있는 비언어적 역사이며, 말없는 언어다.

우리 가족의 음식 역사는 로덴의 것보다 훨씬 더 복잡하다. 어머니의 가족은 그녀의 출생지이기도 한 바그다드 출신이다. 어머니는 유프라테스 혹은 티그리스(그걸 알기에 어머니는 너무 어렸다) 유역 어디쯤, 아랍어를 말하는 유대인 가정에서 자랐다. 이라크를 떠난 지 50여 년도 넘은 외할아버지가 햇볕을 받으며 나무 밑에 앉아 작고 두툼한 잔에 커피를 마시는 모습이 떠오른다. 외할아버지가 친구들과 백개먼(청동기 시대부터 시작된 가장 오래된 보드게임이라고 알려져 있으며 동유럽, 서아시아, 중앙아시아에서 인기가 많다. -옮긴이) 놀이를 하는 동안, 외할머니는 난로 위 작은 놋쇠 항아리에 커피를 끓여낸다. 나무 보드에 주사위 부딪치는 소리가 쉴 새 없이 울리고, 볶은 원두커피의 쓴 냄새가 카다멈의 꽃향기와 섞여 든다. 바그다드에서처럼 뒷목을 긁는 듯한 이라크식 아랍어가 오간다. 누군가 입에 담기 어려운 심한 농담을 내뱉었는지 이따금 참지 못하고 웃음이 터져 나온다. 어릴 때부터 보고 들은 게 있어 내 귀는 아랍어 욕설에 금세 적응한다.

'백개먼' 게임 설명 영상

외가댁에만 가면 생각만 해도 침이 고이는 음식들이 식탁에 차려지곤 했다. 샤프란으로 색을 낸 렌틸콩 밥, 키베(양고기, 계피, 잣으로 속을 채운 작은 밀가루 만두), 살구 소스를 곁들인 미트볼과 암바, 망고, 라임, 혼합 향신료로 만든 매콤한 스윗 앤 사워 소스는 음식이 역사임을 보여주는 좋은 예다. 그 향신료들은 아마도 중동과 아시아 아대륙을 오가다가 인도에 정착한 바그다드 유대인들이 이라크로 가져온 것이리라. 식사 시간이 되면, 외할머니와 자매들이 내려와 잔치에 뛰어들어 수다를 떨고 깔깔대며 웃는다. TV에서 이라크나 이집트 연속극이 끊임없이 흘러나오는 동안, 음식은 그들 모두를 행복했던 어린 시절로 데려간다. 당시 문화와 언어, 종교의 용광로이자 현대적이고 진보적이었던 도시에서, 윤택한 보살핌을 받았던 그때로.

친가 쪽은 완전히 대조적이다. 친할머니는 1931년 상황이 나빠질 기미가 보이기 시작하자마자 베를린을 떠나 열여섯의 어린 나이에 부모도 없이 배를 타고 팔레스타인으로 갔다. 문명의 절정기로 여겨졌던 도시의 중산층 가정에서 자란 할머니는 그곳에서 극도의 가난을 경험한다. 할머니에게 음식의 의미는 단순하지 않다. 할머니에게 음식이란 연료 같은 것, 하루하루 일을 할 수 있게 해주는 필요악이지, 맛을 음미하며 즐기는 대상이 아니었다. 주변 사람들을 대할 때 할머니에게 음식은 사랑의 표현이고, 소통의 수단이었다. 할머니에게 중요한 것은 음식의 질이 아닌 양이다. 음식이 많으면 많을수록 더 의미 있는 음식이 된다고 여긴다. 끓이거나 구운 어마어마한 양의 중유럽 음식들은 흔적도 없이 비워져야 했다. 내 평생 동안 친할머니 친할아버지는 항상 스위스에 살았는데, 그곳에 도착하면 렙쿠헨(온갖 종류의 초콜릿과 꿀, 향신료로 만든 케이크)이 거짓말 하나 보태지 않고 커피 테이블 위에 한가득 위태롭게 쌓여 있곤 했다. 할머니는 우리에게 너무 집요하게 음식을 먹이셨는데, 좀 전에 먹은 음식이 꺼지기도 전에 다른 음식을 내와 항상 배가 터질 지경이었다. 할머니는 할아버지에게도 같은 방법으로 계속 더 먹을 것을 종용했다. 할아버지는 매우 온화하고, 조용하고, 지적이며, 고대 역사, 철학, 예술, 고전에 관심이 많은 다국어 사용자였다. 그런 할아버지가 유일하게 목소리를 높일 때는 억지로 먹은 음식이 실망스러울 때였다.

신체적으로도 할머니와 할아버지는 어울리지 않는 커플이었다. 할머니는 건장한 체격에 황소처럼 힘이 세고 목소리가 컸다. 할머니는 항상 일부러 몸을 움직였고 육체적인 면이 강한 사람이었다. 하지만 할머니의 공격적인 음식 전술에도 불구하고 할아버지는 늘 빼빼 말라 있었고, 말소리도 속삭이는 것처럼 작았으며, 집 안을 천천히 돌아다녔다. 할머니가 아무리 음식을 푹푹 퍼 담아도 할아버지는 음식을 깨작깨작 먹었다. 조금 더 나이가 들고 나서야 나는 먹는 즐거움이 부족한 할아버지의 삶에 무언가 깊은 우울감이 스며들어 있다는 것을 깨달았다. 할아버지는 '수정의 밤 Kristallnacht' 사건 때 고향인 독일 도시 브레슬라우(현재는 폴란드 서부의 브로츠와프)에서 체포되었는데, 수감되어 있던 경찰서 맞은편 유대교 회당이 나치가 던진 수류탄 때문에 폭발하는 소리를 들었다고 했다. 1939년 6월, 제2차 세계대전 발발 전야에 그는 간신히 독일 제국에서 탈출할 수 있었지만, 다른 식구들은 모두 수용소에서 죽었다. 할아버지와 형제 한 명만이 살아남았다. 그가 부모로부터 들은 마지막 말은 그들이 테레지엔슈타트로 이송되기 전 남긴 짧은 적십자 메모였다. 암스테르담 주재 파나마 대사관에서 보낸 편지에는 스와스티카(나치의 만卍자 -옮긴이)를 움켜쥔 독일 독수리 문장이 찍혀 있었는데, 갈 곳이 있다는 조건하에 파나마로 가는 안전한 통행길을 보증하는 것이었다. 그 편지만이 현재 남아 있는 전부이건만, 할아버지는 돌아가시는 날까지 그 트라우마를 떨쳐내지 못했다.

할아버지는 평생 무신론자 독일인이었다. 고지독일어(현대 독일 표준어)를 구사했고, 양복을 입었으며, 독일 고전 음악을 듣고 위대한 독일 작가와 철학자들의 책을 읽었다. 그러나 그 태어난 나라로부터 거부당하고, 박해받고, 일가가 거의 몰살당했다. 아이러니하게도, 할아버지 할머니가 살던 스위스의 한구석 어느 작은 마을에서 두 분은 항상 '독일인들'로 불렸다. 92세를 일기로 돌아가실 때까지도 할아버지는 스위스라는 바다 위에 떠 있는 독일 섬 같은 존재였다. 할아버지가 사셨던 스위스 국경지대의 작은 마을은 독일 국경에서 불과 수백 미터밖에 떨어져 있지 않아 집에서도 독일 땅이 내다보였다. 집 현관문에서는 맑은 라인강의 물거품과 잔물결, 소용돌이 치는 소리까지 들릴 정도였는데, 그 물은 할아버지와 고향 사이를 가르는 경계였다. 최대한 독일 쪽으로 가까이 가볼 수는 있어도 그곳을 넘어갈 수는 없는 경계. 이제는 강이 할아버지에게 무슨 말을 들려주었을지, 할아버지가 강물의 속삭임에서 무슨 말을 들었을지 궁금해진다. 돌아가시기 몇 년 전, 할아버지는 후각을 잃었다. 원래도 왕성한 적 없던 식욕마저 사라지고, 이미 마른 남자는 너무 쇠약해져 언제 부러져도 이상하지 않아 보였다.

충분히 상상이 가겠지만 내 어린 시절의 음식은 매우 다양했고, 각 요리는 클라우디아 로덴이 묘사하는 것처럼 가족 역사의 다른 측면들(기원, 트라우마, 이주)을 떠올리게 한다. 좀더 개인적인 이야기를 해보자면, 런던 거리에서 아랍 레스토랑을 지나다가 카다멈이 가미된 아랍 커피 냄새가 나면, 곧장 한 손에는 김이 모락모락 나는 잔을, 다른 손에는 주사위 두 개를 들고 나무 아래서 백개먼 놀이를 하던 외할아버지에게 이끌린다. 또 송아지 고기와 으깬 감자라든가 큰 그릇에 담긴 버처뮤즐리를 보면, 저 멀리 라인강 폭포 소리가 들리는 노이하우젠에 있는 친할아버지의 거실로 순식간에 돌아간다. 냄새와 맛은 과거로, 나 자신의 과거와 이전 세대의 과거로 가는 지름길이다. 지금 내 장모님이 만들어주는 펀자브(인도 북서부에서 파키스탄 북부에 걸친 지역 -옮긴이) 음식과 내 부모님이 만들어주는 살구 소스를 곁들인 슈니첼, 베이글, 바클라바, 미트볼을 먹고 자라는 내 아이들에게 음식의 역사는, 얼마나 복잡하고 얼마나 어리둥절할 만큼 매혹적일까?

✦ ✦ ✦

Irene, 미각을 잃고도 맛을 아는 여자

인턴 때 종양학과에서 6개월을 지내는 동안, 나는 우리가 혈관에 주입한 약물의 유독성분 때문에 입안을 감싸는 구강 점막에 염증이 생겨 괴로워하는 환자들을 자주 보았다. 화학요법은 세포가 분열하고 증식하게 하는 메커니즘을 타깃으로 하기 때문에 빠르게 성장하는 종양에 손상을 입히지만, 동시에 그 약리학적 싸움에서 부수적으로 빠르게 복제되는 다른 조직들에도 손상을 가한다. 피부 조직이 자극을 받아 손바닥과 발바닥에 통증을 느끼거나, 골수가 망가져 빈혈과 백혈구 수치 저하를 겪기도 하고, 때때로 심한 설사에 시달린다. 그리고 입안이 아프고 혀가 붓고, 미각도 사라졌다가 회복되면서 점차 돌아온다. 하지만 이런 특수 상황이 아니라면 임상 환경에서 미각이 교란되는 경우는 극히 드물다. 다른 잠재적 원인으로는 약물이 미뢰의 기능에 변화를 일으키거나 타액 생성을 변질시킨 경우를 들 수 있다. 예를 들어, 어떤 수면제는 입안에 끔찍한 금속 맛을 남기기도 한다.

맛의 상실이나 변화 때문에 내 클리닉을 찾는 환자는 얼마 없는데, 이레네가 그런 경우였다. 우리가 처음 '만난' 것은 코로나19 제2차 유행이 시작될 때였다. 당시 확진자 수가 급증하면서, 연락을 받지 못하는 경우를 제외하고는 대부분 화상 통화나 전화로 진료를 진행했다. 나는 집에 머물며 병원에서 걸려온 전화를 받고, 또 원격 진료를 진행하며 좀 피로를 느끼고 있었다. 그런데 진료 예약을 한 이레네에게 아무도 원격 진료라고 알려주지 않은 것이다. 그녀는 의사도 보지 못한 채 대기실에 앉아 있었다. 그래서 우리의 첫 만남은 전화 통화가 되어버렸는데, 그녀는 병원에 헛걸음한 것 때문에 당연히 기분이 안 좋았고 나는 행정상의 실수가 당혹스러웠다. 그 다음 주에는 대면으로 만났다. 나는 진료 내내 바이저, 마스크, 장갑, 에이프런 등 온갖 개인 보호 장비를 착용해야 했는데, 다행히 그녀는 진찰하는 몇 분 동안 마스크로 얼굴만 가리면 되었다.

이레네는 잠시 런던에 거주하고 있지만, 스페인 톨레도 출신이다. 억양이 강하고 마스크까지 쓰고 있어 말을 제대로 알아듣기가 어려웠다. 전형적인 스페인 사람의 외모에 젊었으며(29세), 그날 아침에 본 많은 환자와 달리 팬데믹의 한복판에 서 있는 와중에도 꽤 여유로워 보였다. 그녀는 구강 내과 클리닉에서 신경과로 넘어왔다. 미각을 잃은 지 5개월째였다. 현 상황에서는 무증상으로 코로나19에 감염되었을 거라고 생각할 수밖에 없었다. 이레네의 직업이 소믈리에였기에 더 걱정이었다. 미각에 전부 의존해야 하는 직업이다. 게다가 그녀가 몇 년째 일하고 있는 곳은 미슐랭 스타 레스토랑이었다.

나는 이레네에게 처음부터 미각이 뛰어났는지, 그래서 와인의 세계로 들어가게 되었는지 묻는다. 하지만 그건 우연이었다. "다섯 살 때부터 할머니와 요리를 했어요. 항상 집에서 요리하는 것을 즐겼죠. 우리 가족은 일부는 스페인 남부 출신이고 일부는 북부 출신이에요." 북부 스페인은 환상적인 해산물, 갈리시아와 바스크 요리를 자랑하며 미식지로서의 자부심을 가지고 있다. 돼지가 최상품인 남부 스페인에서는 하몽 이베리코 데 베요타가 일등 요리인데, 안달루시아와 에스트레마두라의 참나무 숲에서 기른 이베리아 흑돼지가 주재료다. 나무들 사이에서 도토리 냄새를 맡으며 3년 숙성된 하몽은 나무 열매 향을 뿜고, 화려하고 크리미한 맛을 낸다. 그녀의 집안 음식 이야기를 하다 보니 입안에 절로 침이 고인다.

"2년 동안 미술을 공부했어요. 미술사, 회화, 그 밖에 여러 가지요. 하지만 레스토랑에서 일하고 싶다는 확신이 들었어요. 솔직히, 처음에는 요리사가 될 생각이었어요." 이레네는 처음에 레스토랑 사업의 시작점이라 할 수 있는 웨이트리스 과정을 밟았다. 그 후에는 호텔 전공으로 졸업장을 받았다. 그런데 주방, 관리실, 카운터 등을 차례로 돌다 보니 자신은 주방과 맞지 않는다는 것을 깨달았다. "그때 그렇게 생각했어요. '그래, 이렇게 사람 만나는 걸 좋아하는데 주방에 처박혀 있을 필요가 뭐 있어?'" 마르벨라에 있는 미슐랭 1스타 레스토랑에서 인턴을 한 것을 계기로 4년간 근무하게 되었고, 그때 음식과 와인을 조합하는 일이 가장 즐겁다는 생각이 들었다. 정식 졸업장을 받은 후 와인 지식 덕분에 스페인 전역의 식당에서 일할 수 있었고, 최근 2년 동안은 런던으로 와 다양한 레스토랑에서 일했다.

나는 그녀에게 미각을 따로 훈련시켰는지 아니면 선천적이었는지 묻는다. "미각은 타고나는 거라고 생각해요. 하지만 훈련도 중요해요. 그래야 발전할 수 있어요." 이레네는 익숙한 맛이나 향과 와인을 어떻게 연결 짓는지 이야기한다. 훈련 없이는 친숙하게 느껴지지 않을 다양한 맛과 냄새에도 익숙해질 필요가 있다. 그녀는 이베리아 반도 남단의 말라가 지방에서 많은 시간을 보냈고, 과일, 특히 패션프루트나 카키 감 같은 열대 과일 용어도 잘 안다. 반면 정향과 계피 같은 향신료에 대해서는 상대적으로 익숙하지 않은 듯했다.

이레네가 뭔가 이상한 점을 알아차린 것은 2020년 여름, 봉쇄 도중이었다. 코로나 바이러스가 소강상태를 보이면서 식당들이 다시 문을 열기 시작했고, 그녀도 직장에 복귀했다. "입 양쪽에서 느껴지는 맛이 달랐어요." 나는 그 변화의 성격을 자세히 설명해 달라고 부탁했지만 그녀는 조금 힘들어한다. 영어가 모국어가 아니기 때문인지, 단순히 말로 표현하기가 어려워서인지는 잘 모르겠다. "감각이 약간 더 오른쪽으로 붙는 느낌이었어요." 나는 그게 무슨 뜻인지 모르겠다고 말한다. 그녀는 잠시 생각에 잠겼다가 계속한다. "음식의 감각과 음료의 감각. 그게 좀더⋯⋯ 그러니까, 어떻게 표현해야 할지 모르겠어요. 크림 같다고 할까. 처음에는 진한 크림 같았어요." 그녀는 처음에 달라진 것이 입안의 느낌이었다면서, 프링글스를 먹은 후의 까슬까슬한 느낌에 비유했다.

바로 코로나19 검사를 받았지만 다행히 결과는 음성이었다. 며칠 후에는 사랑니 주위가 불편하게 느껴졌다. 의사를 찾아갔더니 구강 감염으로 추정된다며 항생제를 처방해 주었다. 약을 복용했지만 증상은 나날이 악화되었다. 입 오른쪽, 잇몸, 뺨, 점차적으로 얼굴 오른쪽 전체에서 감각이 사라지기 시작했다. 불안감이 고조되면서 이레네는 여러 번 전화 통화를 하며 의사를 만났다. "스트레스가 심했어요. 2주 동안 와인의 산미가 느껴지지 않았어요. '내 인생은 이제 끝이야. 미각을 잃었어.' 싶었죠. 그때 승진을 앞두고 있었거든요. 와인과 관련된 일을 더 많이 하고 싶었어요. 하지만 아무도 문제의 원인을 알아내지 못했어요. 언제쯤 괜찮아질지 아무도 몰랐죠. 저는 그냥, 이런 상태였어요. 뭐라도 좋으니 '내 미각을 돌려줘!'"

그녀의 끈기는 다양한 치과 진료로 절정에 달했고, 무려 악안면 외과 클리닉 진료까지 받았다. 그러다가 마침내 신경과로 오게 된 것이다. 외과 의사는 미각을 전달하는 신경 장애가 있는지 알아보기 위해 그녀의 얼굴을 MRI로 스캔했다. 신경은 온전해 보였지만 다른 무언가가 확실히 보였다. 영상을 보면 뇌간에 하얀 솜털 같은 게 있다. 염증처럼 보이는데, 미각과 얼굴 감각을 입력하는 일을 담당하는 핵이 있는 부위에 위치한다. 이레네의 증상을 명확히 설명할 수 있는 증거다.

비록 이것이 문제가 어디서부터 발생했는지를 명확히 보여주는 지표긴 하지만, 염증의 원인은 불분명하다. 중추신경계의 염증에는 다양한 자가면역장애나 바이러스 감염의 후유증 외에도 무수히 많은 원인이 있다. 그중에서 특히 젊은 여성에게 가장 가능성이 높은 것은 '다발성 경화증$_{MS}$'이다. 이 질환의 특징은 중추신경계 곳곳에 염증이 생겨 면역체계가 뇌와 척수의 구성 요소를 공격하며 통제 불능 상태가 되는 것이다. 이 자가면역질환의 정확한 성격은 온전히 밝혀지지 않았지만, MRI 스캔으로 시력 상실, 허약, 무감각, 방광통제상실 같은 신경학적 증상들이 갑자기 '재발'하게 만드는 손상 부위를 볼 순 있다. 뉴런 주위는 전기선의 고무 코팅처럼 두꺼운 단백질 코팅으로 둘러싸여 있는데, 신경계에 대한 자가면역 공격이 향하는 곳이 바로 그 미엘린을 생성하는 세포다. 미엘린은 전기 임펄스의 전달 속도를 빠르게 하고, 기초가 되는 전선 자체의 건강을 유지하는 데도 도움을 준다. 그래서 미엘린의 손실이나 손상은 무엇보다 전도 속도를 저하시키고, 임펄스를 전도하는 뉴런 자체의 손상도 초래한다. 그 손상 부위와 중단된 회로의 위치에 따라 다양한 증상이 나타나게 된다.

인턴 시절, 우리는 그런 증상으로 신체와 신경계가 파괴되고, 염증이 걷잡을 수 없이 커져 뇌와 척수를 갉아먹은 끝에 몸이 마비되거나 눈이 먼 환자들을 자주 보았다. 20년이 지난 지금까지도 잠을 자려고 누우면 병원 생활을 하면서 치료했던 몇몇 다발성 경화증 환자들의 얼굴과 목소리가 떠오른다. 내 과거에 스며든 한 환자는 내가 처음 신경과에서 근무하던 6개월 내내 병동에서 지냈다. 그녀의 다발성 경화증은 무척 파괴적이어서 몸을 움직이지 못해 심한 욕창이 생겼고, 천골(엉치뼈) 깊숙이까지 상처가 들여다보일 정도였다. 몇 개월 동안 자가 치료를 하느라 제대로 된 처치를 받지 못했고, 침대에서 움직이지도 못하다 보니 조직이 죽어버린 것이다. 나는 일주일에 두 번 그녀의 상처를 진찰했다. 간호사들이 그녀를 옆으로 돌려 눕히고, 내가 고통에 찬 신음을 들으며 드레싱을 벗겨내면, 섬뜩한 상처가 드러나고 살이 썩어 들어가는 고약한 냄새가 났다. 병원 침대에서 꼼꼼하게 관리하며 규칙적으로 몸을 돌려 눕혔지만 상처는 나을 기미를 보이지 않았다. 그 끔찍한 모습이 아직도 생생하게 남은 나머지, 그녀를 떠올릴 때면 그 냄새까지 희미하게 나는 것 같다. 그녀는 내가 다음 병동으로 옮긴 직후 감염이 더 심해져 세상을 떠났다.

하지만 세월이 흐르면서 우리는 자신이 건강하지 못하다는 사실도 모른 채 다발성 경화증을 겪으며 돌아다니는 사람이 많다는 것을 인식하기 시작했다. 뇌 스캔을 해보면 작고 무증상인 염증 부위가 보이지만, 스스로도 눈치 채지 못하고 의사도 알아차리지 못한다. 신경학의 이 분야는 지난 20년 동안 몰라보게 변화했다. 신경학에는 "진단은 수천 가지지만 치료법은 스테로이드뿐"이란 오래된 격언이 있었지만, 이제 더는 그렇지 않다. 현재는 신경계에 대한 면역체계의 공격을 억제하기 위한 주사, 정맥주사, 정제 등의 무수한 치료법이 존재한다. 이런 치료법으로 다발성 경화증이 완전히

다발성 경화증이란?

멈추게 할 수도 있고, 아니더라도 그 활성과 진행을 늦출 수 있기도 하다. 따라서 다발성 경화증은 완치시키지는 못하더라도 어느 정도까지는 치료 가능한 질환이 되었다. 이전에는 말기 진단이었지만 지금은 대부분 항바이러스제로 통제가 가능하고, 치료도 외래로 진행하는 HIV와 마찬가지다. 그렇다고 해서 다발성 경화증으로 심각한 장애를 겪지 않는다는 말은 아니지만, 그 수치가 증가하지는 않고 있다.

이레네는 이 모든 상황에 대해 놀라울 정도로 여유를 보였다. 이미 다발성 경화증의 가능성도 제기된 상태였지만, 그녀에게 더 중요한 건 미각을 되찾는 일이었다. 나는 그녀에게 가능성이 낮은 것부터 배제하는 일이 우선이라고 말하고, 몇 가지 혈액 검사를 진행했다. 대충 보면 염증이 한 곳뿐인 것 같지만, 자세히 들여다보면 뇌의 다른 곳에도 다발성 경화증의 징후를 나타내는 몇 개의 작은 염증들이 보였다. 우리는 재빨리 재검사를 진행했고 그 사이에 추가적인 염증 소견은 보이지 않았다. 나는 일시적 단일 감염 후에 원래 이상이 나타났던 부위가 자라난 것으로 예상했다. 진단적 관점에서 차후에 염증이 생길 가능성이 있는지 보기 위해 우리가 할 수 있는 일은, 새 증상이 나타나는지 지켜보며 기다리거나 반복적으로 스캔해 보는 것뿐이다. 때로는 시간이 최고의 진단 도구다.

하지만 증상으로만 보면, 이레네에게는 어떤 특정 치료 때문이 아니라 오히려 숙련된 의료 활동이 없었던 기간에 약간의 개선 징후가 나타났다. 여전히 신맛과 쓴맛은 잘 느껴지지 않지만 무감각은 개선되었다. 내가 주목한 점은 이레네가 여전히 소믈리에로 일하고 있고, 여전히 와인을 맛보고 있으며, 와인과 새 요리를 조합하는 일을 하고 있다는 것이다. 나는 미각에 문제가 생겼는데도 어떻게 그렇게 할 수 있냐고 묻는다. "솔직히 이런 일이 있기 전에는 코보다는 입안에서 느껴지는 맛에 더 의존했어요. 물론, 입과 코는 이어져 있죠. 코에 감각이 없으면 입에도 감각이 없어지고요. 저는 후각보다 미각을 더 신뢰했어요. 하지만 이렇게 되고 나서는 코를 단련시켜야 했죠." 나는 미각 상실이 새 와인과 음식을 페어링하는 그녀의 능력에 어떤 영향을 미쳤는지 묻는다. 그녀는 예상치 못한 답변을 내놓았다. 영향이 거의 없었다는 것이다. "와인과 음식 페어링은 주관적이에요. 안 그런가요? 저는 동료들에게 와인을 맛보게 하고 어떻게 생각하는지 물어요. 저도 함께 맛을 보고요. 동료들은 이렇게 말해요. '와, 정말 맛있어. 놀라운데!' 저는 말하죠. '좋았어.' 그럼 그 조합은 성공인 거예요." 나중에 그녀는 내게 말했다. "전 무슨 일이 있어도 적응할 수 있는 사람이에요."

이레네는 다양한 와인의 맛, 풍미, 향에 대한 지식과 기억력, 그리고 코에 대한 의존도를 높여 미각 장애에 적응한 것으로 보인다. 이레네의 말에는 두 가지 두드러진 측면이 있다. 첫째는 그녀의 직업이 감각에 절대적으로 의존하고 있음에도 오감 중 한 감각의 변화에서 거의 타격을 입지 않았다는 점이다. 미각 장애가 그렇게 적은 영향에 그쳤다는 사실로 미루어 보면 미각 문제를 호소하며 내 클리닉을 찾는 환자가 거의 없는 것도 그리 놀라울 일은 아니다. 그녀가 알아챘을지는 모르지만, 미각 장애는 생명을 직접적으로 위협하지는 않는다. 단순한 미각을 가진 우리 인간에게 미각의 미묘한 변화는 거의 드러나지 않는 모양이다. 후각을 잃고 식욕과 음식에 대한 즐거움마저 빼앗긴 내 할아버지의 미각에 비하면, 이레네의 미각 장애는 훨씬 중요도가 떨어지는 것 같다.

두 번째 측면은 이레네가 그녀의 미각과 후각을 다루는 방식이다. 그녀는 임상적 문제가 불거지기 전에 후각보다는 미각에 훨씬 더 많이 의존했다고 분명히 말했다. 와인 잔에 코를 들이밀고, 와인 향이 폐에 가득 차도록 숨을 들이마시는 단계는 그녀에게 샘플링 과정의 사소한 부분일 뿐이었다. 하지만 풍미의 과학은 이것이 과학적 진실과는 매우 동떨어져 있음을 보여준다.

✦ ✦ ✦

Abi, 냄새의 추억을 모르는 소녀

아비는 열다섯 살로, 내 큰딸보다 겨우 세 살 많은데 나는 둘의 차이에 무척 놀랐다. 두 사람은 키도 거의 같고 머리카락도 둘 다 길고 짙은 색이다. 아비 쪽은 직모이고 풀어헤친 채이지만 말이다. 하지만 놀랍게도 아비는 이미 루비콘강을 건너 성인의 문턱을 확실히 넘어선 것처럼 보인다. 그녀에게서 어린아이의 모습은 조금도 느껴지지 않는다. 아무리 그렇대도 의학에서 소아와 성인 사이의 경계는 베를린 장벽처럼 견고하다. 18세에서 꿈쩍도 하지 않는다. 아직은 소아과 의사에게 데려가야 하는 게 맞지만 내게는 어른처럼 보인다. 그런데 아비의 집 거실에서 마주보고 앉아 있자니, 이상하게도 아비가 20대 초반의 어른보다는 6개월 된 유아에 더 가깝다고 생각된다.

아비는 도싯 카운티의 아름다운 외곽에 살고 있고, 집 바로 맞은편에는 작은 놀이터와 들판이 펼쳐져 있다. 오늘처럼 비가 수평으로 뿌려대고, 하늘빛은 주철 같고, 살을 에는 듯한 바람이 부는 날에도, 완만한 경사가 이어지는 풍경을 껴안고 구불구불한 시골길을 따라 가는 여정에서 이 변두리 초록 마을은 확연한 아름다움을 드러낸다. 이야기를 나누는 중에 아비의 어머니 던(5장에 등장하는 던과 다른 인물)이 커피를 들고 들어온다. 나는 김이 모락모락 나는 머그잔에 손을 따뜻하게 녹인다. 아비는 기억이 있을 때부터 남서부에 줄곧 산 반면 던은 버밍엄 출신의 전입자로, 그녀의 원순 모음 발음은 지역 억양과 극명한 대조를 이룬다. 발음에는 분명 전염성이 있어서, 아비의 말투는 서쪽 지방의 울리는 R 발음과 버밍엄 특유의 콧소리 사이에서 왔다갔다한다. 처음에는 꽤 당황스러웠지만 곧 귀에 익어 유쾌하게 들린다.

던이 아비 옆 소파에 앉는다. "어렸을 때 아주 작고 착한 아이였어요." 그녀는 딸을 바라보며 미소 짓는다. "정말 아무 말썽도 부리지 않았어요. 유일하게 문제가 되는 건 아침이나 저녁 식사 시간이었죠. 아비는 거의 매번 식사 시간에 장난을 쳤어요. 정말 짓궂게요." 던은 남편과 함께 아비에게 음식을 먹이려고 온갖 육아 기술을 시도해 봤지만 매번 좌절감을 느꼈다. 매 끼니는 어른과 아기가 서로 의지를 겨루는 싸움의 장이었다. "그냥 음식에 관심이 없다는 걸 깨닫는 데 몇 년이 걸렸어요. 식탁에 앉자마자 하품을 하고 기지개를 켜기 시작하는데, 그건 '여기 있는 건 하나도 먹지 않을 거야.'라는 뜻이었죠."

나는 아비가 디저트에는 관심이 있었는지 물었다. 던은 웃으며 말한다. "단 것에는 아주 관심이 많았어요. 돌아보면 정말 달거나 정말 짠 것은 뭐든 잘 먹었던 것 같아요. 그때는 간이 세게 된 음식만 좋아했어요. 집에 어린 아기가 있으면 음식에 소금과 후추를 많이 넣지 않잖아요. 그것 때문에 정말 고민이 많았어요." 하루는 던이 아비를 데리고 친구들과 식사를 하러 갔는데, 누군가 개먼(돼지 뒷다리살이나 옆구리살을 소금에 절이거나 훈제한 고기)을 주문했다. (내가 마지막으로 개면에 손을 댄 건 학교에서였던 것 같은데, 쫄깃한 분홍색 고기가 신발 밑창 같은 식감에 바닷물처럼 짰던 기억이 난다.) 아비의 접시에도 개면 한 조각이 놓였다. "바로 그거였죠. 그때부터 아비는 저녁 식사로 개면만 먹으려고 했어요. 무조건 개면만요!" 그러다 아비가 소금통을 발견했고, 그때부터는 모든 음식에 소금을 쳐서 먹으려고 했다. 던은 그걸 막는 데 혈안이 되었다.

아비가 세 살이었을 때 던은 식습관 문제로 처음 의사를 찾아갔다. 의사는 던에게 말했다. "아직 아기예요. 아기들은 다 그렇습니다. 배고프면 먹을 거예요." 던은 극단적인 방법을 시도해 보았다. "저녁을 먹지 않으면 내일 아침까지 아무것도 못 먹어." 아이에게 음식을 먹여야 한다는 스트레스는 끝없는 전쟁으로 이어졌다. "지금 생각해 보면 제가 너무 끔찍한 부모였던 것 같아요." 그러다가 아비가 네 살이었을 때 깨달음의 순간이 왔다. 어느 날, 던은 아비와 친구들을 학교까지 걸어서 데려다주었다. 건초 찌꺼기를 나르는 트랙터가 옆을 지나갔다. "악취가 정말 심했어요. 끔찍했죠. 얼른 딸을 돌아봤는데 아무 표정도 없었어요. 주위 친구들은 전부 코를 막고 숨을 헐떡이고 있는데도요. 하지만 아비는 그냥 멍해 보였고, 그 순간 깨달았죠. 아비에게 숨을 들이마셔 보라고 했더니, '왜 그러는 건데?' 하는 표정으로 저를 쳐다보더라고요."

나중에 던은 남편과 그 일을 상의했다. 두 사람은 대화를 나누면서 단서는 예전부터 있었다는 것을 깨달았다. 그녀는 웃으며 말한다. "아이들이 화장실에 가서 응가를 하기 시작할 때, '윽, 냄새!' 그러잖아요. 그런데 저희는 한 번도 그런 말을 들어본 적이 없는 거예요. 단 한 번도요." 또 아비는 부모에게 배고프다고 말하지 않았고, 앉아서 음식을 먹고 싶어 하지도 않았다. 그때까지만 해도 던은 자신이 아비의 나쁜 식습관에 대한 변명을 찾고 있는 건 아닐까 의심하고 있었지만, 곧 그게 아니라는 것을 깨달았다. 담당 의사가 미각 테스트를 해보자고 제안했다. 그래서 그녀는 집에 돌아와 아비에게 눈가리개를 씌우고 익숙한 음식들을 주었다. "아비는 아무것도 인지하지 못했어요. 딸기 요거트를 줬는데 그게 뭔지 전혀 모르더라고요. 그랬는데 우리가 눈가리개를 벗기자마자 바로 이렇게 말했어요. '어, 내 요거트네.'"

나는 조용히 대화를 듣고 있던 아비에게 눈을 돌린다. 아직 어린 사람에게 어린 시절을 회상해 보라고 하는 것 같아 기분이 이상하다. 나는 아비에게 처음으로 뭔가 이상한 점, 다른 아이들과 어딘가 다르다고 느낀 적이 언제였는지 물었다. 그녀는 반 친구들과 학교 복도를 걷다가 식당 옆을 지나쳤던 일을 기억한다. 친구들이 그날 메뉴인 피시 앤 칩스에 대해 신나게 이야기했다. "제가 물었어요. '그걸 어떻게 알아? 식당 안에서 뭘 요리하고 있는지 어떻게 알아?'" 친구들은 냄새로 알 수 있다고 대답했고, 아비는 어리둥절했다. 또 한번은 누군가 다른 친구 생일 파티에서 가져온 참치 샌드위치를 차에 두고 내린 적이 있었다. 무더운 여름날 이틀간 차에서 발효된 샌드위치가 발견되었을 때, 악취는 참을 수 없을 정도였다. 아비만 빼고 모두가 기함했다. "모두들 '으악, 지독해!' 하고 소리지르는데, 저는 무슨 말을 하는 건지 이해할 수 없었어요." 자신만 제외하고 모두가 공유하는 세상이 있음을 깨달은 어린 아이가 얼마나 혼란스러웠을지, 나는 아주 조금 상상만 할 수 있을 뿐이다.

미각과 후각 능력이 명백히 떨어지는 아비에게서 부모가 포착한 행동(음식에 대한 양면성, 식욕 부족, 악취에 대한 무반응, 부엌에서 나는 냄새에 대한 침

분비 무반응)들은 대부분 납득이 간다. 하지만 가장 순수한 의미로 볼 때 아비의 미각은 영향을 받지 않은 게 분명하다. 개먼의 짠맛, 초콜릿의 단맛, 레몬의 신맛, 커피의 쓴맛 모두 아비는 감지한다. 하지만 그 오묘한 풍미는 전혀 느끼지 못한다. "칩은 끔찍한 맛이에요. 제게는 그냥 평범해요. 뭔가 맛을 느끼려면 소금, 식초, 후춧가루를 많이 넣어야 해요. 초콜릿 퍼지 케이크와 초콜릿 바는 똑같은 맛이에요. 식감만 다를 뿐이죠." 귀마개로 귀를 막고 오케스트라 음악을 듣는 것처럼 '맛'의 풍부함을 찔끔찔끔 맛보는 기분이다.

그리고 여기에는 미각 세계의 분명한 진실이 있다. 우리는 맛이라고 말하지만, 실제로 그게 의미하는 것은 풍미다. 모두가 경험하지만 그렇다고 반드시 안다고는 할 수 없을지 모를 진실이다. 감기에 걸리면 음식에서 풍미가 느껴지지 않고 코막힘 때문에 아무 맛도 나지 않는다. 혹은 과학 선생님들이 선호하는 맛 테스트도 있다. 사과와 생양파를 한 조각씩 먹는 것인데, 코를 막고 먹으면 맛을 구별하기가 어렵다. 사실, 아비는 친구들에게 자신만의 맛의 세계를 설명하기 위해 이 테스트의 본인 버전을 사용한다. 바로 젤리빈 테스트다. 친구들의 눈을 가리고 코를 막은 상태에서 다른 맛의 젤리빈을 준다. 친구들의 입에서는 설탕과 단맛이 넘쳐흘러 혀를 감싼다. 코를 놓고 숨을 쉬면 그제야 딸기맛, 오렌지맛, 라임맛의 압도적 풍미가 쏟아져 들어온다.

✦ ✦ ✦

그렇다. 풍미는 궁극적으로 환상이다. 우리는 미각을 하나의 감각으로 인식하지만 사실 그렇지가 않다. 심지어 두 개도 아닌 세 개의 감각이 합쳐진 것이다. 혀의 미뢰와 코의 후각수용체가 어우러져 완벽한 맛을 만들어 내는데, 여기에는 음식의 질감인 이른바 '입안촉감(마우스필)'도 포함된다. 아비의 풍미 경험에는 후각이 기여하지 못하기 때문에 당연히 음식의 호불호를 결정할 때 식감에 더 의존한다. "빨간 파프리카를 정말 좋아해요. 특별한 맛이 느껴지는 건 아니지만 수분이 많고 식감이 좋아요. 같은 이유로 버섯은 정말 싫어요. 물컹물컹해서요. 달팽이 먹는 기분이라 역겨워요. 저는 실제 맛이 아니라 생김새랑 느낌으로 맛을 봐요." 아비는 햄버거를 먹은 경험을 묘사하고, 그 언어에는 온갖 매력적인 수식어가 흘러 넘친다. 향신료의 열감, 양상추의 아삭아삭함, 흘러내리는 마요네즈와 말랑말랑한 빵. 하지만 풍미의 개념은 없다.

본질적으로 미각은 디테일이나 해상도가 제한된 원시적 기본 감각이다. 우리 눈은 거의 무제한의 음영과 색조 팔레트를 보여주고, 귀는 웅장한 교향곡에서부터 핀 하나 떨어지는 소리까지 폭넓게 들려준다. 미각은 이와 극명한 대조를 보이는데, 우리가 구별할 수 있는 맛은 다섯 가지(많아봐야 거기서 몇 가지 더) 정도다. 우리는 오랫동안 단맛, 짠맛, 신맛, 쓴맛의 네 가지 맛에 대해서만 이야기를 해왔다. 최근 들어서야 글루타민산(풍부한 맛 또는 '감칠맛')을 감지하는 미각세포와 그런 자극을 전달하는 특수 신경섬유가 발견되면서 다섯 번째 기본 맛이 추가되었다. 2019년에는 지방 수용체가 밝혀지면서 잠재적 여섯 번째 맛으로 인정되었다. 그러니 몇 년 안에는 주요 미각이 여섯 가지라고 이야기하는 날이 오지 않을까 싶다. 하지만 그 최종 숫자가 5, 15, 50, 뭐가 되든 간에, 수백 가지 후각수용체로 세상의 수천 가지 냄새를 인지하게 해주는 후각에 비하면 미각은 빈약하기 짝이 없다.

맛을 감지하는 기본 기관은 혀에 내장된 감각세포의 군집인 미뢰다. 현미경으로 보면 미뢰는 흙 속에 파묻힌 마늘 구근처럼 보이는데, 구근의 맨 윗부분이 공기 중에 드러난 모양새다. 구근 안에 있는 여러 개의 가늘고 긴 세포는 마늘의 쪽에 해당하는 부분으로, 끝이 입 안쪽 표면에 닿는다. 이 세포들은 균일하지 않으며, 실제로 여러 다른 맛에 반응한다. 예를 들어, 어떤 것은 단맛에만 반응하고, 어떤 것은 쓴맛에만 반응한다. 반면 각각의 미뢰는 다양한 맛을 담당하는 미각세포로 구성되어 있다. 우리가 학교에서 배웠던 내용(혀의 다른 부분이 다른 맛을 감지한다는 것)과 달리, 실제로는 혀의 모든 영역에서 모든 맛을 감지할 수 있다. 미각에 대해 잘못 알려진 이야기는 그뿐만이 아니다. 바로잡아야 할 또 다른 사실은 우리가 혀로만 맛을 보는 게 아니라는 점이다. 사실 미뢰는 입천장(구강과 비강의 경계)에서도, 심지어 후두개에서도 발견되는데, 후두개는 음식을 삼킬 때 닫혀 음식이나 액체가 기도로 들어가지 않게 하는 덮개다.

이 세포들의 성질과 이 세포들을 통해 느끼는 맛은 유전자의 영향을 받으며, 그것으로 일부 음식 특이성을 설명할 수 있다. 유전적 변이는 단맛의 강도, 감칠맛을 감지하는 능력과 관련이 있다. 하지만 이런 유전적 영향 중 가장 잘 알려진 것은 방울양배추와 브로콜리를 싫어하는 성향이 아닐까 싶다. 유전적 변이 때문에 어떤 사람들은 이 채소들에서 페닐티오카바마이드PTC라는 화학물질을 감지해 극도로 쓰게 느끼고, 어떤 사람들은 적당히 쓴맛으로 느끼는 반면, 다른 이들은 이 화합물의 맛을 전혀 감지하지 못한다. 이런 유전적 변이형을 가진 사람들은 쓴맛에 '절대미각'을 느낀다는 유전적 이점이 있다. 그들에게는 특정한 음식 독소를 감지해 회피하는 일이 더 수월하다.

하지만 단점도 있다. 양배추나 브로콜리 종류를 싫어하고 십자화과 채소를 위험하게 여겨 이런 음식에 풍부한 항암 물질을 적게 섭취하게 된다는 것이다. 이런 유전적 요인이 미각과 암 위험성에 미치는 영향과 관계에 대해 면밀한 연구도 진행되었다. 어떤 연관관계도 밝혀지지는 않았지만, 한 연구에서 미각 유전자와 대장암 위험 간의 연관성을 찾아냈다. 그건 확실히 아이들에게 브로콜리를 먹도록 설득할 만한 증거는 되지 않지만, 감각기관의 구성이 우리의 세계 경험에 미치는 엄청난 영향은 상기시킨다. 우리가 '환경에서 화학물질을 감지할 수 있는지 아니면 전혀 감지하지 못하는지(색맹과 같은 형태의 미맹이다)' 여부에 영향을 주는 유전적 특이성의 존재를 다시 한번 되새길 기회가 된다.

그리하여 아비의 젤리빈 테스트에서 알 수 있듯이, '미각'이라고 하면 거기에는 완전히 다른 두 가지 의미가 있다. 생리학적 의미에서의 미각은 순전히 침으로 용해되고 혀와 입에서 수용체를 촉발시키는 특정 화학물질을 감지하는 행위다. 하지만 인간의 감각이라는 의미에서 보면, 우리의 삶을 풍요롭게 하는 음식과 음료의 미묘함, 미각과 후각, 느낌의 통합, 풍미의 경험을 의미한다. 그리고 코가 없다면, 더 넓은 의미에서의 미각도 없다. 주변 세상의 냄새를 맡을 때, 섬세한 장미향을 맡을 때, 우리는 '전비강으로' 주변 공기를 빨아들인다. 하지만 음식을 씹거나 음료를 꿀꺽꿀꺽 마실 때는 다른 방식으로 냄새를 맡는다. 구강에서 나오는 휘발성 화합물은 딱딱하고 부드러운 입천장 너머 '후비강으로' 빨려 올라가 앞쪽의 코로 들어간다. 미각은 매우 제한적이지만 풍미의 경험은 뇌 깊숙한 곳 어딘가에서 생성되며, 하나의 감각이 아닌 맛, 후비강 냄새, 온도, 식감을 기반으로 한 정신적 환상이다. 그 점은 왜 이레네가 와인을 시음하는 능력에 거의 타격을 받지 않았는지를 설명해 준다. 신맛과 쓴맛이란 정보는 잃었지만 그녀의 미각은 주로 후비강 후각에 많은 부분 의존하고 있기 때문이다.

적어도 경험을 기반으로 볼 때, 미각 혹은 풍미는 합금과 같은 아말감이다. 분할할 수 없고, 단순한 부분들의 합과는 질적으로 다르다. 하지만 진화적 관점에서 보면 미각과 후각은 별개다. 미각은 '영양 센서' 혹은 '독소 감지기'로서, 생존을 유지시키고 성장에 도움을 주는 음식과 죽음을 야기할 음식을 식별하는 역할을 한다. 단맛은 에너지원으로서의 당분이다. 감칠맛은 생명의 구성 요소인 단백질의 맛이다. 쓴맛은 독을 경고한다. 냄새와 입안촉감은 색에 음영을 더하듯이, 차갑고 아삭아삭한 딸기의 꽃 같은 단맛과 초콜릿의 풍부하고 크리미한 단맛을 구분해낸다.

풍미는 인간의 진화에서 미각만큼이나 중요하다. 단맛이나 쓴맛에 대한 우리의 반응은 예측 가능하고 안정적이며, 음식에 에너지나 독소가 함유되어 있는지에 대한 믿을 만한 신호가 된다. 그러나 극히 대조적으로 풍미에 대한 우리의 반응은 유연하게 변화하며 학습될 수도 있다. 누구나 음식을 먹은 다음날 심하게 아팠던 경험이 있을 것이다. 그러면 그 후로 몇 달 혹은 심지어 몇 년 동안 그 음식을 피할 가능성이 크다. 단 한 번의 불쾌한 경험으로 특정 음식을 평생 못 먹게 될 수도 있다. 하지만 단 음식을 먹고 병에 걸렸더라도 평생 단 음식을 피하는 것은 생존에도, 유전자를 물려주는 데에도 전혀 도움이 되지 않는다. 특정 음식에 대한 선호나 혐오감을 결정하는 것은 풍미(특히 후비강 후각을 기반으로 한 풍미)다. 덕분에 우리는 어떤 음식에 영양가가 있으면 약간 쓴맛이 나더라도 먹을 수 있다는 사실을 배우게 된다. 그런 예는 얼마든지 많다. 아이들은 대개 싫어하지만 어른이 되면 좋아하게 되는 음식들이 있다. 영양적인 이점 때문일 수도 있고, 또 맥주나 위스키, 커피처럼 영양과 상관없이 기분이 좋아지기 때문일 수도 있다.

해부학적 차원에서도 풍미의 구성 요소는 구별된다. 정보가 뇌로 들어가는 경로도 따로 있다. 후각은 후각망울과 신경을 통해 뇌의 더 높은(더 복잡한) 영역으로 직접 들어가는 유일한 감각이다. 이와 달리, 미뢰에서부터 들어온 미각 신호는 복잡한 과정을 거쳐 뇌간으로 전달된다. 혀의 앞쪽에서 출발한 미각 섬유는 얼굴 근육조직의 움직임에 영향을 주면서, 보통 운동신경으로 여겨지는 안면신경 안쪽을 지난다. 사실 미각에 변화가 생겨 내 신경과 클리닉을 찾는 사람들의 경우 가장 흔한 원인은 안면신경마비(벨마비)인데, 안면신경의 염증 때문에 갑자기 얼굴 한쪽이 마비되는 것이다. 하지만 미각은 목구멍과 혀 뒤쪽의 혀인두신경과 입천장의 미주신경 등 다른 신경에 의해서도 전달된다. 이 신호들은 대뇌피질로 전달되기 전, 이레네의 손상 부위이기도 한 하부뇌간의 미각핵에서 모인다. 그리고 뇌의 상부인 이곳, 뇌섬엽의 중심에 위치하며 감정, 기억, 보상에 영향을 미치는 여러 변연계의 영역이 관여하는 네트워크에서 미각, 후각, 입안촉감이 합쳐져 풍미가 생성된다.

하지만 풍미가 음식의 산물이 아닌 뇌의 산물이라는 개념(풍미는 환상이라는 개념)은 이 같은 신경학적 과정보다 훨씬 이전 단계부터 나타나는 특징이다. 입과 코에서 일찍 감지한 자극만으로도 환상이 풍부해진다. 입의 입장에서 보면 영 혼란스럽다. 입안에서 어떤 것을 맛보는 위치는 미각보다 입의 감각과 더 관련이 있다. 맛의 위치를 결정하는 것은 촉각이다. 그래서 만일 혀의 오른쪽에 설탕 용액을 한 방울 떨어뜨리고 혀의 왼쪽에 면봉을 댄다면, 오른쪽이 아닌 왼쪽에서 설탕 맛이 느껴질 것이다. 마찬가지로 어떤 것을 맛보면서 냄새를 함께 맡으면 그 냄새를 입에서부터 맡아지는 것으로 인식해 맛으로 여길 가능성이 높다. 궁극적으로, 그런 정보 입력은 풍미에 대한 인식에 영향을 미친다. 촉각은 맛을 포착하고, 맛은 냄새를 포착해 통합된 경험을 제공한다.

✦ ✦ ✦

의과대학에서는 후각 상실의 다양한 원인에 대해 희귀하지만 중요한 사례들을 배운다. 후각고랑에 있는 양성 종양인 수막종이 후각수용체에서 뇌로 가는 정보의 흐름을 방해하는 경우, 유전 질환으로 후각기관의 발달에 방해를 받은 경우(1장에서 유전자 돌연변이 때문에 통증을 느끼지 못하는 폴이 후각도 느끼지 못하던 것을 기억하는가?), 심각한 머리 부상으로 두개골 밑부분을 통과하여 비강으로 들어가는 작은 신경섬유가 잘린 경우, 이전에 내가 『야행성 뇌』에서 쓴 것처럼 파킨슨병 같은 퇴행성 뇌질환의 전조증상으로 나타나는 경우 등이다. 하지만 실제로는 좀더 평범한 원인들 때문에 후각이 상실되는 경우가 더 많다. 염증을 일으키거나 공기의 흐름을 막는 코의 장애, 비강 점막이나 후각신경 자체를 직접적으로 손상시키는 바이러스성 질환 같은 것들이다. 앞에서 본 대로 후각 상실은 코로나19의 흔한 증상이기 때문에, 자가 격리만 하는 것은 위험하며 검사를 받아야 한다.

코로나19 바이러스가 후각과 미각을 손상시킬 수 있다는 인식은 신경학계를 떨게 했다. 역사적으로, 신경과 의사들은 지난 세기 동안의 여러 전염병, 신경계에 감염과 손상을 입히는 바이러스들(가령 소아마비와 같은 감염은 어린이들에게 마비를 유발한다)과의 전선 선두에 서 있었다. 우리는 인공호흡기 장기 착용 환자들이 입원해 있는 세인트토머스 병원의 한 병동에 종종 방문한다. 근육이나 신경에 만성질환이 있는 환자들은 호흡에 사용되는 근육이 약해지기 때문에 주의 깊게 살펴야 한다. 불과 몇 년 전까지만 해도 병동 입구에는 침대 프레임에 고정된 1인용 잠수함처럼 생긴 거대 강철관 같은 장비가 놓여 있었다. 그 양쪽 끝에는 잠수함 해치처럼 생겨 손을 넣을 수 있는 크롬 포트가 있다. 이 괴물 같은 기계의 한쪽 끝은 머리가 튀어나올 수 있도록 신축성 있게 봉인되어 있고, 나머지 부분은 신체를 감싼다. 이 '철제 폐'는 소아마비 환자들을 살리는 중요 도구이기도 한데, 튜브 내 압력을 조절함으로써 바이러스로 약해지고 쓸모 없어진 근육을 대신해 환자의 흉벽을 움직여준다. 1950년대에 찍은 사진에는 이 '철제 폐'가 줄지어 늘어선 창고 같은 병동들, 한쪽 끝에 튀어나온 고통받는 환자들의 머리, 주변을 볼 수 있도록 얼굴 위에 붙여 놓은 거울 등이 보인다.

철제 폐의 작동 원리

다른 사례로 제1차 세계대전과 이후 10년 동안 약 160만 명의 목숨을 앗아간 '기면성 뇌염' 같은 신경학적 전염병도 있었다. 이 불가사의한 질병은 스페인 독감과 관련이 있는 것으로 보이는데, 사망자 외에도 약 500만 명의 생존자들에게 파킨슨병과 비슷한 증상에 극심한 졸음, 정신 질환 증상을 남긴 채 시작될 때처럼 미스터리하게 사라져 버렸다. 그래서 신종 바이러스인 코로나19도 신경세포, 특히 후각수용체 뉴런을 선호하는 것처럼 보인다는 사실은 곧 다가올 신경학적 재앙에 대한 불안감을 고조시켰다. 뇌염, 마비, 그 밖에 다른 끔찍한 합병증들이 폭발적으로 증가할 수 있다는 전망들이 나왔다. 다행히 이런 종말론적 예언들은 입증되지 않았다. 우리는 코로나19의 일부 신경학적 합병증을 경험했지만 영향을 받은 사람들의 수는 상대적으로 적었고, 후각 손실은 뉴런 자체의 감염보다는 후각상피 내의 세포 감염 때문일 가능성이 더 높아 보인다. 많은 바이러스가 이 경로를 통해 뇌로 유입될 수 있지만 다행히 코로나19는 그런 케이스가 아닌 것으로 생각된다.

하지만 외부에서 직접 중추신경계로 전달되는 후각계의 관문이 미치는 영향은 훨씬 더 광범위할 수 있다. 파킨슨병의 전조로 나타나는 후각 상실 외에도, 후각감퇴증(혹은 후각저하증)은 알츠하이머병 같은 퇴행성 뇌질환의 특징이다. 물론 후각을 담당하는 뇌 영역의 변화와도 관련이 있을 수 있지만, 그 증상을 보면 후각신경과 비강에 있는 수용체 뉴런도 영향을 받는다는 것을 알 수 있다. 알츠하이머병에 걸릴 위험이 있는 사람들, 혹은 실제로 알츠하이머병에 걸린 사람들의 경우, 이런 신경세포의 정기적인 재생과 교체를 담당하는 줄기세포의 활동이 더뎌진다. 후각감퇴증과 신경퇴행성 질병 간의 연관성은 다른 발견들과 마찬가지로 이런 장애들이 어떻게 시작되는지에 관해 흥미로운 가설을 이끌어낸다. 알츠하이머 환자들의 뇌에서는 특정 바이러스 DNA가 발견된다. 알려진 바와 같이 '감염 가설'은 신경세포 손상을 초래하는 비정상 단백질의 생성이 헤르페스 계열의 특정 바이러스 때문에 촉진되고, 이런 바이러스가 코를 통해 뇌로 들어온다는 주장이다. 베타 아밀로이드로 알려진 비정상 단백질에 항균 기능이 있을 수 있으며, 따라서 알츠하이머병의 특징인 단백질 엉킴이 바이러스 감염 반응으로 나타날 수 있다는 것이다.

하지만 아비가 냄새를 맡지 못하게 된 원인은 지금도 밝혀지지 않았다. MRI 스캔 결과, 후각망울이 정상보다 작은 것이 드러났지만 아비의 어머니가 말한 대로 아비는 이미 어릴 때부터 밤에 코를 많이 고는 등 코에 문제가 있었고, 검사에서도 아데노이드 비대가 발견되었다. 아마도 그 때문에 입에서 코로 올라가는 냄새의 흐름이 막히고 후비강 후각도 방해를 받은 것으로 보인다. 아데노이드 제거 수술을 했지만 별 효과는 없었다. 열한 살 무렵에, 한쪽으로 치우친 중격막을 교정하고 만성 염증을 치료하는 추가 수술이 진행되었다. 아비는 이 두 번째 수술 직후 버밍엄에 있는 친척집을 방문했다. "사촌이랑 트램펄린에서 놀고 있었는데, 그 애가 실수로 제 코를 쳤어요." 잠시 후 아비는 집 안으로 들어가 이모의 물고기에게 먹이를 주려 했다. 그녀가 가장 좋아하는 일이었다.

"어렸을 때 물고기 먹이 주는 걸 좋아했어요." 아비가 말한다. "물고기 밥 냄새도 맡아보곤 했어요. 뭐라고 설명해야 할지 모르겠어요. 말이 되는지 싶긴 한데, 전에는 공기가 아닌 다른 것이 느껴졌거든요. 냄새를 맡았다고 말하기는 뭐하지만……. 시각장애인에게 갑자기 보이는 작고 하얀 섬광 같았다고 할까요? 그런데 그런 게 사라졌어요." 분명 이전에는 초콜릿과 오렌지 잼의 단맛이나 질감과는 다른 초콜릿-오렌지 비스킷에서 느껴지던 오렌지의 풍미를 감지할 수 있었지만, 그 후 몇 주 동안 관찰한 결과 그것 역시 사라져 있었다. 하늘에서 번쩍하는 빛을 보고 별똥별이었는지 그저 상상의 속임수였는지 확신이 들지 않을 때처럼, 아비는 실제로 오렌지 '맛'을 맛본 적이 있는지도 확신하지 못한다. 아비는 사촌의 팔꿈치에 코가 부딪쳤을 때 뭔가 바뀐 건 아닐까, 흉터가 남아 있던 조직마저 떨어져 나간 건 아닐까 생각한다.

✦ ✦ ✦

아비는 후각이 영영 사라졌고, 삶의 일부분이 자신에게서 온전히 차단되었음을 절실히 깨닫고 있다. 한번은 학교에서 오감을 바탕으로 한 작문을 해오란 숙제를 받았다. 아비는 후각이나 미각에 대한 개념이 없어 숙제를 할 수 없다고 항변했다. "그러자 선생님이 '친구들에게 물어봐.'라고 했어요. 하지만 친구들과 어떻게 그런 이야기를 할 수 있겠어요?" 관련된 언어조차 이해가 가지 않는데, 질문을 하라고 하는 격이다. "전에 사람들에게 냄새에 대해 설명해 달라고 한 적이 있어요. 그들은 '그냥 그런 거'라고만 대답해요. 잔디에서 냄새가 난대요. 전 그 말을 듣고 화가 났어요. 잔디는 어디에나 있는데 어떻게 냄새로 인식할 수 있다는 거죠? 그리고 친구들에게 그 냄새를 묘사해 달라고 부탁하면 이런 식이에요. '글쎄, 풀 냄새가 그냥 풀 냄새지. 안 그래?'" 그 이야기에서 아비의 좌절감이 극명하게 드러난다. 아비는 주변 사람들의 삶의 직물이 무엇으로 짜여 있는지 이해하지 못한다. 우리 대부분에게는 해석이 필요치 않다. 후각은 본능적이고 무의식적이다. 다른 감각들의 특성과는 대조적으로, 냄새는 직접성이 있기 때문에 그것을 묘사하는 언어도 매우 한정되어 있다.

아비는 학교 식당에서 나던 음식 냄새, 교실 냄새, 음식의 맛과 향이 어우러진 기억들을 끊임없이 이야기하던 친구들을 떠올린다. 그녀가 볼 때 자기 외의 다른 사람들에게 냄새나 맛은 "그냥 계속 이어지는 것들이라서 특별히 인식하지 못하는 것" 같다. 하지만 위험 신호로서의 냄새의 역할은 아비에게도 영향을 미친다. 얼마 전 건조기에서 작은 화재가 나는 사고가 있었다. 던이 말한다. "1층에는 연기가 가득했는데, 아비는 2층 침실에서 아무것도 알아차리지 못했어요." 지금은 집에 화재경보기와 가스감지기를 설치했다. 음식이 상했는지 냄새로 알 수 없는 아비에게 던은 포장에 적힌 유통기한을 확인하라고 끊임없이 상기시킨다. 사회적 위험도 배제할 수 없다. 던의 의무 중 하나는 계속해서 아비의 몸 냄새를 확인하는 것이다. "냄새 맡아보자! 매일 데오드란트 바르는 거 잊지 마!" 던이 대신 아비의 코가 되어준다.

나는 아비와 던에게 냄새를 맡지 못한다는 점 때문에 드는 미래에 대한 고민이 있는지 묻는다. 던이 먼저 대답한다. "몸에서 냄새가 나지 않는지, 음식이 상하지는 않았는지 제가 언제까지나 옆에서 냄새를 맡아줄 수는 없잖아요. 또 이제 남자친구가 생기면 남자친구의 셔츠를 입어보고 냄새가 어떤지도 알고 싶을 텐데요." 아비가 덧붙인다. "제 절친은 남친이 입던 후드티를 빌려줄 때, 남친 냄새가 나서 좋대요. 그걸 왜 좋아하죠? 땀냄새 나는 거 아녜요? 하지만 물건을 나누는 건 좋은 일 같아요. 서로를 연결시켜 주니까요. 저도 더 나이가 들면 소중한 사람의 물건을 갖고 싶을 것 같아요."

위험 신호, 음식의 풍미, 기억 외에도 후각의 역할에는 상대적으로 과소평가되는 또 다른 감각적 측면이 있다. 아비의 말에 내포된 것처럼, 후각은 사회적, 성적 행동을 이끄는 인간의 상호작용이라는 역할도 담당한다. 체취, 소변, 대변, 혈액에는 휘발성 화합물(냄새)이 있어서 피식자 종에 공포와 경각심을 불러일으키며 환경 내에 포식자가 나타났다는 경고가 된다. 또한 아픈 동물을 가려내는 화학물질을 인식해 회피할 수 있게도 해준다. 질병의 냄새는 강력한 생존 기술이다. 이는 특히 개와 같은 다른 포유류의 경우에 해당되는 이야기인데, 우리 같은 영장류는 시각이 발달하면서 점점 더 그쪽 비중이 높아졌고 진화적으로 후각계의 중요도는 감소해왔다.

영장류에서 그 중요성이 줄고 있기는 하지만, 후각은 감정을 처리하는

데 필수적인 뇌의 영역인 편도체, 안와전두피질, 변연계의 여러 영역과 직접적으로 연결되어 고유의 역할을 수행한다. 우리는 다른 감각에 비해 후각의 능력에 관해 많이 알지 못하지만 그렇다고 그 능력이 줄어든 것은 아니다. 최근 실험들에 따르면 인간 역시 무의식적으로 아픈 사람 몸에서 나는 냄새를 인지하고 혐오감을 느낀다. 우리는 포식자나 질병의 냄새에서 위험만 감지하는 게 아니다. 이런 페로몬이나 화학신호를 통해, 한 개인은 다른 개인에게 감정을 전달한다. 두려움, 스트레스, 불안 같은 부정적 감정만이 아니라 행복감, 안정, 성적 흥분 같은 긍정적 감정도 전달한다. 이런 연구에는 특정 비디오나 익스트림 스포츠와 같은 감정적 반응을 유도하는 자극에 노출된 '피실험자'의 땀이나 눈물을 채취한 연구도 포함된다.

현재 이와 비슷한 수많은 연구를 통해 몇 가지 일반적인 내용들이 밝혀졌다. 첫째, 여성이 남성보다 이런 화학신호에서 오는 감정을 더 잘 해석하지만, 우리 모두 일반적으로는 자신과 다른 성별의 사람에게서 나오는 신호를 더 잘 해석한다. 부정적 감정을 나타내는 화학신호의 존재는 '냄새 맡는 이'에게 변화를 초래하며, 방어적인 행동 패턴을 유도하고, 위험에 대한 욕구를 조절하며, 인지와 인식 능력에 영향을 미친다. 긍정적 감정은 부정적 감정보다 시각에 더 의존하기는 하지만, 후각을 통해서도 명확하게 전달된다. 이런 신호가 유혹이나 교미에서 차지하는 역할은 명백하다. 우는 여성의 눈물 냄새를 맡은 남성은 대조군과 비교해 성적 흥분 및 테스토스테론의 수치가 훨씬 더 낮게 나타났다.

파트너 간의 친밀감은 이런 감정적 신호를 감지하는 능력을 향상시킨다. 사실 이 화학적 신호들, 우리가 잘 인지하지 못하는 냄새들은 파트너를 선택할 때 길잡이가 되어준다. 진화적 관점에서 가장 중요한 행동, 즉 유전자 전달을 지시하는 선택이라고 할 수 있다. 인간이 자연적 냄새를 바꾸거나 억제하려고 노력해 온 역사는 길지만, 체취는 배우자 선택에 있어 가장 중요한 요소인 듯하다. 심지어 육체적인 매력보다 더 그렇다. 이런 화학물질들은 다른 사람들의 건강을 유추하는 것 외에, 잠재적 짝의 면역체계에 대해서도 무언가를 알려준다. 우리 몸이 감염과 싸우는 방법은 MHC(주조직적합성복합체)라는 분자 신호를 통해 면역세포에 이질단백질의 일부를 제시하는 것이다. 부모들이 다른 형태의 MHC를 가지면 자손들에게 유전적 이점이 있는 것으로 확인되며, 쥐를 대상으로 한 실험에서도 짝을 선택할 때 다른 유전적 면역 상태를 나타내는 체취 신호를 선호한다는 사실이 밝혀졌다.

적어도 생식이 목적일 때, 인간에게도 이런 메커니즘이 적용된다. 연구에 따르면 여성은 호르몬 피임약을 복용하지 않거나 생리주기 중에서도 가장 생식력이 높을 때 자신과 다르거나 더 넓은 범위를 가진 MHC 유전자를 보유한 남성의 체취를 선호하는데, 이는 더 다양한 면역체계를 촉발할 수 있는 능력을 의미한다. 이 현상은 피임약을 복용하는 여성이나 남성이 여성에게 매력을 느끼는 경우에는 해당되지 않는 것으로 보인다. 여성들이 아기를 만들기에 유전적으로 '적합한' 배우자를 선택할 때 후각 식별력이 강화된다는 뜻이다. 실제로, 한 연구에서는 임신이 잘 되지 않아 어려움을 겪는 부부들은 MHC의 관점에서 유전적 유사성이 많을 가능성이 높다고 주장했는데, 이것은 자신과 다른 유전자를 가진 사람과의 사이에서 자손을 볼 때 진화적 이점이 있다는 견해에 더욱 힘을 실어준다.

체취로 전달되는 것은 유전 정보만이 아니다. 가임기 여성들은 테스토스테론 수치가 더 높은 남성들의 땀을 선호한다. 체취는 내 아이의 유전적 건강을 보호하기 위한 비밀 언어다. 여성은 일반적으로 한 번에 한 아이에게만 유전자를 물려줄 수 있기 때문에 이 점은 매우 중요하다. 하지만 체취는 자손과 무관하게 성적 매력의 언어이기도 하다. 체취에 대한 반응과 관련해 새로운 증거들도 나오고 있다. 체취에 대한 반응은 성별뿐 아니라 다른 성적 지향을 가진 사람들 사이에서도 차이가 있다. 남성이나 여성의 성호르몬 같은 체액의 단일 분자에 대한 반응 차이는 이성애자와 동성애자 모두에게서 일관되게 발견된다. 예를 들어, 게이 남성들은 이성애자 남성들보다 안드로스테론(간혹 돼지들의 짝짓기를 장려하기 위해 농장에서 사용하는 페로몬)에 더 민감하게 반응하는 것으로 보인다. 더 놀라운 것은 상대가 잠재적인 성적 동반자인지 아닌지를 체취로 알아챌 수 있다는 점이다. 한 연구에서는 이성애자 남성의 체취를 접한 게이 남성들은 다른 반응을 보인다고 밝혔는데, 성적 지향성 때문에 양립할 수 없는 대상에게 매력을 느끼지 않도록 체취가 경고 작용을 하는 것이다.

우리의 후각이 장미와 재스민 꽃, 또는 레몬과 오렌지를 구별하는 능력 이상인 것은 분명하다. 우리의 행동과 본능에 있어, 보다 근본적인 측면에서 후각의 역할은 명확하다. 후각은 고대의 감각이며, 같은 종끼리만이 아니라 다른 종 간에도 의사소통을 가능하게 한다. 개와 말 같은 동물들은 후각적 단서를 통해 인간의 감정 상태나 질병을 감지한다. 파킨슨병이나 코로나19를 감지하는 훈련을 받은 개처럼, 그런 예는 수없이 많다. 이 모든 일은 인식하지 않은 상태로, 일상 생활에서 보이지 않는 잠재의식적 과정으로 벌어진다. 후각은 의심할 여지없이 태곳적부터 내려왔고, 진화적으로 오래되고, 원시적이며, 우리의 생존에 근본적으로 중요한 감각이다.

✦ ✦ ✦

아비는 이제 곧 코에 다른 시술을 받고 냄새를 맡을 수 있을지 보려고 한다. 그게 가능할지는 아무도 장담할 수 없지만 내 개인적인 의견은 약간 비관적이다. 한 번도 갖지 못한 감각을 얻는 것보다는 잃어버린 감각을 되찾는 게 훨씬 쉽다. 시각과 비교해 보면 좋을 듯하다. 어린 시절의 시각적 문제들이 제때 고쳐지지 않으면 시각계가 제대로 발달하지 못해 시력이 완전히 회복되지 못한다. 아비의 MRI 검사 결과에서 분명히 드러나는 작은 후각망울은, 그녀 신경계의 후각적 측면이 후각 자극을 받지 못한 탓에 온전히 발달하지 못했음을 암시한다. 후각수용체로 들어가는 공기 흐름이 좋아진대도 아비가 정상적으로 냄새를 맡게 될지는 의문이다. 물론, 내 생각이 틀렸다는 게 입증되면 더할 나위없이 기쁠 것이다.

아비가 후각을 되찾는다 해도 과거는 되찾지 못한다. 아비의 어머니 던은 말한다. "밖에 나가 냄새를 맡으면, 그 냄새가 곧장 과거로 절 데려갈 때가 있어요. 시골이라 가끔 집 앞을 지나다 보면 나무 타는 냄새가 나요. 제 할머니 할아버지는 아일랜드 출신이었는데, 아일랜드에 있는 할머니 할아버지 집에 가까이 갈 때면 항상 나무 타는 냄새가 났거든요. 그 냄새는 항상 저를 그 시간, 그 장소로 데려다줘요. 아비는 그걸 갖지 못한 거예요. 아비도 그런 기억을 가질 수 있으면 좋을 텐데. 아비는 나중에 나이가 들었을 때, 향수 냄새를 맡으며 '아, 세상에, 이 냄새 맡으니까 엄마 생각나.' 하고 말할 수 없겠죠. 사과파이 굽는 냄새가 나도 할머니의 부엌이 떠오르지는 않을 거예요. 그저 언젠가는 아비도 새로운 추억들을 만들 수 있기를 바랄 뿐이에요."

나의 후각 기억을 떠올려본다. 외할머니의 부엌에서 끓던 아랍 커피, 축축한 낙엽 더미와 연기 자욱한 정원의 불 냄새, 독일 출신 할아버지의 향수, 할머니의 프라우멘쿠헨의 풍미. 나의 가장 오랜 기억 하나는 유치원 운동장의 낮은 벽 옆에서 친구들과 함께 앉아 놀던 일이다. 아마 서너 살 무렵이었을 것이다. 벽 너머 화단에는 갈색과 크림색의 작고 둥근 조약돌이 잔뜩 깔려 있었다. 우리는 그 안으로 손을 집어넣어 조약돌 몇 개를 움켜쥐고 벽돌에 힘차게 문지르곤 했다. 마찰로 따뜻해진 조약돌을 코밑에 대면 달콤한 흙냄새가 올라오는데, 조약돌마다 각각 미묘하게 다른 냄새가 풍겼다. 냄새가 불러오는 기억 속 세상. 어린 시절의 행복하고 만족스러웠던 기억들은 시각 이미지나 목소리보다 훨씬 더 쉽게 떠오르며, 직접적으로 정서 반응을 끄집어낸다. 어떻게 후각이, 미각이 감각 중에서 가장 덜 중요하다고 말할 수 있을까? 나는 못 한다. 후각과 미각은 현재와 과거 속 우리의 생존, 기억, 감정, 사랑하는 사람들과의 유대를 담고 있기 때문이다.

07

뺑뺑이를 타고

작은 귀 한 쌍이 돌고 돌아 전복된 일상

"우리에게는 오감이 있다. 우리는 그 감각들을 즐기고 인지하고 찬양하며 그것으로 세상을 분별한다. 하지만 오감 외에 다른 감각도 있다. 여섯 번째 감각인 이 비밀 감각은 오감만큼이나 중요하지만 인식되지 않고, 찬양받지 못한다. 무의식적이고 자동적으로 발휘되는 이 감각들에 대해서도 알아야 한다."

○

올리버 색스(Oliver Sacks),

『아내를 모자로 착각한 남자(The Man Who Mistook His Wife for a Hat)』

Mark, 귓속에 확성기를 단 남자

"눈알이 움직이며 찌부러지는 소리가 들립니다. 왼쪽에서 오른쪽으로 시선을 돌리면 눈알이 '쩌어억 쩍' 하고 돌아가는 소리가 나요." 내 앞에 앉아, 마크는 그렇게 말한다. 이제 막 쉰이 된 이 덩치 크고 쾌활한 남자는 술자리에서 관심을 한 몸에 받으며 큰 제스처를 곁들여 경험담과 농담을 들려주고, 친구들에게 즐거움을 선사할 것 같다. 하지만 자신의 이야기를 하는 그는 잔뜩 몸을 움츠린 채, 방안에서 물리적으로 거의 공간을 차지하지 않는다. "아마 7년 전부터였습니다. 어느 날 갑자기 귀가 정말 꽉 차 있다고 느꼈어요. 비눗방울 속에 들어가 있는 것처럼. 비행기를 탔다가 내리면 귀가 계속 빵빵한 느낌이잖습니까? 그때 같았어요."

처음에 그는 대수롭지 않게 여겼다. 그 느낌이 뜬금없이 생긴 것처럼 어느 날 갑자기 사라지겠거니 생각했기 때문이다. 하지만 그렇지 않았다. 대신 점점 더 심해졌다. 병원에 가봤지만 의사는 감기 때문에 귀에 문제가 생겼을 수 있고 시간이 지나면 가라앉을 거라고 말했다. 마크도 침착하게 반응했다. "그럴 수 있겠지!" 하지만 1년쯤 지나자 다른 증상까지 나타나기 시작했다. "정말 이상하게도 제 발소리가 들렸습니다. 발을 내디디면 그 소리가 몸을 쭉 타고 머리 위로 올라가는 느낌이 드는데, 머릿속에서 쾅 하고 큰 소리가 나요. 그 소음이 머릿속에서 가득 메아리칩니다."

며칠, 몇 주가 지나면서 마크의 증상은 더욱 악화되었다. 이제는 그냥 신기한 정도를 넘어 청력의 변화가 삶에 심각한 영향을 미치기 시작했다. "사람들 만나는 걸 꽤 좋아합니다." 내 첫인상이 들어맞은 모양이다. "금요일 밤이면 학교 친구들과 술집에 가곤 했습니다. 그런데 친구들이 하는 말을 알아들을 수 없었어요. 배경의 소음만 들렸습니다. 거기다 음악까지 틀면 머리가 빙빙 도는 것 같았죠." 나는 시끄러운 소리 때문에 그냥 물리적으로 어지럽다는 건지, 아니면 감각 과부하를 말하는 건지 그 의미를 명확히 설명해 달라고 했다. "그냥 버거웠습니다. 모든 소리가 사방에서 저를 후려치는 느낌이었어요. 그리고 전에는 한 번도 생각해 보지 못한 소리들이 들려오기 시작했습니다." 소리들. 눈알이 움직이는 소리, 자신의 발소리, 관절이 딱딱거리는 소리, 배가 꼬르륵거리는 소리……. "침 삼키는 소리, 숨쉬는 소리가 계속 들립니다." 먹는 것도 힘들었다. "과자를 먹을 때면 다른 소리는 아예 들리지 않습니다. 그럴 때는 저한테 말을 시키면 안 됩니다. 뭐라고 하는지 안 들리니까요. 그 순간에는 아그작아그작 씹는 소리밖에 들리지 않거든요. 토스트 먹을 때도 마찬가지입니다."

마크는 귀가 꽉 차서 비눗방울 속에 들어가 있는 것처럼 느낀다. 외출할 때는 들어가는 장소의 음향을 주의 깊게 살펴야 했다. 천장이 높거나 소리가 잘 울리는 환경에서는 자신의 목소리나 다른 사람의 목소리가 머릿속에서 너무 크게 메아리친다. "머리가 터질 것 같았습니다. 보통 사람들이 듣는 것보다 10배에서 20배 정도는 더 크게 들리는 것 같아요. 사람들과 이야기를 할 때면 여기가 어딘지 잊어버릴 정돕니다." 마크의 청력 변화는 타격을 주기 시작했다. 4장에서 설명한 노청처럼 덜 들리는 게 아니라, 반대로 더 들리는 게 문제였다. 하지만 이런 기능 향상은 기능 손실과 비슷한 영향을 미쳤다. 그가 듣고 싶은 것은 죄다 묻어버리는 소리들은 그를 사회적 고립으로 몰아넣었다. "밖에 나가기가 싫었습니다. 술자리에 가지 않으려고 구실을 만들어냈죠. 거기 가서 아무 소리도 듣지 못하는 것보다는 차라리 안 가는 게 나았으니까요." 나는 친구나 가족에게 그 이야기를 했는지, 그냥 비밀로 했는지 묻는다. "저는 늘 긍정적인 사람이었지만 그 문제는 좀 고심을 했습니다. 남자라서 그런 건지 모르겠지만 그냥 거기에 대해서 주저리주저리 늘어놓고 싶지 않았습니다. 가족에게도요. 그냥 핑계를 댔습니다. 일이 너무 많다든가 그런 걸로요."

천천히, 하지만 확실히, 삶의 다채로움이 사라져 갔다. 이제 콘서트에는 가지 않는다. 자동차 경적이 울릴까 두려워 잘 걸어 다니지도 않는다. 개 짖는 소리가 고통스러워 개를 산책시키는 일도 꺼리게 되었다. "가장 싫은 건 자동차 경보장치나 (일하는 곳의) 화재경보기가 울리는 겁니다. 사람들의 신발 긁히는 소리, 금속과 금속이 맞닿아 긁히는 소리도요." 그 일은 정신 건강에도 영향을 미쳤다. 귀와 관련된 문제라는 건 알았지만 마크는 정신적으로도 의심이 들었다. "나 미쳐가는 건 아닐까?" 그는 스스로에게 의구심을 품기도 했다.

그 지옥 같은 먹먹함 속에서 몇 달을 지내고, 마침내 마크는 청각 전문의의 진찰을 받았다. 정밀검사, 내시경, 청력 테스트가 이어졌다. "청력 테스트를 아주 많이 받았습니다! 조용한 방에서는 청력이 정말 좋게 나왔어요! 결과가 아주 좋았죠. 하지만 배경에 다른 소리가 있으면 청력이 완전히 망가집니다." 첫 진단에서 아데노이드 비대가 발견되어 제거했다. 두 번째는 이관 기능 장애(혹은 유스타키오관 기능 장애)라는 진단이 나왔다. 이관은 중이와 목을 연결하는 관인데, 관이 열리며 고막의 앞과 뒤의 압력을 균등하게 유지한다. 하지만 치료는 효과가 없었고, 좌절감만 커졌다. "그렇게까지 무기력감을 느껴본 적이 없습니다. 말씀드린 대로 저는 긍정적이고, 낙관적인 사람이에요. 친구들 중에서도 가장 그런 편이지요. 남은 평생을 이렇게 살 수 있을지 확신이 서지 않았습니다." 심지어 집에서도 제대로 쉴 수가 없었다. 아이들이 소리를 지르거나 아내가 기침이라도 하면 집은 고문실과 다를 게 없었다.

마크는 필사적으로 두 번째, 세 번째 의사를 찾아 의견을 구했다. 하지만 답은 나오지 않았고 보청기를 사용해 보라는 제안을 받았다. "정말 훌륭한 보청기였습니다!" 블루투스 연결도 되고, 크기도 아주 작았다. 하지만 훌륭한 기술과 비싼 가격에도 불구하고, 보청기는 더 멀리 있는 배경 소음을 증폭시키는 데만 성공했다. "몇 달을 써보려고 노력했는데 똑같았어요! 가격이 싼 게 아니니까 아깝잖아요. 하지만 소용이 없었고, 그냥 빼야 했죠. 그나마 좋은 소식은 어머니에게 보청기를 넘긴 거예요. 어머니는 국민의료보험이 있으시거든요." 그는 껄껄 웃는다.

1, 2년 동안 아무런 보람도 없이 이 병원 저 병원으로 뺑뺑이를 돌던 마크의 운은 결국 바뀌었다. 더 이상은 할 수 있는 게 없다는 말을 들었으므로, 최후의 보루는 해당 분야만 파온 초특급 전문의와 상담하는 것이었다. 그런데 또 청력 검사를 하겠다는 말을 들었을 때, 마크는 심장이 쿵 떨어지는 기분이었다. 청력 검사만 네다섯 번째였기 때문이다. 하지만 이번에는 달랐다. 단순한 순음으로 하는 검사가 아니라 배경 잡음도 섞여 있

었다. "소리 하나가 기억납니다. 정말 고음이었는데, 저는 그 소리를 듣고 의자에서 떨어졌어요." 마크는 검사 후 상담하던 때를 회상한다. "의사가 '그게 뭔지 알아요.'라고 말했습니다. 너무 감격해서 눈물까지 나더군요. 의사가 이르길 '그건…….'" 마크는 이 시점에서 속도를 늦춘다. 그는 몇 번 더듬거리다가, 마치 그의 삶에서 그것이 얼마나 중요한지 강조라도 하듯이, 한 음절 한 음절을 조심스럽게 발음한다. "'상반고리관 피열증후군 superior canal dehiscence syndrome 입니다.'"

+ + +

마크의 가장 큰 문제는 청각이다. 가족과 친구들의 목소리를 알아들어야 하는데, 자신의 몸에서 나오는 불협화음에 더 크게 압도되는 것이다. 그는 또 다른 이상한 증상들도 보고한다. 사실 그의 경험을 이야기하는 내내 거의 언급하지 않았던 꽤 중요한 설명이 있다. 이미 앞에서 소리를 청각으로 바꾸는 과정은 귀와 신경계 모두에 의존하며, 내이의 기능과 구조는 밀접하게 상호의존적임을 살펴봤다. 기저막과 그 모양 및 강도, 달팽이관의 크기와 길이, 중이에 있는 작은 일련의 뼈들은 공기에서 액체로 다양한 주파수를 전달하도록 진화했다. 귓바퀴부터 외이, 방향 청각을 용이하게 하는 나선과 융기한 모양까지, 모든 게 공기 중의 진동 변환에 중요하다.

하지만 마크는 우리가 이론적으로는 알고 있지만 항상 확실하게는 말할 수 없는 내이의 구조에 대해 다른 사실을 밝혀낸다. 마크는 자신의 증상이 최고조에 달했을 때 일어나는, 매우 흥미로운 이야기를 들려주었다. 언젠가 그는 "아주 큰 소음이 있을 때는 몸의 균형이 깨져 정말로 짜증이 난다."라고 말했다. 그래서 마크는 전문의가 있는 균형 클리닉으로 보내졌고, 그곳에서 또 다른 청력 테스트를 받았다. 그는 특정 고음을 들었을 때 거센 반응을 보였고 의자에서 떨어졌다고 했다. 특히 금속에 금속을 긁는 소리를 들을 때면 대부분 균형을 잃었다.

균형 감각에 귀가 매우 중요하다는 사실은 모두들 알고 있을 것이다. 귀는 공간에서의 움직임에 있어서도 중요한 역할을 한다. 하지만 그건 생물학 수업이나 책, 의과대학 강의실에서 배우는 지식이다. 일상적으로는 거기에 대해 직접적이고 구체적인 지식을 가지고 있지 않은 경우가 많다. 생각은 뇌에서 비롯된다거나 혈압은 심장의 기능임을 이해하는 일과 비슷하게, 장기와 몸의 균형 사이에는 명확한 상관관계가 없다. 우리의 경험은 눈으로 보고 손가락으로 느낀 것을 말해준다. 눈을 감고, 귀를 막고, 장갑을 끼면 그 감각들은 조절되거나 둔화되고, 때론 제거된다. 균형과 귀 사이의 관계에 대한 우리의 이해는 고대 그리스인들의 해부학과 생리학 지식처럼(그들은 뇌가 심장을 식혀주고, 심장이 생각과 감각, 움직임을 통제한다고 생각했다) '깜깜이' 상태다. 그렇지만 마크가 묘사한 것은 분명히 소리와 운동 감각 사이의 직접적인 연결이며, 청각과 균형이 밀접하게 구조적, 기능적으로 결합되어 있음을 암시한다. 그게 아니라면 마크가 특정 큰 소리에 반응해 의자에서 떨어지는 것을 어떻게 설명할 것인가?

내이 구조

내이를 직접 검사해 보면 왜 청각과 균형 감각을 연관 지어 생각해야 하는지 명확히 알 수 있다. 달팽이관은 두개골 밑부분에 있는 관자뼈 깊숙한 곳에 자리 잡은, 단단한 뼈 안에 둥글게 움푹 팬 공간이다. 하지만 이 골성미로는 달팽이관 자체를 넘어 확장되며, 다른 액체로 채워진 구멍까지 포함한다. 달팽이관의 달팽이 모양 구조는 공간에서 머리의 움직임을 감지하는 작은 외낭과 서로 수직으로 배치된 세 개의 고리 모양 구조물인 반고리관과 인접해 있다. 머리를 아무 방향으로나 회전시키면 반고리관 속의 체액이 이동하고, 이것을 달팽이관에 있는 모세포가 감지하게 된다.

정상적인 상황에서는 소리에너지가 반고리관으로 들어가지 않으며, 따라서 움직이거나 회전하는 느낌을 유발하지 않는다. 하지만 마크의 경우, 무언가가 소리에너지를 가면 안 되는 내이 쪽으로 확산시키는 게 분명하다. 거기에 답변이 될 만한 설명은 '전혀 그럴 것 같지 않은' 이탈리아 비둘기로부터 나온다. 1920년대 후반, 피에트로 툴리오Pietro Tullio 교수는 볼로냐의 실험생리학 실험실에서 일하고 있었다. 예전에 프랑스에서 비둘기들의 내이를 수술로 손상시키자 갑작스러운 머리 움직임을 보였다는 실험 결과가 있었는데, 그는 이 실험에서 영감을 얻어 사촌인 이탈리아 비둘기들을 대상으로 실험을 시작했다. 비둘기들의 반고리관을 열어 골성미로의 구조를 전체적으로 교란시키자, 소리로 인해 비둘기의 눈과 머리에서 비정상적인 움직임이 나타났다.

소리가 사람 눈의 움직임이나 회전 감각을 유도하는 이 평행 현상은 나중에 '툴리오 현상Tullio phenomenon'이라 명명되었다. 드물지만 충격적인 이런 상태를 경험하는 사람들은 경찰차가 사이렌을 켜고 지나갈 때 고꾸라지거나 머리 위로 비행기가 지나갈 때 심한 현기증을 느낀다. 이 현상은 원래 선천성 매독(모체에서 감염된 박테리아가 골성미로 주변 뼈에 감염을 일으킨다)의 징후로 여겨졌지만, 이제 (전적으로는 아니지만) 전형적으로 소리에너지가 골성미로로 들어가는 다양한 상태에서 발생한다고 이해된다. 그리고 실제로 툴리오 현상의 가장 흔한 원인은 '상반고리관 피열증후군SCDS'이다.

흔한 원인이라고 했지만, 적어도 비전문가들에게는 거의 알려져 있지 않다. 이 병에 관한 설명은 툴리오의 실험이 있은 지 약 70년이 지난 20세기 말이 되어서야 나왔다. 1998년, 정평이 난 한 논문은 만성 불균형과 소리나 압력으로 인한 회전 감각, 통제되지 않는 눈의 움직임을 가진 일련의 환자들을 기술했다. 내이의 상세 이미지(이때쯤에는 상당히 개선된 해상도를 갖추게 되었다)에서 내이의 반고리관 중 하나인 상반고리관의 골벽이 얇아지거나 갈라진 것을 볼 수 있었다. 상반고리관 피열증후군의 '피열dehiscence'이라는 말은 본래 씨앗 꼬투리가 갈라진다는 뜻의 식물학 용어 '열개'에서 나온 것이다. 이 뼈 결함의 원인은 약 20년 동안 미스터리였는데, 어떤 연구자들은 태어날 때부터 뼈가 약했기 때문일 거라고 추측했고, 어떤 이들은 머리 외상이나 발살바 호흡(코와 입을 막고 숨을 내쉬어 귀가 '뻥' 뚫리게 하는 것) 같은 머리 내 압력 증가와 관련이 있을 것으로 보았다.

근본 원인과 상관없이, 내이 골벽에 생긴 결함은 소리에너지가 내이의 이동 센서를 자극하게 할뿐더러, 귀 밖에서 들어온 소리에너지가 곧장 달팽이관으로 들어가는 지름길을 제공한다. 정상일 때 공기 중의 소리에너지는 중이의 작은 뼈인 이소골을 통해 달팽이관으로 전달되는데, 이 메커니즘이 소리를 효율적으로 조절해 준다. 큰 소음이 들릴 때나 말할 때 활성화되는 작은 근육인 등자근은 일부 소리의 전달을 억제한다. 하지만 소리가 지나갈 다른 경로가 있으면 이 메커니즘은 작동하지 않는다. 그래서 소리가 여과나 조절 없이 두개골에서 내이로 직접 전달된다. 중이(고막, 이소골, 등자근)를 거치지 않고 우회해 가는 것이다. 돌고래처럼, 우리도 중이보다 턱이나 두개골을 통해서 듣는 소리가 더 많다. 이는 청력에 방해가 되기도 하지만 거꾸로 '청각과민증'을 야기하기도 한다. 자신의 목소리가 매우 크게 들리거나 왜곡되어 들리고, 맥박 소리, 뱃속에서 부글거리는 소리, 안구의 움직임, 호흡, 발소리, 씹는 소리 등 몸의 내부 소리를 듣게 된다. 마크의 증상과 정확히 일치한다.

상반고리관 피열증후군이란?

마크는 전문의에게 뭐가 문제인지 아는 것도 훌륭하지만, 고칠 방법이 있느냐고 물었다. "의사가 말하길 '아주 드문 케이스'랍니다. 좋은 소식은 지난 몇 년 사이에 수술이 가능해졌다는 거였습니다. 영국에 수술할 수 있는 의사가 딱 두 명 있다고 했어요." 마크는 외과 의사를 만났고, 의사는 그에게 적절한 질문들을 던졌다. "'정말 잘될 것 같아. 이 사람은 제대로 알고 있어.' 그런 생각이 들었어요. 눈물이 핑 돌았습니다. 너무 오랫동안 이 문제로 고생했는데 이제야 도와줄 사람을 찾은 거죠." 적어도 현재로서 상반고리관 피열증후군SCDS에 대한 비수술적 치료 방법은 없다. 처음에 그 증상을 기술한 외과 의사들은 골분이나 골파편을 이용해 뼈의 갈라진 틈을 막는 수술 절차에 대해 보고했었다. 보고는 훌륭했지만 일부 환자는 청력 손상을 경험했고 재발 가능성도 있었다. 초기 환자들과 마찬가지로 마크에게도 귀에 난 구멍을 막는 수술이 제안되었고, 마침내 그날이 왔다. 나는 그에게 불안했는지 물었다. "전 희망에 차 있었습니다. 전혀 걱정하지 않았어요. 그 의사의 손에 절 맡기는 게 마음이 놓였습니다."

마크는 병동에서 깨어나던 기억을 떠올린다. 잔뜩 흥분된 상태에서 가장 먼저 한 일은 아내와 여동생에게 전화를 건 것이었다. 그랬지만 뒤로 갈수록 무슨 대화를 나눴는지 기억도 나지 않고 혼란스러웠다. "그 후에 온갖 음식이 병실에 들어왔습니다. 누가 시켰냐고 물어봤더니, '당신이 메뉴에 있는 거 전부 주문했잖아!'라고 하더군요. 그런데 저는 아무것도 기억나지 않았어요." 그는 웃는다. 하루가 지나고 퇴원했지만 귀는 잔뜩 부어 있었고, 머리에는 미라처럼 커다란 붕대가 감겨 있었다. 마크는 깨어난 직후부터 빨리 달라진 점을 찾아내어 수술의 성공을 확신하고 싶었다. 집에 돌아왔을 때 그는 비로소 수술이 가치가 있었다는 사실을 알아챘다. 사람들이 문병을 오고, 잡담과 웃음소리가 나도 이제는 그렇게 견디기 힘들지 않았다. "머릿속에서 웅웅거리는 소리가 들리지 않았어요. 사람들의 말소리가 하나하나 다 들렸어요."

수술 후 한 달이 지나서야 마크는 진짜 실험을 해보았다. "술집에 갔습니다. 그냥 한번 시험 삼아서요. 친구들도 전부 불렀지요." 이윽고 대화가 시작되자, 마크는 다시 들을 수 있다는 것을 깨달았다. 이제 청각적인 혼란 때문에 친구들 말소리가 들리지 않는 일은 없었다. 소음의 벽인 메아리도 거의 사라졌다. "100퍼센트는 아니고, 아마 80~90 정도……. 일주일 정도 계속 시험해 봤는데 그랬습니다." 이제 마크는 손에 맥주잔을 들고 친구들과 테이블에 둘러앉아 다시 대화를 나눌 수 있었다. 나는 그에게 그 순간 어떤 기분이었는지 물었다. "완전 끝내줬죠!" 그가 활짝 웃는다. "정말 좋았어요! 다시 사회생활을 할 수 있게 된 거예요." 세상으로부터 멀리 떨어져 숨어 있던 마크는 몇 주 만에 결혼식 들러리를 서려고 이탈리아로 날아갔다. 비행, 연설, 파티, 모두 차질 없이 진행되었다. "기분이 엄청 날아올랐어요." 그가 내게 말한다.

그 수술 이후, 2년 전까지만 해도 약간의 기복은 있었지만 마크의 삶은 거의 정상으로 돌아왔었다. 하지만 지난 몇 달 동안, 마크는 재차 외과 의사와 약속을 잡고 기다리는 중이다. 귀가 빵빵해지는 느낌이 되살아나고 있어서다. 전처럼 심한 건 아니라고 하지만 악화될 기미가 느껴진다. 마크는 상당히 달관한 듯 보인다. "지금의 저도 운이 좋다고 생각합니다. 다시 수술을 받아야 한다면 당장 내일이라도 받을 거예요." 나는 그 경험으로 삶에 대한 생각이 바뀌었는지 묻는다. "전에는 청력을 당연하게 여겼습니다. 하지만 들을 수 없게 되면, 사람들과 만나기를 꺼리게 되고 우울감에 빠져요. 그런 당신의 속을 아무도 들여다보지 못합니다. 모두들 이렇게 생각하겠죠. '사람 좋은 마크, 마크는 항상 웃지.' 하지만 속으로는 정말 힘겨운 싸움을 하고 있어요." 나중에 그는 말한다. "우울증 진단을 받은 적은 없지만 그냥 되돌아보면 그때 우울증이었구나, 싶습니다. 그냥 조용히 참아냈던 것 같아요. 누구에게도 진심을 털어놓지 않았습니다. 사람들이 제 마음을 알아줄 거라 생각하지 않았거든요. 저는 항상 웃고 기분 좋은 남자였죠." 앞에 앉은 자신감 넘치고 활달한 남자와 이야기를 나누며, 나는 청력 문제가 그에게 가져다준 외로움과 고립감, 정상으로 돌아갈 때의 기쁨을 들여다볼 수 있었다.

✦ ✦ ✦

Kelly, 뺑뺑이에서 내리지 못한 여자

우리는 오감이라고 말하지만 그것은 지나치게 단순화된 개념이다. 다른 종들에게서 다른 종류의 감각을 명확히 확인할 수 있다. 예를 들어 물고기의 측선은 물살의 미묘한 변화를 감지해 먹이나 포식자의 존재를 알아낸다. 뱀의 피트 기관(코 옆의 작은 숨구멍 -옮긴이)은 열복사를 탐지하고, 새들은 지구 자기장을 인지한다. 인간에게는 고유수용성감각(1장의 라헬이 폐암 때문에 잃어버린)이 있는데, 몸이 공간에서 어디에 위치하는지, 신체 부위가 서로 어떤 관계에 있는지 알아내는 감각이다. 어떤 이들은 이 감각을 '여섯 번째 감각(혹은 제육감)'이라고 부르지만 나는 단순히 '무의식 감각'이라고 부르고 싶다.

그러나 우리가 감각을 뭐라고 정의하든 간에, 아리스토텔레스의 오감에 대한 관점(약 2천년 후인 오늘날에도 우리가 고수하고 있는 관점)은 틀린 게 분명하다. 배멀미를 경험했거나 롤러코스터에서 비틀거리며 내려와 단단한 육지에 서 있는데도 계속 움직이는 느낌을 받아 구역질이 난 적 있는 사람에게 물어보라. 어느 쪽이 위고, 어느 쪽이 아래인지 아는 것, 혹은 공간에서 머리가 어떻게 움직이는지 인식하는 것은 우리 삶의 기본이다. 그래야만 우리는 똑바로 걷고 중력에 맞서 바로 설 수 있다. 가장 기본적인, 정확히 보는 일조차 이 감각에 달려 있다. 머리를 위아래로, 앞뒤로, 좌우로 움직이며 길을 걷는다고 생각해 보자. 원래는 걷거나 달릴 때 몸의 흔들림에 따라 시야도 사방으로 움직여야 한다. 하지만 실제로는 그렇지 않다. 시야는 제자리에 단단히 고정되어 있어서 우리는 인도를 따라 걸어오는 사람의 얼굴에도 초점을 맞출 수 있다. 그건 내이 덕분이다. 전정계와 안구의 근육을 활성화시키는 운동신경세포가 직접 연결된 덕분에, 머리를 움직이고 있어도 반사작용으로 안구는 제자리를 유지한다. 이것을 '인형눈반사'라고 하는데, 아이들 장난감 인형의 눈도 언제나 중력 대비 특정 방향을 향해 있어, 눕히면 눈을 감는 것처럼 보인다.

균형의 중요성은 그 균형이 깨졌을 때 가장 잘 드러난다. 내 신발은 그 사실을 보여주는 증거다. 신경과 클리닉에서 가장 흔하게 볼 수 있는 균형 질환은 '양성발작성체위현기증BPPV(이석증)'이다. 의학적인 의미에서의 현기증은 움직임이 없을 때 움직임을 느끼는 감각을 뜻하며, 고소공포증과는 다르다. 이석증이 있으면 머리를 조금만 움직이거나 침대에서 돌아눕기만 해도 심한 현기증이나 회전하는 느낌이 든다. 원인은 대개는 별것 아닌 내이의 반고리관을 채우는 액체 속 작은 고체 입자 때문이다. 머리가 움직이면 귓속 액체도 움직이는데, 머리 움직임이 멈추면 액체도 더 이상 움직이지 않는다. 하지만 고체 입자가 계속 떠다니면 극도로 당황스럽고 불쾌하게 계속 몸이 움직이는 착각이 든다.

어떻게 보면 이석증 환자는 바쁜 진료소 근무에서 '신의 선물'이라 할 수 있다. 진료용 간이침대에서 간단한 동작만으로 보통 5분만에 병명을 진단하고 치료할 수 있기 때문이다. 신경학 세계에는 즉각 치료가 가능한 경우가 거의 없는데 이석증이 그중 하나다. 단점은 이 치료법을 시도하는 과정에서 애초에 환자가 병원을 찾아오게 만든 그 어지럼증이 심해진다는 것이다. 처음 몇 번 이석증 환자가 빙빙 도는 느낌 때문에 나를 필사적으로 붙잡느라 내 손목에 손톱 자국을 낸 이후로, 환자가 팔을 잡지 못하게 해야 한다는 것을 배웠다. 그리고 내 신발이 토사물로 뒤덮이고 나서야, 손에 구토용 그릇을 들고 한 발 물러서 있게 되었다.

그러나 때때로 고개를 돌리거나 위를 올려다보는 등의 유발 행동을 하지 않아도 현기증이 발생할 수 있다. 켈리는 그것이 얼마나 파괴적인지 잘 알고 있다. 내 앞에 앉은 그녀는 건강하고, 생기 있고, 여유와 자신감이 넘친다. 금빛의 길고 풍성한 머리칼, 유행하는 두꺼운 뿔테 안경을 낀 그녀는 30대 초반 나이에 비해 훨씬 더 젊어 보인다. 마크처럼, 그녀도 잘 웃는다. 증상을 보면 전혀 웃음이 나오지 않을 텐데도.

"증상은 2014년에 시작됐어요. 저는 회사 책상에 앉아 있었어요. 신입사원이라 업무가 정신없이 빠르게 돌아갔어요. 모니터를 응시하고 있었는데 갑자기 모든 게 빙글빙글 돌기 시작했어요. 뭐가 어떻게 된 건지 몰라 어리둥절했어요. 그러다가 멈췄어요. 그래서 그냥 더 생각하지 않고 하던 대로 계속 일을 했죠." 켈리는 웃으며 말한다. 그녀는 그 증상이 1초 정도 나타났던 것으로 기억하는데, 너무 빨리 지나가서 그게 뭐였는지 알아차리기도 어려웠다. 그저 물을 충분히 마시지 않았거나, 식사를 제대로 하지 않아서 그랬나 보다 생각하고 계속 일을 했다.

하지만 그 후 몇 주 동안, 그런 일이 몇 번 더 있었다. 켈리는 회상한다. "세상이 빙글빙글 돌았어요. 저는 필사적으로 의자에 매달려야 했죠." 그런데 일어설 때나 길을 걷는 동안에도 그런 증상이 나타나기 시작했다. "맨 먼저 왼쪽 귀에서 아주 큰 이명이 계속 들려요. 삐이-삐이- 하고요." 그녀는 귀에 거슬리는 길고 높은 음을 흉내 낸다. "그런 다음에 비행기를 타서 소리가 안 들릴 때처럼 귀가 꽉 차는 느낌이 와요. 그러다가 바닥으로 바로 떨어져요. 정말 무서웠어요." 나는 그 시점에서 무슨 일이 일어나는 건지 알았냐고 물었다. "아뇨, 전혀요. 일반의에게 갔더니 어지럼증약을 줬어요. 미로염(내이염) 같다고 했어요."

미로염은 어지럼증이 있는 사람들에게 가장 많이 내려지는 진단이다. 뭉뚱그려 사용되고 남용되는 이 용어는 내이의 골관인 미로에 감염이나 염증이 생겨, 청각과 균형 감각에 장애를 야기하고 메스꺼움과 구토를 일으키는 현상을 말한다. 원인은 바이러스 감염으로 추정되며, 전정신경염, 미로신경염증이라고도 하는데 증상은 다 같다. 켈리의 증상이 그다지 심각하지 않다고 말할 사람은 없겠지만, 미로염의 전형적인 증상은 더더욱 그렇다. 미로염으로 고통받는 사람들은 몸이 계속 빙글빙글 돈다고 느끼고, 심한 구토를 하며, 상태가 점차 호전될 때까지 며칠 동안 침대에서 일어나지 못한다. 켈리가 겪고 있던 상황과는 전혀 다르다. "몇 주 동안 그 약을 복용했어요. 효과는 없었고요. 집 밖으로 나갔다 쓰러진 적도 있어요. 이웃과 이야기를 나누다가 길바닥에서 넘어지지 않으려고 비틀거리며 겨우 집으로 돌아왔어요. 말 그대로 현관문 앞에서 쓰러졌죠."

시간이 흐를수록 켈리의 증상은 점점 길어지고 잦아졌다. 일주일에 서너 번, 한 번에 대여섯 시간 동안 이어졌다. 그저 기다리는 일밖에 할 수 있는 게 없었다. "그냥 바닥에 앉아서 앓는 거예요. 온 세상이 빙빙 돌기 시작하면 할 수 있는 건 아무것도 없어요. 이상하게도 아프기 시작하면 몇 초 동안 안심이 돼요." 증상은 그녀의 삶을 순식간에 지배하기 시작했다. 증상이 나타나지 않을 때에도 이명이 생기기 시작했고, 증상이 있고 나면 잠깐 귀가 안 들리기도 했다. 전화기를 왼쪽 귀에 대면 소리가 작아졌지만 오른쪽 귀는 또렷하게 잘 들렸다.

켈리는 다시 의사를 찾아갔고, 의사는 귀에 감염이 있을지 모르겠다고 했다. 항생제를 처방받았지만 역시 소용은 없었다. "그때가 다섯 번째 병원 방문이었어요. 저는 눈물을 흘리며 의사에게 뭔가 잘못된 게 분명하다고, 당신 말이 맞지 않는 것 같다고 했어요." 세 번째로 메니에르병이라는 진단이 나왔다. "베타히스틴을 복용하면서 효과가 있는지 보자고 했어요. 그리고 저를 다시 집으로 돌려보냈죠." 그녀의 목소리에는 억울함이 가득했다. 끔찍한 그 증상들이 심각하게 여겨지지 않는 느낌, 자신이 진지하게 받아들여지지 않는다는 기분이 들었다.

나는 켈리에게 새 약이 효과가 있었는지 묻고, 그녀는 웃는다. "아뇨, 불행히도 효과는 없었어요!" 나는 당시에는 웃지 못했을 것 같다고 말한다. "당연하죠. 지금 웃을 수 있는 건 이런 일을 겪은 사람이 저만이 아니라는 걸 알았기 때문이에요. 제가 많이 웃는 것 같겠지만 그렇게 안 하면 이겨낼 수가 없어요. 안 그러면 계속 슬프고 화만 나니까요. 그 순간에는 너무 외롭고 혼자 남은 느낌이 들어요. 그때 저는 스물일곱 살이었어요. 그런 건 처음 겪어봤어요. 현기증도 어지럼증도 한 번도 느낀 적 없었거든요. 왜, 어렸을 때 놀이터에 가면 뺑뺑이 타잖아요. 친구가 뺑뺑이를 돌려주고, 계속 계속 뱅글뱅글 돌아가죠. 그러다가 내려서 걸으려고 하면 똑바로 걷지도 못하고 모든 게 빙빙 도는 느낌이라 바닥에 쓰러지죠. 하지만 몇 분, 아니면 그보다 더 짧은 시간 안에 증상은 멈춰요. 하지만 이건 아니에요. 그때보다 열 배는 더 심한 상태가 몇 시간씩 지속돼요. 스스로 몸을 통제하지 못하는 느낌이에요."

5개월 후 켈리는 다시 주치의를 찾았다. 그동안 그녀는 직장에 거의 가지 못했다. 출근길 지하철에서 증상이 시작되어 3시간 동안 지하철역에 갇힌 적도 있었다. 당시 그녀는 지하철에서 내려 다른 노선으로 갈아타려고 걸어가고 있었다. "벽에 매달리다시피 해서 걸어야 했어요. 다음 열차도 타지 못했죠. 플랫폼에 도착해서 바닥에 쓰러졌어요." 의사로 추정되는 행인이 다가와 구급차를 불러주었다. 오전 8시 30분이었지만 많은 사람이 그녀를 취객이라고 생각했는지 그냥 지나쳤다. 켈리의 상태는 응급상황으로 간주되지 않아 구급대원의 도움도 받지 못했다. 결국 교통순경이 그녀를 택시에 태워 병원으로 보냈다.

그 사건 이후 켈리의 일반의는 마침내 그녀를 전문의에게 보냈다. 하지만 켈리는 예약 날짜가 3개월 후라는 사실을 알고 열불이 났다. "일주일 후에 이비인후과 병원에 전화를 걸어 사무원에게 이야기를 하다가 내 삶이 없다면서 울음이 터졌어요. 집에만 틀어박혀 있어야 하고, 아무것도 할 수가 없다고, 완전히 고립되어 있고, 자립할 수도 없다고 울부짖었죠. 이제 직장에서도 잘릴 것 같았고요. 빨리 누군가를 만나서 무슨 일이 일어나고 있는지 알아야 한다고 했어요. 그 직원분은 정말 대단했어요. 놀랍게도 바로 다음 날 예약을 잡아줬거든요. 그때 일을 생각하면 소름이 돋아요."

그렇게 다음 날, 병원에 간 켈리는 뜻밖의 결과를 들었다. 약에 대한 반응은 없었지만 결국 일반의가 마지막으로 내렸던 진단이 맞았다. "전문의는 제게 메니에르병의 전형적인 증상이 있다고 했어요."

✦ ✦ ✦

19세기 중반의 파리는 의학 발전의 산실이었다. 도시의 한구석에서는 동물 자기를 옹호하는가 하면, 파리에서 잠시 지낸 독일 의사 프란츠 메스머의 추종자들이 최면술을 행하면서 돌팔이 짓을 일삼았다. 하지만 도시의 다른 곳에서는 의학에의 과학기술 도입에 있어 큰 진전이 일어났다. 한 혁신적인 의사 그룹이 세기의 전환기에 교육과 연구 프레임워크를 개발해 의학 발전의 발판을 마련했다. 영국과의 전쟁과 뒤이은 봉쇄로 열대지방에서 들여오던 물질을 수입할 수 없게 되자 현지 제약 산업이 발달하기 시작했고, 스트리크닌, 퀴닌, 카페인, 코데인의 발견으로 이어졌다.

르네 레넥René Laennec은 1816년 청진기를 발명하고 청진법을 임상 실습에 도입해 찬사를 받았다. 루이 파스퇴르Louis Pasteur는 1857년 릴에서 파리로 이주했는데, 당시 이미 발효와 질병의 세균 이론에 대한 연구를 진행 중이었다. 한편으로 현대 전문 분야로서의 신경학 창시자라 할 수 있는 장 마르탱 샤르코Jean-Martin Charcot가 의사로서의 커리어를 시작했고, 얼마 지나지 않아 파리 대학교의 교수로 임명되었다. 그가 바로 다발성 경화증과 운동신경질환을 포함한 수많은 신경 질환에 관해 기술함으로써 신경학적 임상검사의 토대를 마련한 사람이었다. 그의 조교로 일한 사람들은 신경학계의 거물로 떠올랐고, 즉시 의사들 사이에 이름이 알려질 정도였다.

그리고 1861년, 프로스페르 메니에르Prosper Ménière는 무려 61세의 나이에 이 새로운 의학 세계로 용감한 첫발을 내디뎠다. 그렇지만 그를 경험 없고 아무것도 모르는 사람인 것처럼 말하는 것은 조금 부당해 보인다. 그 무렵 메니에르는 이미 파리에서 존경받는 의사였고, 제국농아연구소 소장까지 역임했지만, 의료 기관 회원으로는 인정받지 못하고 있었다. 그는 두 차례에 걸쳐 제국 의학 아카데미에 가입하려고 했지만 충분한 표를 확보하지 못했다.

그해 1월, 메니에르는 논문을 발표하기 위해 지금까지 그를 외면했던 아카데미 연단에 섰다. 전해지는 이야기에 따르면, 밖은 몹시 춥고 비가 세차게 내리는 우중충한 날이었고, 그의 발표를 들으러 온 사람은 거의 없었다고 한다. 얼마되지 않는 청중은 그가 하는 말에 거의 관심을 기울이지 않았고, 설상가상으로 메니에르는 협회 회원으로 선출되지 못해 발표 후 토론에도 참여할 수 없었다. 그 당시 현기증vertigo(회전이나 움직임의 감각)은 뇌와 관련이 있는 것으로 여겨졌다. '뇌졸중성 뇌울혈'이라는 용어만 봐도 뇌졸중이나 발작과 같이 뇌혈관이 과도하게 차서 발생한다고 추정했음을 알 수 있으며, 치료 방법으로는 피 뽑기, 부항, 혈침, 거머리 시술 등을 썼다. 당시 사용되던 다른 섬뜩한 치료법으로는 실을 꿴 커다란 커브형 바늘을 목에 찔러 넣는 관선도 있었다. 며칠이 지나 이 실이 화농(고름의 형성)을 일으키면, 그것을 짜내 염증을 밖으로 빼낼 수 있다고 생각했다.

메니에르는 논문 발표에서 이 현기증의 원인을 새롭게 제시해 논란거리를 제공했다. 그는 농아연구소의 환자 중 이물질이 귀에 들어간 후 갑자기 귀가 안 들리고 현기증이 발생한 이들과 청각 장애와 이명이 현기증 증상과 함께 생긴 사람들에 대해 기술했다. 그는 현기증이 뇌보다는 귀에서 비롯될 수 있다는 결론을 내렸다. 그중 가장 설득력 있는 것은 갑자기 극도의 현기증과 청력 상실을 겪고 얼마 후 사망한 어린 소녀의 사례였다. 부검 결과 뇌와 척수는 온전한 것으로 확인되었지만 내이 안에 출혈 흔적이 있었고, 달팽이관이 아닌 반고리관 안에 피가 들어차 있었다. (급성 백혈병으로 자발성 뇌출혈이 생긴 것으로 추정되는) 이 가엾은 아이는 현기증의 기원에 대한 이전의 견해를 반박하는 가장 직접적인 증거가 되었다.

발표 당일만 해도 메니에르의 견해는 대체로 무시당했지만, 그 다음 주에 뇌전증에 관해 이야기하던 한 아카데미 회원이 그의 논문을 인용하며 다시 논쟁에 불을 지폈다. 그 후 몇 주 동안 논란은 지속되었고 보다 못한 아카데미 회원이 토론을 철수시켜 버렸다. 이에 환멸을 느낀 메니에르는 집요하게 관련 케이스를 수집해 정기적으로 논문을 발표했지만, 성과를 보지 못하고 1862년 2월 독감으로 사망했다. 논란이 된 논문을 발표한 지 13개월만이었다.

비록 동시대인에게는 받아들여지지 않았지만, 메니에르의 이름은 그 후로 오랫동안 동명의 질병으로 남게 되었다. 우리는 이제 현기증이 귀에서 발생할 수 있다는 사실을 확실히 이해하고 있지만(물론 편두통이나 뇌졸중의 경우처럼 뇌에서 발생할 수도 있다), 메니에르병의 근본 원인은 아직도 다소 미스터리로 남아있다. 켈리가 설명한 것처럼, 이 병은 자발성 어지럼증이 몇 분에서 24시간까지 지속되며, 간헐적인 청력 손실과 귀울림, 귓속 압력 증가 등의 증상을 동반한다. 종종 내이의 달팽이관과 전정계를 채우는 체액인 내림프액의 축적과 관련이 있지만, 이 체액 축적과 메니에르병 간의 관계가 온전히 밝혀진 것은 아니다. 아무 증상 없이도 이런 내림프액 축적을 경험할 수 있고, 그 이유는 불분명하지만 아마 내림프액이 너무 많이 생성되거나 너무 적게 흡수되는 것과 관련이 있을 것이다. 메니에르병은 중년의 질병으로 간주되지만, 네 살 정도의 어린이와 노인에게서도 발생할 수 있다. 유전적, 세포적, 해부학적 요인 모두가 관여하는 것으로 보인다.

'내림프수종'이라 불리는 이러한 체액 축적 현상이 왜 그런 증상을 초래하는지에 대해서는 아주 조금 더 이해할 수 있을 뿐이다. 체액이 축적되면 달팽이관 기저막(유모세포가 위치하는 곳)이 부풀어 올라, 내이의 소리 전달과 감지에 변화를 야기하고 청력 손실을 초래한다. 하지만 이명과 현기증의 원인은 더 불확실하다. 일부 연구에 따르면 메니에르병은 내이로부터 정보를 전달하는 신경섬유에 손상을 초래한다. 내이의 기저막이 파열되면 내림프 누출이 발생할 수 있고, 높은 칼륨 수치는 신경섬유에 염증을 유발시킨다.

켈리를 비롯한 메니에르병을 앓는 사람들에게 가장 크게 나타나는 특징은 적하발작(쓰러짐) 또는 '이석 발작'이다. 켈리는 아무 예고도 없이 갑자기 바닥에 쓰러졌다는 이야기를 했다. 의식 상실도 없고, 전조증상으로 나타나는 현기증, 균형 감각 상실 증세도 없다. 마치 보이지 않는 손이 켈리를 땅에 쓰러뜨린 것처럼, 느닷없이 길을 걷다가 다음 순간 보도블록 위에 대 자로 널브러져 버린다. 메니에르병으로 이렇게 갑자기 쓰러지는 환자들이 실수로 내 뇌전증 클리닉으로 보내지는 경우가 종종 있다. 그 의사들은 왜 간헐적 현기증이 있는 사람이 갑자기 바닥으로 쓰러지는지 설명하지 못한다. 원인은 내이의 전정계에 갑작스럽게 기능 장애가 생기기 때문으로 보인다.

켈리는 베타히스틴을 다시 복용했다. 그녀는 외과 의사가 고막 내 스테로이드 주사(고막에 피하 주사 바늘을 통과시켜 중이 안에 직접 스테로이드를 주입하는 주사)를 제안했다고 했다. "정말 아팠어요." 켈리는 웃으며 말한다. "바늘보다 액체가 들어갈 때 귀가 엄청 쓰라렸어요. 제가 여태까지 경험한 중 가장 고통스러웠죠." 나는 답을 알 것 같아 불편한 마음으로 그 주사가 도움이 되었는지 물어본다. "아니요." 그녀는 웃는다. "2주에 한 번씩 세 차례 맞았는데 별 도움이 안 됐어요." 명확한 진단이 내려졌는데도 그녀의 삶은 여전히 정체되어 있었다. 해외에 살던 어머니가 그녀를 돌보기 위해 비행기를 타고 오갔다. "혼자서는 외출도 못 했어요. 항상 누가 함께 있어야 했어요. 화장실에 갈 때도 문을 잠그면 안 돼요. 화장실에서 문을 잠그고 있다가 무슨 일이 생기면 아무도 와서 도와줄 수 없으니까요. 저는 혼자서는 아무것도 못하는 스물일곱 살이었어요." 평범하고 활동적인 생활을 하던 그녀는 몇 달 만에 집 안에만 틀어박히는 생활 방식에 적응해야 했다.

메니에르병의 이해

켈리는 그 병으로 18개월 동안 고생하다가 직장을 잃었는데, 오히려 약간 안도감이 들었다고 했다. "'이번 달에도 못 나갈 것 같습니다.' 그런 말을 계속 해야 하는 스트레스가 없어졌으니까요. 실제로 도움이 되었어요." 의사는 그녀의 고막에 환기관(고막에 구멍을 유지해 주는 작은 플라스틱 관)을 장착해 중이로 공기가 들어오고 나갈 수 있게 했다. 우연이든 시술 때문이든, 그 시술 직후 회복 조짐이 나타나기 시작했다. 켈리는 다시 일터로 돌아갔고, 스트레스 때문에 다시 문제가 생길까 걱정되어 어렵지 않은 일만 제한적으로 맡았다.

상태는 점점 정상으로 돌아왔다. 여전히 어지럼증이 있을 때도 있지만, 그래도 '스트레스를 받으면 쓰러질지 몰라' 같은 생각은 별로 들지 않는다. 이명도 여전히 들리긴 해도 계속 이어지지는 않고 간헐적으로 나타난다. "왼쪽 귀의 청력을 많이 잃어서 이제 보청기를 착용해요. 보청기를 착용해야 한다는 사실을 기억할 때만!" 그녀는 큰 소리로 웃어댄다. "주위에 사람이 많은 때엔 보청기를 껴요. 그러면 저에게 말하는 목소리를 들을 수 있어요. 그렇지 않을 때는 사람들의 입술 모양을 읽어요. 부모님이 그러시는데, 제가 보청기를 끼면 소리 지르지 않고 정상적으로 말한대요."

켈리는 현재 아르바이트로 일하고 있고, 코로나19 사태 이전에도 주로 재택근무를 해왔다. 또 런던을 벗어나 더 조용한 곳으로 이사했다. 북적거리지 않아 생활이 훨씬 편하다. 나는 그녀에게 아직 밤문화도 즐기는지 묻는다. "놀러 나가기는 하지만 술은 마시지 않아요. 평소에도 취한 것 같은 기분인데 취해서도 그런 기분이라면 싫을 것 같아요!"

분명한 것은 메니에르병의 원인만큼 치료법에 대해서도 아직 알지 못하는 부분이 많다는 점이다. 편두통은 켈리의 케이스에서처럼 종종 메니에르병을 악화시킨다. 스트레스 정도와 그 밖의 생활습관(수면이나 알코올 섭취 등)을 잘 관리하면 편두통과 메니에르병 증상 모두 호전될 수 있다. 치료 결과는 복불복이다. 켈리에게 처방된 베타히스틴은 과민해진 전정계를 억제하고 달팽이관으로 흐르는 혈류를 개선할 수 있지만, 정확한 작용 방식은 알려지지 않았다. 내이는 중이에서 물질을 흡수할 수 있기 때문에 켈리의 고막에 스테로이드를 주입한 것이다. 이런 시술로 현기증 지속 시간을 줄일 수는 있어도 완전히 없애지는 못한다. 내이의 감압, 내림프액 배출구 삽입, 내이나 신경의 전정 기능을 완전히 파괴하는 등의 공격적 치료법도 시도되었고 다양한 결과로 이어졌다. 이 중 몇몇 치료법들이 궁극적으로 질병의 자연스러운 진행에 변화를 가져오는지 여부도 아직 확실치 않다. 켈리의 귀에 삽입한 환기관이 도움이 되는 듯 보이지만, 보편적인 메니에르병 치료법으로 확실히 받아들여진 것도 아니다. 일부 외과 의사들은 환기관 삽입이 중이, 더 나아가 내이의 압력을 변화시켜 증상을 없앤다고 강조한다.

나는 켈리에게 상태가 호전된 게 의사들이 한 일(약 처방, 주사, 환기관 삽입) 덕분이라고 생각하는지, 아니면 그냥 나아질 때가 되어서 나아졌다고 생각하는지 묻는다. 그녀는 어깨를 으쓱한다. "글쎄요, 사실 의사들도 잘 모르는 것 같았어요. 저는 그냥 완화 단계로 접어들었다고 생각해요. 병에 적응하려고 노력하는 것도 일부 영향을 미쳤을 거라고 생각하고요. 다른 선택의 여지는 없어요. 사람들과 어울리지 못하는 걸 걱정하면서 집에 있든지, 발작을 일으킬까 걱정하면서 외출하든지 선택해야 하는 거죠." 켈리는 삶을 어떻게 영위하고 싶은지에 대해 분명히 결정을 내렸다. "증상이 나타나면 나타나는 거죠. 가끔은 메니에르병에 대해 걱정하고 불안해하면 진짜로 증상이 나타나기도 하는 것 같아요. 그런 걸 많이 깨달았어요. 집에 있어도 그 걱정을 하고 있으면 정말 증상이 나타나곤 했거든요."

적어도 지금은 신체적, 심리적으로 메니에르병의 지배력이 약해졌지만, 그게 자연적인 진행인지, 다양한 약물과 시술 덕분인지는 두고 봐야 알 수 있다. 현재 켈리는 삶의 일부를 되찾은 것이 고마울 따름이지만, 미래는 여전히 불확실하다. 메니에르병은 잠잠해진 것일까, 다시 곧 수면 위로 떠오를까, 아니면 온전히 굴복했을까?

마크와 켈리의 이야기는 우리의 감각, 더 나아가 삶 자체의 취약성을 다시금 상기시킨다. 뼈가 아주 조금 가늘어지거나 체액이 약간만 과다하게 생성되어도 그것만으로 우리는 듣지 못하고, 사회생활이 불가능해지며, 똑바로 걸을 수도, 중력에 맞서 똑바로 일어설 수도 없게 된다. 해부학의 작은 결점들, 몇 년 전만 해도 주목받지 않았던 아주 작은 결함들이 소리, 자세, 위상 그리고 움직임의 인식에 영향을 미쳐 삶을 통째로 뒤바꿔 버리기도 한다. 이런 이야기들은 (심지어 미처 인지하지 못하는 감각들까지 포함해) 우리의 감각이 우리와 외부 세계 간의 관계, 우리가 살고 있는 물리적, 심리적, 사회적 환경에서 담당하는 근본적인 역할에 대해 말해준다. 다시 한번 말하지만 이 감각들은 우리가 부재할 때가 되어서야 겨우 그 존재를 알아차리는, 우리 삶의 한 측면을 형성하고 있는 것이다.

08

내 눈물의 불타는 흔적

그래야만 할 것이 그러지 않는 어느 날

"시각에 비해 인간에게 훨씬 덜 소중한 촉각이, 결정적인 순간에
우리의 주체로서 현실을 다룬다는 건 참 이상한 일이다."

○
블라디미르 나보코프(Vladimir Nabokov), 『롤리타(Lolita)』

"조각의 아름다움을 감상하기에는 눈보다 손이 더 민감하지
않을까. 선과 곡선의 그 리듬감 있는 흐름은 눈으로 볼 때보다
손으로 만질 때 더 미묘한 느낌을 줄 것 같다.
그렇게 나는 대리석 신과 여신에게서 고대 그리스인들의
심장 고동을 느낀다."

○
헬렌 켈러(Helen Keller), 『나의 인생 이야기(The Story of My Life)』

,

Miriam, 불타오르는 맨발의 여자

우리 병원 신경과에서 10년 넘게 같은 진료실을 쓰고 있지만, 나는 아직도 온도 조절에 애를 먹는다. 한여름 에어컨은 내게 편안함을 준다. 에어컨이 나오는 천장 통풍구에서 살짝 하수구 악취가 나긴 하지만 말이다. 어쩌면 죽은 쥐 냄새일지도. 하지만 겨울철 난방은 변덕스럽기 짝이 없어 진료실이 단연 싸늘하다. 보통은 병동에서 몇 안 되는 플러그인 라디에이터를 선점하기 위한 경주가 펼쳐지는데, 동료들에게 선수를 빼앗긴 날은 오들오들 떨며 오전 진료를 봐야 한다. 다 같이 흰 코트를 입던 시절이 그립지는 않지만, 이럴 때면 한 겹 더 입을 만한 옷을 주면 고맙겠다는 생각이 든다.

미리암(가명)을 만난 것은 그런 겨울날이었다. 런던은 한파가 한창이고, 이따금 창밖에 눈송이가 흩날려 더 샤드(런던 템스강 옆에 우뚝 솟은 건물. 2020년 기준 유럽연합에서 가장 높은 건물이며 전망대에서 런던 전역을 한눈에 내려다볼 수 있다. -옮긴이)의 풍광도 보이지 않는 무렵이다. 지하철역에서 쏟아져 나오는 사람들이 찬 바람에 코트 칼라를 턱밑까지 여미는 게 보인다. 하지만 미리암을 진료실로 불렀을 때, 나는 그녀의 이상한 차림에 놀라지 않을 수 없었다. 짧고 검은 머리를 한 40대 후반의 미리암은 두꺼운 다운 재킷을 입고 한 손에 장갑과 목도리를 들었지만, 아래를 내려다보자 놀랍게도 맨발에 샌들을 신고 있었다. 샌들 끈 사이로 보이는 살갗이 새빨간 탓에 진료실에서 서서히 해동되는 중인 내 하얀 손가락과 극명한 대조를 이룬다. 그녀의 10대 아들은 좀더 바깥 날씨에 적합한 신발을 신고 조용히 엄마 곁을 지킨다. 두 사람 모두 자리에 앉고 나서 나는 문제를 파헤치기 시작한다.

미리암이 말한다. "제 기억이 있는 한은 늘 발에서 불이 나는 것 같았어요. 어렸을 때도 신발 신는 걸 싫어했어요. 바깥 기온이 어떻든 간에, 발은 항상 더웠어요." 그녀는 발이 불 속으로 돌진하는 양 몇 시간 혹은 며칠 동안 지속되는 강한 열기를 묘사한다. 운동을 할 때 촉발되기도 하지만 가끔은 아무 이유도 없이 그냥 앉아 있는데도 증상이 나타난다. 세월이 흐름에 따라 이 열감은 더욱 심해져서 확실히 고통스러울 정도가 되었다. 얼음처럼 차갑게 느껴져야 할 때에도 불타는 느낌은 계속된다. 쌀쌀한 진료실에서도 미리암은 불편한 듯 발을 움직이며, 말할 때도 움찔거린다. "몸 다른 부위는 추운데 발에만 불이 붙은 것 같아요. 발이 난로 속에 들어가 있는 느낌이에요." 잠을 잘 때도 문제다. "침대에서 계속 시원한 지점을 찾아요. 발에 이불을 덮는 건 참을 수 없어요. 너무 진이 빠져요. 졸음이 오는데도 그 뜨끈뜨끈한 발을 옮겨 다니며 침대에서 시원한 곳을 찾아야만 하니까요." 그녀는 양말을 냉동실에 넣어뒀다 침대에 누울 때 신거나, 얼음 팩을 사용하며 열을 식히기도 했다. "최근에 동상에 걸린 걸 알았어요." 불편함을 없애려고 시도한 일들 때문에 발가락이 손상되고 있었다.

미리암을 진찰하면서 나는 그녀의 발 피부를 유심히 살펴보았다. 특별히 눈에 띄는 건 암갈색 색조뿐인데, 서서히 옅어져 발목 위부터는 정상으로 보인다. 이런 식의 타는 느낌은 심한 당뇨가 있는 사람들에게서 주로 볼 수 있다. 혈관 내 당 수치가 지속적으로 높게 유지되면 피부에서 중추신경계로 감각 임펄스를 전달하는 통로인 신경섬유가 손상된다. 혈액이 충분히 공급되지 못해 신경섬유 자체의 건강이 악화되는 것이다. 그렇지만 정말 당뇨병이라면 신경 손상의 다른 증거들(약간의 무감각, 무기력, 반사작용의 변화)이 나타날 텐데, 미리암의 경우에는 그런 게 전혀 없었다.

미리암과 같은 사람들의 이야기

촉각 상실의 여파는 금세 드러난다. 유전자 돌연변이로 통각을 상실한 폴은 스스로에게 회복할 수 없는 큰 손상을 입혔다. 고유수용성감각을 상실한 라헬은 몸을 움직이거나 제대로 지탱하지 못했다. 하지만 그 반대의 경우도 똑같이 파괴적일 수 있다. 지나친 감각(그 감각이 부재할 때 혹은 증폭될 때 인지하게 되는 감각)도 삶을 한순간에 바꿔 놓을 수 있다. 팔을 베고 잠을 잤을 때의 불쾌감, 피가 통하지 않다가 나중에 통하기 시작하면서 생기는 찌르는 고통, 오랫동안 다리를 꼬고 앉아 있다가 일어섰을 때의 다리 저림, 발이 바닥에 닿는 것을 거의 느끼지 못해 넘어질 뻔할 정도의 무감각을 생각해 보라. 이제 그때의 그 감각을 백 배, 아니 천 배로 증폭시키고, 그 강렬해진 감각들이 일시적인 것이 아니라 깨어 있는 모든 순간 순간에 스며들어 있다고 상상해 보자. 감각 상실과 마찬가지로, 감각 증폭도 때때로 신경계의 손상이나 유전자 기능 이상 때문에 생긴다. 폴이나 라헬의 경우처럼, 그 효과는 놀랍고, 충격적이며, 다양한 양상으로 나타난다. 거기에서부터 우리가 피부를 어떻게 이해하고 있는지, 또 그것이 우리 내부와 외부 세계에 대해 무엇을 말해주는지를 알 수 있다.

피부는 우리와 외부 세계 사이의 장벽일 뿐 아니라, 외부와 내부를 연결하는 다리이며, 수분, 온도, 화학물질의 전달자, 확실하게는 감각의 전달자다. 일련의 감각기관들은 손가락 끝과 발가락 끝은 물론, 실제로 피부(압력, 질감의 미묘한 변화, 피부 움직임을 감지하는 기관) 전체에 내장되어 있다. 다른 기관들은 가벼운 촉감이나 진동감을 감지한다. 어떤 감각기관은 모낭에서 머리카락이 휘는 것을 감지하는 데에만 특화되어 있다. 신경 말단에 자리 잡은 이 작은 기관들은 은행 금고 바닥에 놓는 압력 패드처럼 각각의 섬유가 오직 하나의 특정 유형 수용체만 지닌다. 어떤 섬유는 피부의 움직임만, 또 다른 섬유는 질감만 감지하는 식이다. 이런 노동의 세분화는 여기서 끝이 아니다. 크기와 모양이 다른 섬유는 각각 다른 대화를 전달하는 전화 케이블처럼 다른 유형의 감각을 전달한다. 가장 작은 섬유는 통증과 온도를 감지하는데, 당뇨병이나 기타 특정 질병으로 손상되기 쉽다. 다른 감각 유형과 달리, 피부에는 통증 감지에만 전념하는 특수 기관은 거의 없다. 대신 이 신경섬유의 말단은 자유롭게 떠 있으면서 그 자체가 통증 감지기가 된다.

하지만 어떻게 이런 신경 말단들이 신체에 해를 끼칠 만한 존재를 감지해낼까? 최근 수십 년 동안 신경섬유 말단에서 다양한 분자수용체가 확인되었고, 각각 열, 냉, 염증, 산 같은 다양한 촉발원trigger을 감지하는 것으로 밝혀졌다. 이런 촉발원이 있을 때 신경 말단은 신경섬유 위로 전파되는 신호를 생성하는데, 이것이 감각 지각의 시초가 되는 말초신경에서 뇌로 이동하는 첫 단계다. 이 분자 단계에서도 인식과 현실은 엇갈린다. 지난 몇 년 동안, 일반 온도뿐 아니라 특수 온도를 감지하는 특정 수용체가 확인되었다. 예를 들어, 한 특정 수용체는 섭씨 42도 이상에서만 촉발되고, 다른 수용체는 섭씨 17도 미만에서만 촉발된다.

그러나 뜨겁고 차가운 것만 이 수용체들을 촉발시키는 것은 아닌 듯하다. 자연은 진화의 힘을 통해 우리를 속이는 방법을 알아냈다. 식물은 우리가 만지거나 먹었을 때 뜨겁거나 차갑다고 느끼게 하는 물질을 만들어내 우리를 매혹시키거나 거부감을 준다. 최근에 태국 식당이나 베트남 식당에 갔던 경험을 떠올려보자. 음식을 먹을 때 입안에 퍼지던 그 적당한 온기를. 그 따뜻함은 칠리 씨앗을 씹는 순간, 그로부터 방출되는 캡사이신 화합물이 입을 가득 채우면서 눈이 번쩍 뜨이는 화끈거림으로 바뀐다. 캡사이신은 이런 수용체를 자극해 신경계가 해로운 열감이라고 인식하도록 속임수를 쓴다.

이와 비슷하게 광고 문구에 나오는 것처럼 껌이나 치약에서 '민트의 화함'을 느끼게 되는 것도 자연의 속임수다. 민트의 멘톨, 유칼립투스의 유칼립톨은 온도 저하를 감지하는 수용체를 활성화시켜 입이나 피부에 시원한 느낌을 준다. 이미 알고 있는 것처럼 마늘, 계피, 고추냉이에 함유된 물질도, 그 음식을 먹었을 때 몸에 해를 끼치는 것 같은 느낌을 주며 혼란스럽게 한다. 하지만 자연의 속임수는 역효과를 낳았다. 이런 물질이 해가 되지 않는다는 것을 알게 된 우리는 이제 고통과 쾌감 사이의 미묘한 경계에 있는 이런 감각과 맛을 가진 식물들을 적극적으로 찾아낸다. 이 식물들을 먹지 못하게 하려는 본래의 목적이 오히려 그것들을 더 찾아 나서게 이끈 것이다. 한편 아이들이 왜 그런 음식을 꺼리는지에 대한 설명도 될 것 같다. 아이들은 마늘이 잔뜩 들어간 파스타나 매운 팟타이가 주는 즐거움을 아직 배우지 못했기 때문이다.

작은 신경섬유가 손상되면 바늘로 콕 찌르는 따끔함 정도의 통증을 감지하는 능력이 변질되거나 감소할 수 있고, 통증은 느낀다 해도 온도를 감지하는 능력에 문제가 생길 수 있다. 나병 같은 질환은 신경을 파괴해 사지에서 통증이나 온도를 감지하지 못하게 한다. 당뇨병은 무감각을 유발하기도 하지만, 이런 신경에 자극을 주어 지속적인 통증을 낳을 수도 있다. 하지만 미리암은 그런 케이스가 아니었다. 그녀의 신경은 온전했다.

나는 직감적으로 그녀에게 가족 중 비슷한 증상을 가진 사람이 있는지 묻는다. 그녀는 웃고, 지금까지 한마디도 하지 않던 그녀의 아들도 웃는다. 놀랍게도 그는 흰색 운동화와 스포츠 양말을 벗기 시작한다. 아들이 양말을 벗고 엄마와 똑같은 보라색 발을 드러내는 동안 미리암이 말한다. "아버지도 그렇고, 아들도 그래요. 그래서 그냥 원래 그런가 보다 생각했죠. 저는 거의 평생 그래왔고 어릴 때도 그런 아버지를 보고 자랐으니까요." 그녀가 의사의 도움을 찾게 된 건 화상을 입은 듯한 통증이 악화되었기 때문이다. 그렇지 않았다면 그냥 계속 그렇게 살아갔을 것이다. 미리암의 아들도 자신의 발이 특이하다고 생각하지 않아 태연한 모습이다. 그에게 엄마처럼 발에 화상을 입은 느낌이 드는지 물었다. "네, 조금요. 하지만 이렇게 추운 날에는 별로 신경 쓰이지 않아요. 여름에는 신발을 신기가 좀 힘들지만요."

그리고 미리암의 아들이 발을 드러냈을 때, 나는 읽어 보기만 했을 뿐, 한 번도 보지 못한 증상을 진단하게 될지 모른다는 흥분에 휩싸였다. 의학계에서는 격언처럼 전해지는 말이 있다. 1940년대 메릴랜드 의과대학 교수였던 테오도어 우드워드Theodore Woodward 박사가 한 말로, "말발굽 소리가 들리면 얼룩말이 아닌 말을 찾아라."다. 요점은 증상과 징후에서 희귀하고 진기한 진단이 아닌 가장 가능성 있는 설명을 찾아야 한다는 것이다. (현재는 인터넷의 도움을 받을 수 있지만) 진단 외에는 다른 정보를 제공하기 힘들던 시절, 신경학자인 우리는 이상하고 희귀한 증상이 있는 환자 앞에서 백과사전적 지식을 자랑스레 펼쳐 보이곤 했다. 다행히 그런 시절은 오래 전에 지나갔고, 우리가 보유한 치료법은 많아졌다. 하지만 이전에 진단받지 못한 사례, 희귀한 사례를 찾아내는 정신은 신경학 분야에서 꾸준히 이어지고 있다. 우리는 스스로를 '얼룩말(유니콘) 사냥꾼'으로 여기며, 거대한 말 무리 중에서 희귀 동물을 찾아내려고 애쓴다. 그리고 내 앞에서 불타오르는 두 쌍의 발을 보며 나는 그 얼룩말 한 마리를 본 것 같다고 생각했다.

✦ ✦ ✦

Alison, 물고기에게 깜빡 속은 여자

"보통의 호텔 손님들은 다양한 음식을 즐길 테지만 저는 많이 달랐어요. 매일 저녁 현지에서 잡은 무늬바리 요리만 먹었어요. 훌륭한 식사였어요. 유기농에 신선한 재료니까요. 저는 10일에서 14일 동안 매일 저녁 무늬바리 요리만 먹었어요. 정말 맛있었죠." 앨리슨은 고향인 시드니에서, 나는 런던에서 전화 통화를 이어간다. 그녀는 가족이 즐겨 찾는 휴양지인 피지 리조트에 대해 들려준다. 피지는 무척 아름답고 고요해서 앨리슨의 가족은 매년 같은 호텔로 여행을 간다. 아주 목가적인 풍경 같다. 산들바람에 흔들리는 야자수와 백사장, 수정처럼 맑은 청록색 바다를 떠올리자니, 내 창밖에 보이는 회색빛 런던 하늘과 비교되어 부러운 마음이 강렬하게 피어 오른다. 앨리슨이 환상적인 식사를 묘사할 때, 내가 점심 식사로 들고 온 치즈 샌드위치가 보여 뭔가 부당한 대우를 당하는 느낌이다. 그녀와 직접 만난 적은 없지만 구글에 검색해 보면 날씬하고 세련된 40대 후반 금발 여성의 사진이 뜬다. 그녀와 남편, 세 아이들이 시드니에서의 스트레스와 힘든 일상에서 벗어나 5성급 리조트에서 지내는 모습이 눈앞에 펼쳐지는 것 같다.

무늬바리

그러던 2013년 어느 날, 휴가 중에 앨리슨은 기이한 경험을 했다. 발이 정상이 아닌 것 같다는 느낌이 들었다. "손을 씻는데 느낌이 이상했어요. 타일 위에 놓인 발이 약간 예민하게 느껴졌거든요. 하지만 그러다 말았고, 그냥 아주 살짝 그런 느낌이어서 별로 신경 쓰지 않았어요." 시드니로 돌아와 의사에게 그 이야기를 했지만, 이미 이상한 느낌은 사라졌기 때문에 유야무야되었다. 그런데 이듬해 피지로 갔을 때, 앨리슨은 다시 그 느낌을 알아차렸다. 이번에는 발만 그런 게 아니었다. "손을 씻고 있는데 따뜻한 물이 차갑게 느껴지고, 차가운 물이 따뜻하게 느껴졌어요. 약 24시간에서 48시간쯤 후에는 차가운 물잔을 손에 들기도 힘들었어요. 유리잔에 닿은 손가락이 타는 것 같았죠." 손에서 느껴지는 온도감각이 뒤바뀌어 차가운 얼음은 델 듯이 뜨겁게, 샤워기에서 나오는 따뜻한 물은 소름 끼칠 만큼 차갑게 느껴졌다. 지금까지 알고 있던 세상의 규칙들이 뒤죽박죽이 되었다.

역전된 감각은 손에서만 느껴지는 게 아니었다. "입술에 물이 닿으면 입술이 불에 덴 것 같았어요." 욕실 바닥의 시원한 타일 위를 걸을 때면 발바닥이 타 들어가는 느낌이었다. "수영장 물에 발을 넣으면 발이 화끈거렸어요. 너무 아파서 울 정도로요. 그러면 또 흘러내리는 눈물에 얼굴이 화끈거려요. 그 정도로 민감했어요. 정말 무서웠어요. 도대체 어디까지 갈지 알 수 없으니까요." 나는 눈으로 보이는 증상(발진, 홍조, 혹은 외부로 나타나는 징후나 기능 이상)이 있었는지 물어본다. "거기서 찍은 가족사진을 보면 정말 환상적이에요. 그러니까 겉으로 볼 때는 너무 건강해요. 햇볕에 그을린 피부에, 열도 없고, 구토나 설사도 없고 멀쩡해요. 하지만 그 기간 내내 저는 너무 고통스러웠어요."

육체적 현실에 대한 지배력이 약해지는, 고통과 혼란의 세계를 경험하며 앨리슨과 가족은 공포에 떨었다. 연줄을 통해 경험 있는 의사와 가까스로 연락이 닿았고, 그는 어떤 가능성에 대해 설명해 주었다. 그 놀라운 답변은 앨리슨의 불타는 눈물과 미리암의 새빨간 발가락 모두에 대한 설명이 된다. 여러분 모두 이미 들어본 적 있는 것이다. 그건 폴의 선천성 무통각증의 원인이 된 바로 그 나트륨 통로, 즉 Nav 1.7이다. 어떤 면에서 폴은 앨리슨과 미리암의 거울에 비친 모습이다. 한쪽은 극심한 자극에도 전혀 통증이 없는데, 다른 한쪽은 원인이 없는 극심한 통증을 느낀다.

앨리슨의 경우, 원인은 저녁 식탁에 오른 생선에 있다. 모두들 휴가 때 즐기는 해산물의 위험에 대해 잘 알고 있을 것이다. 이상한 맛이 나는 생선 스튜나 맛이 약간 의심스러운 홍합을 먹고 배탈이 나는 경우는 허다하다. 하지만 식중독 때문에 온도감각이 역전되는 증상이 나타난다니, 좀 이상해 보인다. 사실 독이 되는 것은 물고기 자체가 아니라, 물고기의 먹이다. 독은 먹이사슬의 아래쪽에서 올라온다.

'시가테라 중독ciguatera'은 영국에는 거의 전례가 없지만 카리브해나 태평양 주변에서 일하는 신경과 의사들에게는 친숙하며, 전 세계적으로 매년 최대 5만 명의 환자가 발생하는 가장 흔한 어류 중독이다. 그 독, 시가톡신은 산호초에서 발견되는 플랑크톤의 산물이다. 그걸 특정 물고기가 섭취하고, 그 물고기를 더 큰 물고기가 먹게 되는데 특히 머리, 알, 피부에 독소가 점차 집중된다. 물고기가 더 크고 먹이사슬의 높은 곳에 있을수록, 시가톡신을 더 많이 함유할 가능성이 높다. 식중독균과 달리, 시가톡신은 요리를 하거나 냉동해도 파괴되지 않고, 음식을 잘못 취급해서 발생하는 것도 아니다. 냄새가 없고 감지할 수 없는 독은, 그것에 오염된 생선을 먹을 때만 작용한다. 일단 섭취되면 독소는 혈류를 타고 몸 전체에 빠르게 퍼지며 장, 심장, 뇌, 신경에 달라붙는다. 그 결과 장기의 정상 기능이 방해를 받고 설사, 구토, 복통, 심박수와 혈압 변화가 일어나며, 집중력과 기억력에 문제를 초래한다.

시가테라 중독의 가장 두드러진 증상은 말초 신경에 손상이 가해져 생기는 '냉점-온점 감각 역전'이다. 그렇게 되는 정확한 메커니즘은 밝혀지지 않았지만 이런 비슷한 증상은 늘어나는 추세다. 시가톡신은 도처에 있는 Nav 1.7 통로에 결합해 기능 장애를 유발하고, 결과적으로 통증과 온도 정보를 전달하는 작은 신경섬유의 작동에 이상을 일으킨다. 이 경로에 문제가 생겨 신경계에 혼선이 일어나면, 호텔 방의 차가운 타일 바닥을 걸을 때 불길을 걷는 것처럼 느끼게 되는 것이다. 하지만 신경계가 거짓말을 하는 동안에도 현실은 달라지지 않는다. 피부에 닿는 얼음 덩어리가 타는 불처럼 뜨겁게 느껴지지만 실제로는 동상에 걸릴 수 있다.

사실, 나는 시가테라 중독에 관해 처음 알게 되었을 때부터 거기에 매료되었다. 신경과 의사들은 존재하지 않는 것을 경험하거나 존재하는 것을 인지하지 못하는 환자들에게 익숙하다. 하지만 이건 좀 경우가 다르다. 플랑크톤에서 파생된 단일 분자가 감각을 뒤죽박죽으로 만들어 물리 법칙에서 말하는 온도 체계를 뒤집어버린다. 뜨거운 것은 차갑게, 차가운 것은 뜨겁게 느껴진다. 사탄이 귀에 대고 속삭이듯 진실을 반대로 믿게 만든다.

그것은 주변 세상을 이해하는 데 있어 우리가 자신의 신체, 즉 신경계에 의해 어떻게 속고 배신당할 수 있는지 보여주는 가장 좋은 예다.

앨리슨은 가족 중 유일하게 시가톡신에 중독되었고, 호텔에 있던 어느 누구에게도 그런 문제는 없었다. 그 해답은 섭취하는 음식의 다양성 부족에서 찾을 수 있다. '맛있고, 유기농에 신선한 재료'지만 시가톡신이 가득한 무늬바리 요리만 매일매일, 매 끼니마다 먹으니 독이 흘러 들어와 태양 아래 목가적인 하루하루를 보내던 그녀의 몸에 쌓여간 것이다. 자신의 증상에 대한 가능성을 듣고 시드니로 돌아간 앨리슨은 그곳에서 시가톡신 중독을 진단받았다. 불편함을 덜어줄 약을 복용했지만 고통스러운 온도감각 역전 현상은 3개월에서 6개월 동안 지속되었다.

그 후로도 몇 년 동안 아프거나 스트레스를 받으면 갑자기 증상이 재발하곤 했다. 약 6년이 지난 지금도 무늬바리의 영향은 지속되고 있으며, 가끔 스트레스를 많이 받을 때면 증상이 나타난다. 그녀는 말한다. "특히 회복 첫 단계에 있을 때는 증상을 자극할 만한 약이나 카페인도 먹지 않았어요. 카페인을 마시면 입 주위가 화끈거렸어요. 지난 6년 동안은 술도 마시지 않았어요. 마셔본 적은 있는데 뭔가 느낌이 이상했거든요." 나는 앨리슨에게 다시 생선을 먹는지 물었다. 놀랄 것도 없이 그녀는 이렇게 답한다. "저에겐 너무 끔찍한 경험이었고, 회복하는 데에도 오랜 시간이 걸렸어요. 다시는 생선을 먹지 않을 것 같아요."

이런 이국적인 장소에서 거주하거나 휴가를 보내려는 사람이 있다면, 그 전에 시드니에 있는 앨리슨의 신경과 의사 매튜 키어넌의 경고에 귀를 기울이기 바란다. 그는 시가톡신이 그런 증상을 일으키는 원인이 된다는 사실을 모르는 사람들에게 전한다.

카리브해에서 잡히는 물고기도 그날 저녁 런던 레스토랑의 테이블에 얼마든지 올라올 수 있다. 마찬가지로, 아시아 태평양 지역의 물고기들은 매우 효율적인 네트워크를 거쳐 유통된다. 나는 그 물고기들이 여기저기 많이 노출된다고 보지만 우리는 잘 깨닫지 못한다. 식당에 가서 생선을 먹은 후 식중독에 걸리는 사람들은 그것이 산호초에 사는 물고기로 인한 시가테라 중독일 수 있음을 알지 못한다. 그리고 런던의 레스토랑에서 물고기 요리를 주문할 때, "생선이 얼마나 큰가요? 어디서 잡았나요?" 따위의 질문은 하지 않는다. 그냥 레스토랑에 무늬바리 요리가 있으면, 이국적으로 보인다는 이유로 꽤 많은 사람이 주문한다.

수산물 중독 예방 유의사항

✦ ✦ ✦

하지만 미리암과 그녀의 아들은 피지에는 가본 적도 없고, 그들의 답변도 이국적인 내용은 아니다. 가족력이 있다는 사실에서 짐작할 수 있겠지만, 그들의 문제는 중독이나 다른 외부 요인 때문이 아니다. 원인은 유전자에 있다. 폴의 사례와는 거울상이라고 앞서 말했는데, 실로 그 말 그대로다. 폴이 가진 SCN9A 유전자 돌연변이는 통증을 전도하는 분자 기구인 Nav1.7 통로를 생성하지 못하게 만든 반면, 미리암의 경우는 그 반대다. 그녀의 가족이 가진 SCN9A 돌연변이는 나트륨 통로를 과활성화한다. 미리암과 아들의 질환명은 '원발성 홍색사지통증PE(홍색팔다리통증, 히부홍통증 등으로 불림 -옮긴이)'이다.

이 유전자 돌연변이가 최초로 밝혀진 후 2004년, 원발성 홍색사지통증을 가진 가족의 유전자 가운데 20개 이상의 서로 다른 지점에서 돌연변이가 확인되었다. 하지만 그 결과는 모두 비슷했다. 각각의 돌연변이는 나트륨 통로의 구조와 기능에 미묘한 변화를 일으키고 특성을 변질시켜, 나트륨 통로가 쉽게, 오랫동안 열려 있게 만든다. 그리고 뜨거운 물이나 맹렬한 불길이 없는 정상적인 조건에서 아주 사소한 변화로도 신경 말단을 촉발시켜, 아무것도 없는데 고통스럽게 타 들어가는 듯한 환각을 낳는다. 이런 나트륨 통로는 통각섬유에만 존재하는 게 아니다. 나트륨 통로는 또한 피부에 퍼져 짜여 있는 다른 신경섬유들에 다양한 농도로 존재한다. 이 '교감신경섬유'는 우리가 대부분 인식하지 못하는 신경계의 일부로서 심장 기능, 혈압, 장의 움직임 같은 신체 기능을 조절한다. 이러한 신경망은 혈관의 수축과 팽창도 조절하는데, 원발성 홍색사지통증으로 인해 기능 이상이 생기면 피부의 작은 모세혈관을 팽창시켜 버린다. 그래서 미리암의 발이 암갈색이 된 것이다.

진단을 받은 후, 미리암은 치료에 열심이다. 그녀는 고통의 해결책을 찾고 있다. 하지만 대부분의 유전 질환이 그렇듯 유감스럽게도 치료법은 없다. 그 증상의 원인은 자신을 구성하는 DNA에 내재되어 있다. 또 대부분의 원발성 홍색사지통증 사례가 치료하기 매우 힘들다는 점도 안 좋은 소식이다. 리도카인 같은 국소마취제는 주로 나트륨 통로에 작용하니 이런 약들을 시도하는 것이 타당해 보이고, 국소마취제가 들어 있는 피부 패치들은 종종 신경 문제로 인한 통증을 치료하는 데 사용된다. 불행히도 원발성 홍색사지통증을 앓는 사람들은 나트륨 통로의 구조와 기능에 생긴 바로 그 변화가 국소마취제가 달라붙는 부위도 변화시키기 때문에, 거의 절반이 효과를 보지 못한다. 실제로 미리암과 그녀의 아들은 그 운 나쁜 절반에 해당해 리도카인 패치가 소용없었다.

그래서 우리는 다른 약을 시도해 보았다. 보통은 뇌전증에 사용되며 이 또한 나트륨 통로를 타깃으로 하는 약이다. 그 약이 통증을 해결해 주지는 않지만 통증에 무뎌지게는 한다. 뜨거운 잉걸불 같던 느낌이 좀더 견딜 만하고 무시할 만한 따끔따끔한 열감 정도로 바뀐다. "이제는 좀더 편하게 잘 수 있어요." 다음 진료에 온 미리암은 내게 그렇게 말했다. "공격이 덜해졌어요. 제 삶을 완전히 바꿔 놓은 정도는 아니지만, 상황이 조금은 나아진 것 같아요." 하지만 마지막으로 봤을 때에도, 그녀는 여전히 샌들을 신고 있었다.

✦ ✦ ✦

Dawn, 단 하나 참을 수 없는 것을 맞닥뜨린 여자

이쯤 되면 독자 여러분이 결국 모든 게 나트륨 통로로 귀결된다고 생각하더라도 무리는 아닌 것 같다. 물론 전하가 세포로 들어오고 나갈 수 있도록 분자 기공을 여닫는 기계적 원리가 거의 모든 생물학의 핵심이긴 하다. 하지만 그렇다고 그게 모든 것을 설명해 주지는 않는다.

시각신경을 압박하는 양성 종양 때문에 서서히 시력을 잃은 던을 기억할 것이다. 지난 몇 년 동안, 그녀가 진료실로 들어올 때는 바닥을 두드리는 하얀 막대기 소리가 들렸다. 나는 시력을 상실한 충격과 점점 더 어려워지는 가정생활 속에서도 한결같은 그녀의 명랑하고 쾌활한 태도, 남편의 평정심에 매번 경이를 느꼈다. 몇 년 전만 해도 건강하고 능력 있던 아내가 점차 쇠약해지는 모습을 지켜보는 심정이 어떨지, 나는 아주 약간만 상상해볼 수 있을 뿐이다. 어떻게 지내는지 물을 때마다 그녀는 자리에 앉아 지팡이를 접고 미소 지으며 "나쁘지 않아요!"라고 인사한다. 던은 10대 때부터 군인의 아내로 살아왔다. 그녀와 그녀의 남편 마틴이 아주 어두운 시간들을 헤쳐 나갈 수 있었던 것은 그런 회복력 때문일 것이다.

하지만 오늘은 다르다. 던을 진료실로 불러들였는데, 미소가 사라진 음울한 표정이 나타났다. 어두운 낯빛의 그녀는 머리카락도 헝클어진 채였고, 뒤따라 들어오는 마틴도 평소의 느긋한 태도가 아니다. 던은 여느 때 같은 일상적인 잡담도 제쳐 두고, 심지어 손으로 자리를 찾기도 전부터 말을 시작한다. "힘들어 죽겠어요! 정말 끔찍해요. 먹지도 마시지도 못하고 머리도 감을 수가 없어요. 지난 몇 주 동안, 얼굴 통증이 진짜 심했다고요!" 그녀는 내게 왼쪽 뺨과 왼쪽 위턱에 불에 지진 바늘로 찌르는 듯한 통증, 때로는 전기가 통하는 듯한 통증이 계속 느껴진다고 말한다. 그 찌르는 통증이 너무 강렬해서 도저히 참기가 힘들고, 물건을 들고 있다가 충격 때문에 바닥에 떨어뜨릴 정도였다. 통증은 순간적이고 한 번 올 때 몇 초밖에 지속되지 않지만, 하루에도 수백 번씩 반복되어 생활이 불가능했다.

"통증은 뭘 하고 있든 찾아오지만 특별히 통증을 촉발시키는 게 있어요. 양치질할 때, 마시거나 먹을 때, 가끔은 얼굴에 바람이 불 때나 물이 닿을 때도요." 이제야 머리가 왜 그렇게 헝클어져 있었는지 이해가 간다. 머리를 감고 빗다가 통증이 악화될까 두려웠던 것이다. 한번은 한밤중에 괴로워 비명을 지르며 잠에서 깬 적도 있다. 마틴은 처음에 아내가 악몽을 꾸었다고 생각했다. "지독해요. 여태 경험한 것 중에 최악이에요. 출산할 때 가장 고통스럽던 순간 같아요." 하지만 출산과 달리, 이 통증은 몇 시간이 아닌 몇 달 동안 지속되었다. 설명을 마칠 때쯤, 그녀의 입에서 나온 마지막 말은 걱정스러울 정도였다. "이대로는 더 못 견디겠어요!" 시력에 대해서는 거의 불평한 적 없던 그녀였기에, 통증이 얼마나 심한지 짐작할 수 있다.

통증과 감각 증상은 신경 말단, 감각을 감지하는 수용체, 전기 신호를 담당하는 통로의 변화만으로 발생하지 않는다. 신경 자체가 압박이나 자극을 받아도 다양한 감각이 유발될 수 있다. 예를 들어 좌골신경통은 많은 사람에게 친숙할 것이다. 등 아래쪽에서 엉덩이, 다리 뒤쪽에서 뒤꿈치나 발로 확산되는 찌릿찌릿한 전기 통증 말이다. 걷거나 서 있을 때 악화되는 이 통증은 몹시 고통스럽고 흔한 신체적 장애를 일으킨다. 좌골신경통이 있으면 신경근(신경이 척수에 합류하기 위해 척추에 들어가는 지점)이 눌린다. 척주를 형성하는 척추뼈 사이에는 연조직 쿠션인 추간판이 있어 충격을 흡수하며, 척추뼈가 움직일 수 있게 하고, 서로 부딪쳐 갈리는 것을 방지해 준다. 하지만 이 추간판이 가끔 튀어나오거나, 밀려나거나, 심지어 파열되기도 한다. 그렇게 되면 돌출된 추간판이 신경근을 압박해 좌골신경통을 촉발시킨다. 특정 자세가 좌골신경통을 악화시킬 수 있고, 정말 운이 없으면 기침, 재채기, 힘주기로도 추간판이 일시적으로 더 돌출되어 통증을 배가한다.

하지만 던의 경우, 통증의 원인은 디스크가 아니다. MRI 검사 결과만 봐도 알 수 있는데, 뇌간 안쪽 깊숙한 곳, 안면 감각을 담당하는 신경인 삼차신경 바로 옆에 또 다른 뇌수막 종양이 있기 때문이다. 종양은 한동안 아무 문제도 일으키지 않았다. 하지만 종양이 자라면서 위치를 옮겨 삼차신경쪽으로 뻗어 나간 탓에, 삼차신경통으로 알려진 심각한 안면통증을 유발한 것이다. 자극받은 신경은 얼굴 자체에 아무 부상이나 병리가 없어도 자발적으로 통증을 유발한다. 전화가 혼선되면 다른 사람들의 대화가 들리는 것처럼 신경이 교란되는 것이다. 얼굴에 부는 바람이나 잇몸에 부드럽게 닿는 칫솔처럼 불쾌하지 말아야 할 감각 자극, 심지어 호흡마저도 통증을 유발한다. 그 통증은 정말 딴 세상 통증인 것마냥 너무나 압도적이고 또 소모적이어서, 나는 "다른 건 생각도 할 수 없다. 자살만이 올바른 선택인 것 같다."라 말하는 사람들도 여럿 보았다. 탈수와 영양실조 증세를 보이는 환자들도 있는데 마시거나 먹을 때 촉발되는 통증에 대한 두려움 때문이다.

삼차신경통이란?

많은 경우 삼차신경통에는 뚜렷한 근본 원인이 없다. 정상 위치에서 약간 벗어난 혈관이 삼차신경과 닿으면서 생기기도 한다. 심하면 수술로 혈관을 처치한다. 하지만 던의 경우에는 종양의 위치와 깊이를 볼 때, 시각신경을 압박하던 종양과 마찬가지로 수술이 여의치 않다. 거기에 메스를 대는 것은 치명적이고 생명을 위협할 수도 있다. 그녀의 신경외과 담당의도 거기에 동의했다. 우리는 통증 유발 임펄스를 억제하고 신호를 전달하는 이온 통로의 활동에 변화를 주기 위해 혼합 약물치료를 시작했다. 이후 몇 달 동안 약 복용량은 지속적으로 증가했다. 짧게 안도감을 느낄 때도 있었지만 전반적으로 삼차신경통 통증은 줄지 않고 계속되었다. 끔찍한 고통이 지속되는 것을 보며 도움이 되지 못하는 데 따른 무력감을 느꼈고, 그녀의 방문마저 두려워졌다. 던은 말했다. "지금은 시력 문제도 중요하지 않게 느껴져요. 모든 게 이 고통으로 가득 찼어요." 나는 대안적 전략으로 그녀를 전문 클리닉에 보냈고, 그녀는 다양한 시술을 받았지만 결과는 미미했다.

이렇게 던을 떠나 보내기가 점점 더 견디기 힘들었다. 우리의 모든 노력은 그녀의 삶을 지배하게 된 통증을 덜어주는 데 조금도 도움이 되지 못했다. 던과 관련된 의사들은 우리끼리, 또 던과도 여러 논의를 거친 끝에 수술을 제안했다. 종양의 일부를 제거해 신경을 억제해 보자는 것이었다. 그녀는 수술의 위험성과 실패 가능성에 대해 잘 이해하고 있었다. 나중에 던은 수술에 대해 이렇게 회상했다. "제겐 정말 선택의 여지가 없었어요. 그저 고통을 덜어줄 수 있는 거라면 뭐든 시도해 봐야 했어요. 절망 속에서 내린 결정이었죠."

의식을 되찾고 던은 약 사흘 동안 혼란에 빠져 있었다. 몸 상태가 돌아오면서 그녀는 통증이 사라진 것을 깨달았다. 하지만 수술 후 모든 게 멀쩡해진 것은 아니었다. 왼쪽 얼굴에 감각이 없었다. 찌르는 듯한 고통이, 아무것도 느끼지 못하는 무감각으로 대체된 것이다. 말을 할 때마다 발음이 샜다. 수술 직후 그녀를 만나 이야기를 나누는데, 진토닉을 여러 잔 마셔 반쯤 취한 사람의 말처럼 들렸다. 던은 통증에서 벗어나 안도했지만 수술 합병증에 대해서는 불안해했다. 다행히 시간이 지나면서 발음은 많이 좋아져, 수술 9개월 후에는 수술 이전 상태로 돌아왔다. 그러나 마비 증상은 그대로 남아 있었다. "마비는 호전되겠죠. 어쨌든 끔찍한 통증은 사라졌잖아요. 그건 정말이지 사람을 밑바닥으로 끌어내려요. 수술을 받기로 결심하고 실행한 건, 분명 가치 있는 일이었어요." 그래, 지불할 가치가 있는 대가였다.

✦ ✦ ✦

Abdul, 흘러내리는 물이 두려운 남자

여러 번 말한 대로, 감각기관에서부터 뇌로 가는 경로 어느 지점이든 손상 또는 기능 장애가 있다면 감각 교란이 발생할 수 있다. 촉각도 예외는 아니지만, 촉각 손실이나 과잉 또는 증폭은 항상 그런 손상이나 기능 장애로 인한 것은 아니다. 피부로부터 들어오는 정보는 신경을 통해 척수를 지나 뇌까지 흘러가지만, 일부는 중추신경계 내의 문제 때문에 놀라운 감각 증상을 겪기도 한다.

압둘(가명)은 진료실에 들어설 때부터 얼굴에 근심이 가득하다. 겉으로는 멀쩡해 보이지만 그의 주위 공간에도 가득한 수심이 느껴진다. 그는 20대 중반의 젊은 나이로, 운동복과 중동풍 옷을 입고 있다. 뒤에는 똑같이 불안해하는 어머니가 따라 들어온다. 나는 두 사람에게 앉길 권하고, 무슨 일로 왔는지 물었다. 압둘이 자리에 앉기도 전부터 폭포수처럼 말을 쏟아내는데, 그 서슬에 내 가슴이 쿵 내려앉는다. 의사에게 향하는 문을 여는 일이 마치 댐을 무너뜨리는 일이었던 것 같다. 나는 '구글'이라는 단어를 들었고(이 상황의 의사라면 응당 그렇듯이, 내 가슴도 한층 더 내려앉았다), '물'과 '다리'도 들었다. 말하는 내내 그는 끊임없이 눈물을 흘렸다. 잠시 후 나는 어쩔 도리 없이 그의 말을 자르고, 진정하고 처음부터 다시 천천히 시작해 달라 부탁한다. 그는 숨을 고르고 눈물을 훔치며 이야기를 시작한다.

압둘은 몇 주 전에 왼쪽 다리 종아리 안쪽으로 물이 흘러내리는 것 같은 이상한 감각을 처음 느꼈다. 지난 며칠 동안 그 감각은 오른발과 허벅지까지 퍼졌다. 액체 흐르는 느낌이 너무 심해져서 종종 다리를 쓸어내려야 했고, 혹시 자신이 실례를 해서 소변이 다리 사이로 흘러내린 건 아닐까 싶기도 했다. 우리는 그의 증상에 대해 이야기를 나눈다. 나는 그의 방광과 장 기능, 시력, 팔과 얼굴에 다른 문제는 없는지 묻고 다른 모든 건 정상임을 확인했다. 그는 이어 말한다. "제 증상을 구글에 검색해 봤는데 다발성 경화증이라고 나왔어요." 다시 눈물이 흐르고, 동시에 어머니의 눈도 반짝거린다. 여러 번 중단한 끝에 마침내 그의 병력을 확인하고 진찰해본 결과, 다른 건 모두 정상이었다. 구글 박사의 진단이 맞는 것 같다는 생각에 덜컥 겁이 난다.

이레네의 미각 상실 사례에서 보았듯, 다발성 경화증에서 보이는 염증은 무감각, 허약, 시력 상실 등 다양한 기능 상실을 야기한다. 그런데 신경섬유를 감싸는 절연성 단백질인 미엘린 손실은 단순히 기능 상실만 초래하는 게 아니라, '긍정적인' 기능 획득을 일으키기도 한다. 절연 피복에 싸인 전선들이 엉켜 있는 모습을 떠올려보자. 전선 외부 코팅이 닳거나 벗겨지면 합선이 생기고, 전류가 한 전선에서 다른 전선으로 이동하며 불꽃이 튈 것이다. 한 곳에서 다른 곳으로 이동해야 할 임펄스가 의도하지 않은 목적지에 다다르며 혼란을 초래한다. 그게 정확히 다발성 경화증에서 일어나는 일이다.

때로 이런 임펄스는 신경계의 물리적 신장에 의해 유발되기도 한다. 목의 척수에 염증이 있는 환자들은 때때로 목을 앞으로 숙일 때 허리와 다리가 쿡쿡 쑤시는 등, 이미 자극받은 부위에 다시 자극이 가해지는 증상(레미테 징후)을 호소한다. 그 밖에 다른 감각 현상도 추가로 나타날 수 있다. 가령 대퇴부의 따끔따끔한 통증이 다리 전체로 퍼지는 침통각이나, 탈지면으로 손등을 쓰다듬을 때 거미줄 같은 섬세한 필라멘트가 얼굴에 달라붙은 듯 볼에 이상한 감각이 느껴지는 현상이 그렇다. 이런 고도로 조직화된 회로와 경로의 혼선은 신경계를 혼란에 빠뜨리고, 아무것도 없는데 감각을 느끼게 하거나 본질적으로 잘못된 해석, 즉 촉각의 환상이나 환각을 유발한다.

확실히 압둘의 증상은 다발성 경화증과 매우 일치한다. 그는 몇 주 동안 증상이 어떻게 진행되었는지 설명한다. 그는 아직 어리고, 그의 유전적 기원이 있는 중동에서는 다발성 경화증이 흔하지 않지만, 그는 런던에서 나고 자랐다. 희한하게도 이 질환은 나이가 어릴수록 지리적 위도와 관련이 있는데, 적도에서 더 먼 곳에서 자랄수록 다발성 경화증의 위험은 더 높아진다. 왜 그런지에 대해서는 다양한 이론(유전자 변이, 비타민 D 수치, 전염성 물질 등)이 있지만 무엇도 증명된 적은 없다. 어쨌든 두 다리 모두에 증상이 나타나는 압둘의 문제는, 확실히 척수와 관련이 있어 보인다.

나는 단순한 죄책감 이상의 감정을 가지고, 또 다른 맹습 가능성에 불안해하는 압둘의 걱정을 잠재우려 애쓴다. 지금 이 문제를 깊이 파고 들어가면, 적어도 진료에서 유용한 것을 성취해내지 못하고 갑작스럽게 끝나버릴 수 있음을 안다. 나는 그에게 척수에 염증이 있는 것 같지만 원인은 분명하지 않다고 말한다. 간혹 바이러스 감염에 반응하는 자가면역 공격으로 염증이 유발될 수 있고, 이 경우에는 재발 가능성도 낮다. 나는 다발성 경화증이라는 단어도 설명에 끼워 넣어야 할 의무감을 느끼지만, 다발성 경화증이 생명을 위협하거나 무척 파괴적인 질병이라는 일반적인 관점은 잘못되었다고 강조한다.

며칠 안에 압둘은 MRI 검사를 받았다. 영상에서 나는 그의 흉부 척수 하단(가슴 높이에서 척수 부분)과 거기서 좀 떨어진 뇌, 두 곳에서 큰 이상을 확인할 수 있었다. 모든 게 다발성 경화증과 매우 비슷해 보이지만, 검사 결과 이 염증 부위들이 서로 다른 시기에 생긴 것인지는 알 수 없었다. 하지만 내가 압둘에게 결과를 설명하기도 전, 심지어 신경방사선학과 동료가 영상을 채 검토하기도 전에, 병원 직원이 울먹이는 압둘의 전화를 받았다. 혹시 모를 진단에 대한 두려움이 그를 압도해 버렸고, 그를 안심시키려는 나의 노력은 처참한 실패로 돌아간 셈이었다.

일단 결과가 나온 뒤 나는 그에게 전화를 걸어 결과를 설명하고, 다발성 경화증의 가능성이 있더라도 염증이 재발할지, 일회성일지는 두고 봐야 한다고 다시 한번 강조한다. 3개월 후에 다시 MRI 검사를 해서 변화가 있는지 확인하겠다고 했다. 하지만 며칠 후 압둘은 다시 전화를 걸어 요추천자에 대해 물었다. 뇌와 척수에 들어 있는 액체인 뇌척수액 분석(긴 바늘을 허리 아래쪽에 삽입해 채취한다)은 다발성 경화증의 진단을 확인하는 데 도움을 줄 수 있지만, 요즘에는 일반적으로 진단이 의심스러울 때 더 많이 시행한다.

아무튼 그의 염증은 진정되었고 증상도 가라앉았다. 허벅지에 약간 따끔따끔한 느낌이 남았는데, 척수의 염증 여파로 다리에서 뇌로 가는 신경섬유의 통로가 손상되었기 때문이다. 그의 운명은 다발성 경화증 클리닉에서 결정될 것이고, 거기서 더 이상의 재발을 막기 위해 약물 복용을 시작할지 결정하게 된다.

✦ ✦ ✦

이 모든 것(나트륨 통로, 신경섬유, 척수에서부터 올라가는 섬유 다발)이 주요 사건의 서막을 이루는 게 사실이다. 앞에서 보았듯이 감각의 지각, 즉 감각 입력의 인식은 신경이나 척수가 아닌 뇌에서 일어난다. 많은 유기체가, 심지어 아메바 같은 단세포 생물도 외부 환경을 감지해 해로운 자극에서 벗어나거나 음식 공급원을 향해 이동한다. 그러니 어떤 면에서는 그런 생물들도 '느낀다'고 말할 수 있다. 그들 주변을 둘러싼 화학적·물리적 세계의 표본, 다시 말해 자극에 반응하는 것이다. 하지만 환경에 대한 이런 반사 반응은 의식적인 감각의 세계와는 거리가 멀다.

우리가 촉각을 느낀다고 할 때, 그것은 단순한 반사 반응이 아니다. 우리는 이런 감각에 의미를 부여하며, 내부 세계와 더 넓은 외부 세계의 맥락에서 피부가 우리에게 하는 말을 해석한다. 50펜스짜리를 손에 쥘 때, 우리는 그것을 동전으로 인식하고 그 쓰임새를 이해한다. 개를 쓰다듬을 때는 부드러운 털과 따뜻한 느낌을 개라는 존재에 대한 우리의 기대와 일치시키고, 편안함, 만족감 등의 감정적 특성과도 연관 짓는다. 엄지손가락을 망치에 찧으면 단순히 손을 빠르게 빼내는 데서 그치지 않는다. 통증은 감정적인 측면도 갖고 있다. 앞서 본 대로, 통증 자체는 뇌의 한 영역에서만 나타나는 게 아니다. 통증의 경험에는 미묘하게 서로 다른 측면들(고통의 위치, 감정적 요소, 심지어 심박수, 혈압, 호흡수 증가 같은 신체 변화와 관련된 여러 영역)이 있으며, 우리가 통증의 맥락에서 도망치거나 다른 형태의 행동을 취할 수 있도록 준비시킨다.

우리의 감각 인식에는 주의력이 가장 결정적인 영향을 미친다. 뇌는 우리를 둘러싼 세계의 모든 것을 처리하고 이해할 수 없다. 그래서 여러 과정이 어둠 속 탐조등 같은 역할을 하면서 감각 세계의 작은 영역을 비추고, 세부 사항을 강화하게 된다. 모두가 이런 상황에는 익숙할 것이다. 우리의 청각 환경에 아무것도 들리지 않았는데, 주의를 기울이자마자 어떤 소리가 갑자기 명료하게 들린다거나, 수도꼭지에서 물 떨어지는 소리를 한번 인식하면 무시하려 해도 도무지 무시할 수 없게 되는 경우 말이다.

주의력은 또한 촉각 인식에서도 중요한 요소다. 가만히 앉아 발에 대해 생각해 보자. 발가락에 닿는 양말의 느낌, 발등을 가로지르는 신발 가죽의 압력, 발바닥 아래 놓인 바닥의 느낌에 집중해 보라. 그러면 마치 흐릿한 배경이었던 곳에 갑자기 초점이 맞춰지는 것처럼, 이전에는 인식하지 못했던 감각들이 전면에 떠오른다. 그런 주의력 변화는 통증에서도 작용한다. 통증 자극에 초점을 맞추면 통증의 강도를 더 확실히 인식하지만, 다른 집중을 요하는 작업에 정신을 빼앗기면 통증의 위치를 포착하는 뇌 영역의 활동이 감소한다. 이 점에 착안한 마음챙김 기반 치료는 환자가 가진 통증에 대한 주의를 분산시키고, 감정적 요소를 배제하고 통증을 이해하는 데 도움을 주는 것을 목표로 한다.

다른 모든 감각과 마찬가지로, 우리는 끊임없이 우리가 느끼는 바를 분석하고 그것을 우리의 기대나 외부 세계에서 했던 이전의 경험들과 비교한다. '세계의 내부 모델'이라는 이 개념은 우리의 감각으로부터 결론을 이끌어내는 것으로, 주변 세계에 대한 예측에 기반한다. 모든 이의 현실과 감각 인식 사이에는 때로 단절이 있다. 가장 명백한 예시는 환각인데, 그것은 시각이나 청각만이 아니라 촉각의 영역에도 존재한다. 한 가지 잘 알려진 것으로는 '피부 토끼cutaneous rabbit' 현상이 있다. 다른 사람에게 눈을 감아보라고 한 뒤, 그 사람의 팔뚝을 여섯 번 두드린다. 손목에서 세 번, 2초 동안 멈췄다가, 다시 팔꿈치에서 세 번 두드리는 것이다. 그러면 그 사람은 토끼가 팔 위를 깡충깡충 연속으로 뛰는 것처럼 느낀다. 촉각 정보를 예상되는 상황에 맞게 해석하는 강력한 예라 할 수 있다.

피부 토끼 현상

✦ ✦ ✦

마치 아직 감당할 것이 남았다는 듯, 던은 뇌수막종 때문에 더 많은 증상을 겪었다. 사실 그녀의 의료 기록을 거슬러가 보면 내가 10여 년 전 그녀를 처음 만난 이유는, 삼차신경통이 시작되기 훨씬 전부터 겪었던 전혀 다른 증상 때문이었다. 일주일에 몇 번, 때로는 하루에 몇 번씩 던은 뭔가 평범하지 않은 경험을 했다. "갑자기 속이 울렁거리기 시작해요. 그러고 나면 항상 왼쪽 어깨가 따끔거려요. 그러다 1, 2초 안에, 왼팔, 다리, 얼굴이 저리기 시작해요. 실상 몸 왼쪽 전체가 그렇게 되지요. 10초에서 30초 동안 계속 그러다가 가라앉아요." 따끔거리는 느낌 자체는 아프지 않다. "하지만 너무 신경 쓰여요. 말을 하고 있다가 멈춰야 할 정도로요. 그러고 나면 몸이 쇠약해지고 균형을 잃은 기분이 들어요."

그런 이야기만으로는 던이 단순히 증상이 나타날 때 말을 할 수 없다는 것인지, 아니면 몸 왼쪽에 퍼지는 감각이 너무 방해가 되어 집중할 수 없다는 것인지 확실치가 않았다. 삼차신경통이 시작되기 전에, 그녀를 가장 괴롭힌 것은 이런 증상과 시력 상실이었다. 시각 장애는 지속적인 문제지만 돌연 발생하는 이 같은 증상은 딱히 무언가에 의해 촉발되지도 않고 예상할 수도 없는 것이어서, 던은 더욱 혼란스럽고 언제 증상이 나타날지 모른다는 불안감 속에 살아야 했다.

증상의 성질과 전개 속도를 보면, 뇌 표면을 가로질러 퍼지는 비정상적 전기 활동으로 일어나는 뇌전증 발작의 전형적인 예다. 2장에서 본 수잔의 시각 발작이 그렇듯이 일반적인 경련은 아니었고, 그래서 전신 경련으로 의식을 잃거나, 발작 중에 혀를 깨물 위험은 없었다. 던의 설명만 들어도 뇌의 어디에서 발작이 일어나는지 알 수 있다. 왼쪽 어깨가 따끔거리다가 팔, 얼굴, 몸의 왼쪽 전체로 빠르게 퍼지는 증상은, 발작이 우뇌 중에서도 일차감각피질에서 발생한다는 것을 암시한다. 이 영역은 통증 자극이 시작되는 해부학적 위치를 식별하는 곳이다. 하지만 여기에는 통증만이 아닌 다른 감각 양상도 암호화되어 있다. 감각을 가장 기본적인 수준에서 처리하는 곳이 바로 이 영역이다.

이 피질의 작은 줄무늬는 뇌의 정중선 깊숙한 곳에서 시작해 귀가 있는 부위 바깥쪽을 둥글게 감싼다. 운동피질의 길이를 따라 몸의 다이어그램을 그린다고 상상해 보자. 한쪽 끝에서 시상고랑(뇌의 우반구와 좌반구 사이의 틈을 가르는 정중선)으로 뻗어 나가는 부분이 발과 다리이며, 그로부터 올라가는 부분이 엉덩이, 몸통, 목에 해당한다. 더 멀리 둥글게 돌아 나가면 어깨, 팔, 손이 있다. 하지만 감각 호문쿨루스('작은 사람'이라는 뜻으로 감각피질이 담당하는 우리 몸의 일부분)는 규모에 충실한 것도, 형태에 온전히 충실한 것도 아니다. 우리 몸에서 가장 민감하고, 수용체와 신경 말단이 더 밀집해 있으며, 상세한 감각 인식이 중요한 이 부분은 피질의 넓은 영역에 분포해 있다. 그래서 호문쿨루스 다이어그램을 보면 손, 얼굴, 입술, 입 등의 부위가 크게 왜곡되어 있고, 몸통이나 허벅지와 같이 덜 민감한 부위와 현격한 비례 차이가 보인다. 후자의 담당 부위는 감각피질을 따라 더 넓게 분포되어 있으며, 손 영역을 넘어 측두엽까지 도달한다.

감각 경험을 떠올려보면 우리 몸의 이런 왜곡은 완벽하게 이치에 들어맞는다. 등에 모기가 물렸다고 생각해 보자. 왼쪽 어깨뼈 근처 어디쯤이 가려워지고 저주받은 생물이 거기에 흔적을 남겼다는 것을 알게 된다. 침대에 누워 잠을 자려고 할 때면 유독 그 부위가 성가시게 느껴진다. 하지만 물린 자리로 손을 뻗으려면 단순히 팔만 뒤틀어서 되는 게 아니다. 정확히 물린 자리를 찾기까지 꽤 시간이 걸릴 수도 있다. 하지만 손가락에 가시가 박혔다면 손가락 어느 부위에 있는지 바로 정확히 알 수 있다. 손가락과 등의 세부 감각 해상도는 엄청난 차이가 있는데, 각 영역에 있는 감각기관의 밀도와 감각 호문쿨루스 때문이다.

던의 설명으로 미루어 볼 때, 그녀의 발작은 감각피질의 어깨 부위에서 시작되어 한 방향은 팔 쪽으로, 다른 방향은 몸통과 다리 부분으로 빠르게 퍼지는 것으로 짐작된다. 그녀의 최근 MRI 영상을 보면 오른쪽 감각피질 위에 뇌수막종 하나가 발견되는데, 이것이 기저의 뇌조직을 자극하는 것으로 보인다. 여러 종양이 점차 기저 조직을 밀어내고 교란시키지만, 정작 그 위치에는 종양이 없었다.

곰곰이 생각해 보면 사실 정답은 그녀가 이미 말해주었다. 따끔따끔한 느낌은 그녀가 맨 처음 느낀 증상이 아니었기 때문이다. “가장 먼저 구역감이 밀려와요. 그리고 나서 어깨가 따끔거려요.” 다시 MRI 영상을 보니 오른쪽 측두엽 깊숙한 곳에 또 다른 뇌수막종이 있다. 이 부위에서 발생하는 발작은 종종 메스꺼움을 느끼게 하고 내장으로의 신경 공급을 방해하는 전기 활동을 유발한다. 그렇게 전기 활동이 감각피질로 빠르게 퍼지고, 곧 발작의 원인이 되는 것 같다. 무질서한 전기 신호로 이 부위가 활성화되면서 몸 위를 스치는 따끔거리고 불쾌한 감각이 느껴지는 것이다. 이것은 감각이 어떻게 순수하게 정신 혹은 아예 뇌 속에 존재할 수 있는지 보여주는 명확한 사례다.

수년간 던의 발작은 혼합 약물치료로 대부분 통제되었지만, 그녀에게는 아직 희미해지는 시력의 마지막 흔적과 얼굴 무감각 증세가 남아 있다. 정기적으로 던을 만나는 동안, 내가 가장 많이 느낀 것은 패배감(복잡한 문제 처리에 대한 현대 의학의 패배)이었다. 밤낮으로 그녀를 시름케 하던 전류가 흐르는 소몰이 막대로 내려치는 듯한 고통과 감각 발작은 끝없는 약물 및 수술 처방에 마침내 굴복했을지 몰라도, 그녀의 시력은 계속해서 악화되고 있다. 그럼에도 던은 여전히 미소 지으며 질병에 굴복하지 않으려 한다.

✦ ✦ ✦

Laura, 부풀어 오르는 여자

이 장에 등장하는 환자들은 감각 경로의 어느 지점이든지(신경 말단 수용체부터 신경섬유 자체, 메시지를 뇌로 전달하는 중추신경계 내 회로, 감각피질 자체까지) 촉각 환상의 기원이 될 수 있음을 보여준다. 이 개념은 모든 감각에 공통적이다. 감각 손상이나 혼란은 눈과 귀 같은 감각기관의 손상에 의해서 나타나기도 하지만, 감각계라는 기관의 어느 지점에서든 발생할 수 있다.

시각과 '무엇'과 '어디'의 경로, 또는 후각 중추와 기억이나 감정에 관여하는 뇌의 영역 간에 연관관계가 있듯이, 촉각도 '어떤 의미를 가지는가'의 맥락에서 봐야 한다. 그것은 우리의 감정이나 신체에 대한 감각, 그 밖의 다른 감각과 통합되어야 한다. 만일 손바닥에서 한쪽 끝은 평평한 원반이고, 다른 쪽 끝은 길게 돌출된 차가운 물체가 느껴진다면, 그게 문을 열 때 사용하는 열쇠라는 것을 알 수 있다. 또 뺨에 닿는 차가운 물방울을 감지하는 것에 그치지 않고, 비가 오기 시작했음을 이해할 수 있어야 그 감각이 의미를 갖는다. 치통의 지속적인 둔통은 감정적인 면을 자극해 마음속 깊이 불쾌감을 불러일으킨다. 이 모든 경험이 의미를 가지려면 이런 감각 경험들이 기억, 감정, 공간으로부터 우리 몸의 감각을 처리하는 뇌의 광범위한 영역으로 침투해 들어가야 한다.

뇌의 모든 영역을 통틀어 감각피질에 인접한 두정엽만큼 지각 경험을 잘 보여주는 곳은 없다. 두정엽은 여러 기능 중에서도 감각에 관한 한 의식의 중심이라 할 수 있는데, 이곳에서 이루어지는 고차원의 분석이 모든 감각 입력에 의미를 부여한다. 두정엽이 손상되면 많은 문제가 발생한다. 우리 몸이 주변 세계에서 어디에 위치하는지 알지 못하거나, 촉각으로 물체를 인식하기 어려워지거나, 심지어 자신이나 외부 세계에 주의를 기울이지 못하게 된다. 두정엽 뇌졸중 환자를 관찰하면 한쪽의 촉각이나 시각에 주의를 기울이지 않고, 앞에 놓인 접시의 음식을 절반만 먹거나, 한쪽 팔에서만 촉각을 인식하는 것을 볼 수 있다.

영향을 받는 건 주변 공간이나 내부에 대한 인식만이 아니다. 그 인식의 기억도 마찬가지다. 가장 대표적인 예는 뇌졸중으로 두정엽이 손상된 한 베네치아 예술가다. 그는 성 마르코 광장의 남쪽에 자신이 서 있는 모습을 상상하고, 마음의 눈으로 볼 수 있는 것을 그려보라는 요청을 받았다. 그는 눈에 띄게 정확한 시각 표현을 해냈지만, 그의 '시야' 오른쪽에 있는 것만 그렸고, 왼쪽은 비워 두었다. 광장의 북쪽 광경을 상상하며 그려보라는 요청에 그는 다시 한번 광장 반대편을 볼 때 들어오는 시야의 절반만 그렸다. 시각 기억은 그대로 남아 있고 정확했지만, 어찌된 일인지 그는 전체 광경을 표현할 수 없었다.

환각지보다 두정엽과 자아감각의 관련성을 더 잘 보여주는 두드러진 예시는 아마 없을 것이다. 절단된 사지에서 느껴지는 비정상적 감각이나 통증의 경험은 오랫동안 알려져 왔다. 미국 남북전쟁 당시 외과 의사였던 사일러스 위어 마샬Silas Weir Marshall은 짧은 이야기 속에서 전투 때 심하게 짓이겨져 살려내지 못한 두 다리를 절단하느라 클로로포름으로 마취한 병사의 모습을 묘사한다. 그는 병사가 한 말을 이렇게 전하고 있다.

> 갑자기 왼쪽 다리에 심한 경련이 일었다. 나는 외팔로 다리를 잡고 문지르려고 했지만, 몸이 말을 듣지 않아 간병인을 불렀다.
>
> "왼쪽 종아리 좀 문질러 줘요." 내가 말했다.
>
> 간병인이 대답했다. "종아리요? 이봐요, 종아리는 없어요. 잘라냈어요."
>
> "내가 더 잘 알아요." 내가 말했다. "두 다리에 통증이 있어요."
>
> "그럴 리가! 당신 다리는 없다고요."
>
> 내가 그 말을 믿지 않자, 그는 이불을 젖혔다. 놀랍게도 내 양쪽 허벅지 위에서부터 다리가 절단되어 있었다.
>
> "이제 됐어요." 나는 들릴락말락하게 말했다.

환각지(팔다리를 잃은 후에도 몇 주, 혹은 수십 년이 지나서도 팔다리가 여전히 그곳에 있는 느낌)는 절단 수술을 받은 거의 모든 사람에게 어느 정도 영향을 미친다. 사람들이 경험하는 증상은 매우 다양하다. 통증을 느끼는 사람들은 절단하기 전 경험했던, 불편한 자세 때문에 생기는 경련이나 손톱이 손바닥에 파고드는 것 같은 느낌이 나타난다고 한다. 어떤 사람들은 가려움이나 더위, 추위처럼 통증 없는 감각만 느끼기도 한다. 어떤 사람들에게는 자발적이거나 무의식적인 운동 감각으로 남는다. 그들은 '손가락'을 꼼

지락거리거나, 전화기를 집으려고 손을 뻗거나, 심지어 '팔'을 움직여 가해지는 타격을 막거나 넘어지는 것을 저지할 수 있다고 느낀다. 환각지 현상이 실제로 불행한 결과로 이어지기도 한다. 다리 절단 수술을 받은 한 환자의 말이다. "침대에서 일어나다가 넘어진 적이 있어요. 의족을 붙였다 떼었다 하면서도 퇴원 후 2주 동안은 절단 수술을 했다는 사실을 자꾸 잊어버렸어요. 나도 모르게 걸으려고 했지만 할 수 없었죠. 그냥 넘어졌어요. 다리가 없다는 게 머릿속에 그려지지 않았어요."

환각지 현상은 두정엽이 우리 몸을 표현한 신체 지도의 본거지라는 사실을 잘 보여주는 예다. 신체 지도는 감각 호문쿨루스와 매우 유사하지만, 특정한 촉각보다는 주변 공간과 각각의 신체 부위와 관련된 우리 몸의 개념 지도라 할 수 있다. 다양한 징후가 이 신체 지도가 감각계로부터 통증, 촉각, 온도 등의 정보뿐 아니라, 팔다리의 위치를 나타내는 고유수용성감각(관절, 인대, 힘줄, 근육에서 오는 신호로 해석되는 감각)도 입력받는다는 점을 시사한다. 하지만 시각과 같이 추가로 입력되는 정보도 있다. '고무손 착각' 실험을 생각해 보자. 책상 밑에 왼손을 넣고 앉아 있다고 상상해 보라. 책상 위에는 고무손이 숨겨 놓은 실제 손과 비슷한 위치에 놓여 있다. 이 고무손을 깃털로 쓰다듬으면 실제 손에 깃털이 닿는 느낌이 들고, 고무손에 깃털이 닿는 부위와 정확히 같은 위치에 느낌이 온다. 말 그대로 착각을 일으키는 이런 환상은 몸에 대한 인식을 정의하는 데 이용되는 정보가 얼마나 복잡한 흐름을 가지고 있는지 알려준다.

고무손 착각

하지만 이 신체 지도는 팔이나 다리를 잃었을 때에만 취약한 것이 아니다. 로라(가명)와는 뇌전증 클리닉에서 몇 년째 만나고 있다. 20대 중반의 젊은 여성인 로라는 지난 몇 년 동안 몇 달에 한 번 꼴로 전신 경련에 시달려왔다. 침착하고 절제력이 있는 그녀는 항상 발작을 대수롭지 않게 여기며, 그 끔찍한 일들로 자신의 삶이 방해를 받았던 이야기를 무척 객관적으로 들려준다. 언제 어디서 닥칠지 모르는 발작을 겪으며 통제력을 잃어본 적 없는 사람들은 정상적인 삶(일과 사회생활, 가정생활 등)을 살기 위해 노력한다는 게 어떤 건지 잘 이해하지 못한다. 스위치가 눌리면 의식을 잃고, 혼란에 빠져 깨어난다. 실금을 했을 수도 있다. 그리고 동료나 가족이 그 처참하고 끔찍한 장면을 목격한다. 우리는 깨어 있는 동안 무엇을 먹고, 무엇을 입고, 다른 사람들 앞에서 어떤 모습을 보일지에 대해 어느 정도의 통제력을 갖고 싶어한다. 하지만 뇌전증 발작은 그런 자율성을 즉시 파괴해 버린다.

지난 1~2년 동안 우리는 로라가 가정을 꾸리고 싶어 한다는 사실을 염두에 두고 로라의 뇌전증에 대한 통제권을 찾아오려고 애썼다. 우선은 임신 중 가장 위험한 약부터 끊어야 했다. 몇 달 동안 새 약을 추가하고 다른 약을 끊는 과정을 거치다가 진료소에서 다시 그녀를 만났다. 그녀는 환하게 웃으며 걸어 들어온다. "몇 달 동안은 경련이 없었어요." 나는 내심 안도의 한숨을 내쉰다. 여기까지 오는 데 시간이 꽤 걸렸다. "하지만 발작은 아직 일어나요." 나는 그게 무슨 뜻이냐고 묻는다. "음, 더 이상 의식은 잃지 않아요. 혼란스럽고 아픈 상태로 바닥에서 깨어나는 그런 경련은 멈췄어요. 그런데 아직 발작의 전조증상은 있어요. 전신 경련으로 이어지지 않을 뿐이죠."

이제 로라가 경련에서 자유롭다는 사실이 기쁜 나머지, 나는 그녀의 세세한 증상에 대해서는 잊고 만다. 그녀는 다시 내게 상기시킨다. "요즘은 직장이든 집이든, 어디 있든 갑자기 혀가 부풀어 오르는 느낌이 들어요. 입에 포탄을 물고 있는 것처럼 꽉 찬 기분이에요. 그리고 나면 몇 초 안에 머리까지 부풀어 올라요. 머리가 네 배는 더 커지는 것 같아요. 말 그대로 펌프에 달린 풍선처럼 쭈욱 팽창하는 거예요. 이런 일이 아무리 자주 일어나든, 얼마나 많이 겪었든 그런 건 상관없어요. 내 뇌, 눈, 코가 커지는 느낌은 정말 이상해요." 이전에도 경련의 전조증상으로 이런 느낌이 있었기에, 몸의 형태에 대한 환각은 곧 닥칠 발작에 대한 두려움으로 덧씌워졌다.

과거에는 전신 경련이 뒤따랐으므로 이런 느낌에 대한 기억은 흐릿하다. 하지만 지난 몇 달 동안은 경련이 없는 상태에서 몸의 형태가 왜곡되는 느낌에 익숙해졌고, 경련이 올 거라는 불안감도 많이 줄었다. 그녀는 그 느낌에 대해 더 자세히 설명한다. "보통 사람들은 별로 경험하지 못하는 거라 설명하기가 매우 힘들어요. 몸에 일정한 형태가 없고, 늘어나거나 자랄 수 있다고 상상해 보세요. 저 자신이 약간 마블 캐릭터가 된 기분이에요. 몸이 이상한 비율로 꺾이고 늘어나는 그런 캐릭터요. 머리로는 진짜가 아닌 걸 아는데, 정말로 머리가 커져서 방을 가득 채운 느낌이 들어요. 이건 사실일 수 없다고, 실제 일어나는 일이 아니라고 스스로에게 말해요. 그 일을 선생님 감각에 맞춰 이해시키기는 정말 어렵네요."

로라가 겪는 증상의 원인은 무엇일까? 그녀의 발작은 몸의 이미지이자 자신을 표현하는 원천인 두정엽에서 비롯된다. 새로 바꾼 약이 발작의 원인인 비정상적 전기 활동이 뇌 전체로 퍼지는 것은 막았지만, 신경학적 신체 지도 깊숙한 곳에서 이는 작은 스파크는 없애지 못한 것이다. 소방관들이 불타는 불 주변 풀에 물을 뿌리는 이유는 숲속의 불길을 잡아도 불씨가 남아 있으면 다시 불이 붙기 때문이다. 시간이 흘러 우리는 불을 완전히 잡는 데 성공했고, 로라는 발작 없이 정상적인 삶을 살 수 있게 되었다.

로라의 케이스는 촉각이나 감각이 외부나 내부 세계를 있는 그대로 드러내는 것이 아님을 잘 보여준다. 우리의 감각은 주변 환경과 감각의 촉발원, 내부 정보 처리 과정의 혼합체다. 정보 입력에 가치를 부여하지 않고, 그 정보를 더 높은 의식으로 변환하지 않으면 외부 세계는 무가치하다. 정원에서의 훈훈한 여름 저녁을 떠올려보라. 눈을 감고 앉아 있으면 저무는 햇살이 따스하게 얼굴에 내리비추고, 산들바람이 머리카락을 헝클이고, 서늘한 잔디가 발바닥을 간질인다. 손에는 찬 와인잔이 들렸고, 무당벌레 한 마리가 다리 위에 내려 앉는다. 감각 입력은 가장 세분화된 수준으로 분해되고, 열, 냉기, 압력, 머리카락 움직임 등을 감지하는 다양한 수용체가 활성화된다. 뇌는 놀라운 것이어서 입력된 정보를 번역하고, 이 전기 임펄스가 실제 무슨 의미인지 근본적으로 이해할 수 있게 하며, 기본 신호에 현실감을 부여한다. 그럼에도 그것만으로 스토리가 완성되는 것은 아니다. 와인 한 잔을 들고 정원에 있는 내 모습을 상상할 때, 나는 압도적인 쾌감과 편안함을 느낄 수 있다. 이런 감각들은 감정과 기억, 경험을 불러오기 때문이다. 나는 어린 시절의 어느 여름날을 떠올린다. 아무 걱정 근심 없던 그 시절을.

그것은 가상현실이고, 재구성된 감각이며, 이전 경험의 맥락에서 느끼는 것이다. 로라와 다른 환자들은 이 점을 생생하게 보여준다. 그들의 증상은 인간이라는 기계가 어떻게 이런 감각 경험의 의미를 감지하고, 처리하며, 결정하는지에 대해 알려준다. 모든 단계에서 원시 데이터를 취하고, 피부 속 감각수용체의 이진 신호를 해석하는 복잡하고 고도로 조직화된 시스템을 이해하게 해주는 것이다. 이 정보가 풍부하고 상세하고 복잡할수록 그것은 우리의 더 높은 수준의 의식에 침투해 우리의 과거(이런 감각에 대한 이전 경험과 감정) 그리고 우리의 미래(기대)를 현재와 하나로 통합한다.

그 시스템이 잘못되었을 때, 변질된 감각을 경험할 때, 우리는 물리적 세계에 대한 인식이 신경계의 구성물일 뿐임을 냉엄하게 깨닫는다. 질병, 손상, 유전 변이에 의해 촉발된 신경 기능의 미묘한 변화는 우리가 보거나 느끼는 세계를 근본적으로 변화시킨다. 해조류에서 유래한 화학물질이 열기와 냉기의 감각을 뒤집고, 척수의 작은 염증 때문에 다리에 물이 흘러내리는 느낌이 들고, 뇌의 전기적 기능에 생긴 미미한 장애가 세계나 우리 자신에 대한 감각을 크게 왜곡시킨다. 그 모든 것은 한 가지를 의미한다. 감각은 단순히 느끼는 행위 그 이상의 과정임을.

The Man Who Tasted Words

09

순수한 행복의 통증

남다른 감각이 펼쳐 보이는 또 다른 현실

"그 냄새는 분홍. 맡으면 맡을수록 커다랗게 부풀어
거품이 터지듯 폭발하는 냄새였다."

○

알렉산더 맥콜 스미스(Alexander McCall Smith), 『폭발적 모험(Explosive Adventures)』

,

이제, 우리가 세상을 경험하는 방식은 우리 주변 물체의 물리적 특성만큼이나 우리 몸의 화학적·물리적 특성, 더 구체적으로는 신경계에 달려 있다는 사실을 진정으로 이해했기를 바란다. 우리의 감각, 외부와 내부를 잇는 그 도관은 결코 고정불변의 것이 아니다. 일상 생활의 환상(광경, 소리, 느낌 등)은 우리가 현실을 구성할 때 취하는 방법이나 지름길을 보여주는 작은 삽화다. 뭔가 잘못되었을 때, 작은 화학적 변화, 후천적 부상, 선천적 유전 변이 등은 우리의 외부 세계에 대한 이해를 근본적으로 바꿔버릴 수 있다. 이 책에서 만난 환자 중 일부는 심각한 질병 때문에 문제가 생겼지만, 다른 사람들의 기능 이상은 DNA를 구성하는 유전자 코드 한 글자 정도의 사소한 변화에서 비롯되기도 했다. 그 단순한 오타가 감각의 부재를 정의하고 인간 경험의 핵심을 왜곡시킨다. 우리의 각 감각은 매우 취약하다. 고전적인 오감뿐 아니라 고유수용성감각이나 운동 지각처럼 잘 알려지지 않은 감각들도 매한가지다.

그러나 신경계의 구조 및 기능과 환경에 대한 이해 양자는, 우리의 감각보다 훨씬 더 깊은 관계를 맺고 있다. 그것은 단순히 장미 향기를 맡거나 목소리를 듣는 방식을 변질시키는 데서 그치지 않는다. 이 관계는 우리 내부 세계, 현실에 대한 이해의 본질에 영향을 미친다. 믿기 어려울지 모르겠지만, 우리 주변에는 보통 사람들과 매우 다른 현실을 경험하는 이들이 있다. 반드시 손상이나 질병, 다른 종류의 이상 때문에만 그런 것도 아니다. 정상적인 뇌와 정상적인 유전자를 가진 정상적인 사람들이고, 다른 사람들과 딱히 구분이 가지도 않는다. 아마도 그들은 자신들의 '현실'과 대다수의 '현실'의 차이도 모른 채 삶을 살아왔을 것이다. 물론 진짜 '현실'이 무엇이냐에 따라 달라지겠지만 말이다. 그런 사람들은 자신의 경험에 관해 직접 질문을 받고 나서야 비로소 스스로가 다른 사람과 뭔가 다르다는 것을 알게 된다. 아주 드물게, 우리는 신경학적 문제나 부상 때문에 '현실'의 경계를 넘나드는 사람들을 만나게 된다. 어느 날 갑자기 세상을 경험하는 방식에 돌연한 변화를 겪은 사람들은, 태어난 그날부터 그런 식으로 살아온 사람들의 무리에 합류하게 되는 것이다.

✦ ✦ ✦

Sheri, 마음속 스크린에 불이 꺼진 여자

나는 셰리와 전화 통화로 처음 만났다. 그녀의 목소리는 최면을 거는 것 같다. 감미롭고, 부드러우며, 편안한 캐나다 억양으로, 말하는 속도도 여유롭다. 마치 숟가락에서 흘러내리는 시럽 같다. 셰리는 아름다운 밴쿠버섬에 사는 40대 후반의 화가로, 풍경화가 전문이다. 그녀는 성공했고 작품은 전 세계에서 전시된다. 나중에 인터넷으로 찾아보고 나서야 나는 그 목소리에 얼굴을 입힐 수 있었다. 페이스북 프로필 사진 속 셰리는 그녀의 작품으로 추정되는 그림 앞에 걸터앉아 있고, 발치에는 개 한 마리가 앉아 있다. 그녀는 밝은 단발 머리에 얇은 챙이 달린 검정 모자를 쓴 채, 카메라를 똑바로 응시하고 있다. 셰리의 그림들은 놀랍다. 커다란 캔버스에 펼쳐진 캐나다의 황야, 거대한 하늘, 때로는 밤의 추상화까지. 하지만 대화를 나눌 당시에는 그녀의 사진이나 그림을 보기 전이었다. 내 머릿속에는 그녀의 목소리, 그 아름다운 목소리만 들어 있었다.

셰리의 작품들

스물아홉 살까지만 해도 셰리의 삶은 꽤 평범했다. 미술 석사 과정을 밟고 있었고 여가 시간에는 수상 스포츠를 즐겼다. 당시는 보트 운전 자격증을 따기 위해 해상 훈련을 받고 있었다. "아주 바빴어요. 규칙적이고 바쁜 생활이었죠." 그녀는 회상한다. 그 삶이 전복된 날, 그녀는 수영장에서 구명보트 훈련을 하는 중이었다. 수영장 옆에 서 있었는데, 갑자기 넘어져 벽에 부딪혔다. "몸 오른쪽에 감각이 없었어요. 다행히 주변에 응급구조대원들이 있었고, 옆에 있던 남자에게 문제가 있다고 말했죠. 그는 저를 바닥에 눕히고 기본적인 것을 체크했어요. 바이탈을 검사하더니 한쪽 눈동자가 다른 쪽보다 크다고 했어요. 그동안 저는 줄곧 의식이 있었어요. 알고 보니 뇌졸중이었죠." 지금은 차분하게 이야기하지만 분명 두려운 경험이었을 것이다.

다행히 셰리는 노스 밴쿠버에 있었고 수영장 언덕 바로 위, 엎어지면 코 닿을 거리에 병원이 있었다. 몇 번의 검사로 증상의 원인이 파악되었고, 그녀는 곧 중환자실에 입원해 혈액 희석제를 투여받았다. 일주일 동안은 침대에 누워 있어야 했는데, 일어나도록 허락받았더라도 많은 일을 할 수는 없었을 것이다. "이중시력 때문에 제대로 볼 수가 없었어요. 걸을 수도 없었고 꽤 혼란스러웠어요. 대부분 명상을 하며 시간을 보냈어요." 그녀의 진단명은 '뇌간 뇌졸중'이었는데, 그로 인해 이중시력이 생기고 걷기가 어려워진 것이었다. 하지만 그것이 혼란을 설명하지는 않는다. 종합해 보건대 나는 그녀의 뇌에 혈전이 생겼고, 뇌간만이 아니라 뇌의 나머지 부위도 관련되었으리라 생각한다.

지금 셰리는 말하는 것도 정상이고, 육체적으로 온전히 회복되었다고 여겨진다. 그런데 회복에 얼마나 걸렸는지 물었을 때, 놀랍게도 그녀는 20년이 지난 지금도 회복 과정은 계속 진행 중이라고 말한다. 다시 걷는 데는 약 3개월이 걸렸다고 했다. "회복 과정은 계속 이어졌어요. 처음에는 바닥을 굴러다니며 기는 법부터 다시 배웠어요. 그러고 나서 걷기 시작했지만 정상적으로 걷는다고는 말할 수 없었어요. 어머니가 아기 때처럼 첫발 떼는 것을 도와주셨어요. 사람들이 별 차이를 눈치 채지 못할 정도가 되기까지 8개월 정도 걸린 것 같아요."

충격적인 시간이었을 것 같다. "매우 큰 도전이었어요." 셰리는 절제된 표현으로 길게 말을 이어간다. "솔직히 어머니가 더 걱정됐어요. 저는 당시에 조금 당황스러웠어요. 무슨 일이 일어난 건지 이해하지 못했죠. 재활이 어떻게 될지 상상조차 할 수 없었어요. 다시 걸을 수 있을지도 몰랐죠. 인생이 어떻게 흘러갈지 모르는 거예요. 그저 무슨 일이든 일어날 수 있음을 염두에 두고 지켜보기만 할 뿐이었어요. '모든 것을 시도해 보고 어떻게 되는지 보자.' 그런 마음이었죠." 몇 개월 후, 충격은 가라앉고 몸은 더 완전하게 회복되었다. 하지만 그녀를 불안케 하는 문제가 한 가지 있었다. "안과에 몇 번 갔어요. 그리고 말했죠. '시력에 이상이 있어요. 제대로 볼 수가 없어요.' 의사는 제 시력을 테스트했어요. 그런데 시력은 좋았어요. 2.0-2.0으로 완벽했거든요. 저는 그저 계속 '뭔가 잘못된 것 같아요. 이해가 안 돼요.' 하고 되뇔 뿐이었어요."

나는 셰리에게 경험한 일을 들려 달라고 요청한다. 그녀는 진술을 궁리하며 잠시 멈췄다 시작한다. "대학 시절엔 시각 기억이 아주 좋았어요. 시험 공부할 때는 교과서나 노트 전체를 있는 그대로 암기했죠. 그런데 지금은 시각 기억이 없어졌어요. 머릿속이 텅 빈 것 같아요." 그녀는 다시 말을 멈췄다가 이어간다. "어머니에게 설명을 하려고 했어요. 영화관에 가면 장면이 스크린에 투영되잖아요. 그런 것처럼 마음속에도 스크린이 있어서 원하는 모습을 투영할 수 있다면 자연스럽게 마음속 스크린에 그 모습이 떠오를 거예요. 스스로 깨닫지도 못하는 사이에요. 그런데 뇌졸중을 겪고 난 뒤부터, 제가 마음속으로 어떤 장면을 떠올리려고 하면 그냥 사라져버려요. 제 마음속 프로젝터의 전구에 문제가 있는 것 같았어요."

지금도 셰리는 자신의 상황을 말로 표현하기 위해 갖은 애를 쓴다. 그녀는 그것을 내적 실명의 한 형태라고 비유하는데, 그녀에게는 그 용어가 가장 이치에 맞아 보인다. 그녀는 달리 더 단순하게 설명할 방법을 찾지 못했다고 했다. "그래서 거기에 대해 생각하거나 더 설명해 보려는 시도를 포기했어요. 그보다는 '이 상태로 어떻게 살아야 할까?'에 더 집중했어요. 왜냐하면 그 도구, 그 능력을 너무 자주 사용해 왔으니까요. 그건 제 정체성이기도 했어요." 마음속 이미지를 떠올리는 능력은 그림을 그리거나 시각적으로 생각하는 능력에 결정적이었다. "제게 시각 기억은 그저 무언가를 기억하거나 세상의 모습을 구성하는 데 사용하는 도구가 아니었어요. 그건 그냥 저 자신이었어요. 스스로가 더 이상 인간이 아닌 것처럼 느껴졌어요. 아무것도 상상할 수 없었으니까요. 상상력은 제가 사는 세상이었어요."

몇 년 동안, 셰리는 자신에게 무슨 일이 일어났는지 완전히 이해하지 못했다. 그녀는 뇌졸중에서 신체적으로 거의 회복되었지만, 남겨진 후유증은 어떤 면에서는 최악이었다. 그 뇌졸중은 그녀의 시각을 앗아갔다. 빼앗긴 건 바깥세상을 보는 능력이 아니라(그 능력은 온전히 남아 있다), 시각적 상상력이다. 기억에서 시각 이미지를 떠올리는 능력이 완전히 사라졌다. 그녀의 마음속 스크린은 텅 비었다. "강렬하고 생생한 시각적 상상력을 가지고 있다가 내적으로 온전한 맹인이 되는 것은 다시 걷거나 읽는 법을 배워야 하는 것보다 훨씬 더 큰 충격이었어요. 뇌졸중으로 인한 경험 중 가장 끔찍한 일이었죠."

약 5년 전, 셰리는 몇 가지 답을 얻었다. 그녀는 운전하며 캐나다 방송을 듣고 있었다. "사람들이 겪는 증상에 대해 이야기하는 프로그램이었는데, 그중 마음의 눈으로 아무것도 상상할 수 없는 사람들이 있었어요. 파도를 옴팡 뒤집어쓴 느낌이었어요. 온몸에 소름이 돋고, 턱이 쩍 벌어졌어요. 차를 세워야 했어요. 말 그대로 온몸이 덜덜 떨렸어요. 제 귀에 들리는 소리를 믿을 수가 없었어요. 그리고 생각했죠. '이게 지금 일어나고 있는 일이야. 이게 내가 더 이상 할 수 없는 일이야.' 정말 놀라웠어요."

그 운명의 날에 그녀가 들은 것은 엑세터(잉글랜드 남서부 -옮긴이)에서 활동하는 내 신경과 동료 아담 제만Adam Zeman의 목소리였다. 제만은 처음에 MX(가명 이니셜)라는 환자 이야기를 들려주었다. 그는 65세의 은퇴한 측량사였는데 갑작스럽게 마음에 이미지를 그리는 능력을 잃었다. 정상이었을 때 잠이 들면, 친구와 가족의 얼굴, 최근 일어난 사건, 심지어 그의 일과 관련된 건물들을 '볼' 수 있었다. 하지만 관상동맥 성형술이라는 심장 시술을 받은 지 며칠 만에 그 모든 게 사라졌다. 그 시술은 좁아진 혈관을 확장하기 위해 사타구니에 있는 대형동맥에 와이어를 넣어 스텐트가 삽입될 관상 동맥까지 통과시키는 것이었다. MX는 시술 중 왼팔의 욱신거림이나 머릿속의 어떤 감각 같은 희미한 증상을 감지했지만, MRI나 여러 검사에서 기억력이나 지각 능력 결손은 발견되지 않았고, 뚜렷한 원인도 없었다.

MX는 시각 이미지 상실에 더해 심지어 짧은 기간 꿈속의 시각 요소도 잃었는데, 다행히 그것은 되돌아왔지만 마음의 눈은 영영 사라졌다. 머릿속에서 회전하는 3차원 물체처럼 시각 이미지를 필요로 하는 작업으로 테스트를 해보니, 흥미롭게도 그는 느리기는 해도 정상적인 수행이 가능했다. 시각 이미지가 손상되었다는 그의 인식은 5장에서 설명했던 보이지 않지만 보이는 현상, 즉 맹시와 비슷하다. 제만은 뇌 기능에 대한 광범위한 분석을 수행함으로써 시각 이미지가 요구되는 작업을 하는 동안 MX와 정상인 간 활성화되는 뇌 영역에 명확한 차이가 있음을 입증하여, 그의 상태가 근본적인 신경학적 문제 때문임을 확인할 수 있었다. 제만과 그의 연구팀은 MX가 마음의 눈으로 보지 못하게 된 이유가 관상동맥 성형술 동안 발생한 작은 뇌졸중과 관련이 있을 것으로 추측했다.

제만은 이러한 시각 이미지 상실을, '상상력이 없는'이란 뜻을 가진 그리스어 '아판타시아aphantasia'로 명명했다. 그런데 사실 이 현상이 인식된 것은 그 이전부터였다. 빅토리아 시대의 박식가, 시간제 발명가, 심리학자 겸 논란이 많았던 우생학자인 프랜시스 골턴Francis Galton은 1880년에 100명의 성인 남성들에게 매일 아침 식사를 하는 테이블에 관해 묘사해 달라고 한 뒤, 연구한 내용을 발표했다. 100명 중 12명은 아무런 묘사도 하지 못했다. 그들은 다른 사람들도 자신들과 마찬가지로 시각 이미지를 떠올리는 능력이 없을 거라고 생각했으며, '마음속 이미지'라는 말은 문자 그대로가 아닌 은유적인 표현이라고 생각했다. 골턴은 아판타시아의 개념을 최초로 묘사했을 뿐 아니라 그 밖에 중요한 사실을 증명했다. 바로 아판타시아는 셰리나 MX의 경우처럼 뇌졸중을 겪을 때만 발생하는 게 아니라, 정상인에게서도 발견될 수 있다는 것이었다. 시각 이미지에 관한 오늘날의 연구에서는 아판타시아가 희귀한 현상이 아니며, 최대 3퍼센트의 사람들이 이에 해당한다는 사실이 확인되었다. 대부분은 태어날 때부터 아판타시아로, 보통 십대나 성인이 된 직후에 다른 사람들과 대화를 나누거나 독서를 하다가 '마음의 눈'이란 것이 실재하고, 자신에게는 그런 게 없음을 알게 된다.

셰리에게 이 정신적 능력의 상실은 엄청나게 파괴적인 영향을 미쳤다. 나는 그것이 일상적인 수준에서 어떤 경험으로 나타났는지 물었다. 그녀는 대답을 시작하다가 잠시 멈춘다. "대답하기가 무척 힘든 질문이네요. 사실은……." 그녀는 침을 삼키며 말을 잇는다. "저는 원래 구상 화가였어요. 빨리 마르는 아크릴 물감으로 형태를 그렸는데, 뇌졸중을 겪고 나서는 더 이상 아크릴 물감으로 그림을 그릴 수 없었어요. 유화 그리는 법을 기본적인 것부터 독학으로 배워야 했어요. 또 물감을 섞을 때 사용하는 시각 기억도 모두 잃었어요. 그림을 그릴 때마다 매번 색을 섞는 방법을 다시 익혀야 해요." 화가가 아닌 나로서는 이런 영향이 얼마나 큰 것인지 잘 알 수 없지만, 셰리에겐 작품이 삶의 열정이자 목적이다. "그 얘기를 하다 보면 정말 감정이 널을 뛰어요……." 그녀는 머뭇거리며 말을 이어간다. "달리 어떻게 설명해야 할지 모르겠어요. 캔버스 앞에 앉을 때마다 어제 작업하던 것을 계속 이어갈 수 없을 것 같은 느낌이 들어요. 매일 많은 것을 새로 배워야 해요."

그림 그리는 과정도 상당히 많이 달라졌다. 이제 인물은 그리지 않는다. 현재는 풍경화를 그리고 있고, 특정 이미지보다는 느낌을 포착해 분위기를 표현하는 데 집중한다. 마음속에 이미지를 간직할 수 없게 된 이후, 그녀는 그림 작업을 위해 풍경 사진을 찍는다. "그림을 그릴 때는 항상 한 손에 사진을 들고 있어요. 다른 손에는 붓을 쥐고, 사진을 계속 참고하면서 그리죠. 하지만 그 이미지를 마음속에 담을 순 없어요." 뇌졸중은 그녀가 그려내는 실제 그림과 그림을 그리는 경험 모두를 바꿔 놓았다.

셰리의 작업 방식

삶의 다른 부분도 영향을 받았다. 셰리는 시야 밖에 있는 사물을 시각적으로 떠올리지 못한다. 개체의 존재가 부정되는 느낌이다. "저희 집 부엌 찬장에는 문이 없어요. 찬장 문을 닫아 놓으면 안에 뭐가 있는지 보이질 않거든요. 냉장고에는 문이 달려 있잖아요. 그러면 냉장고 안에 뭐가 있는지 전혀 모르겠어요. 요리를 할 때는 냉장고 문을 계속 열어놓아야 해요."

대화하는 동안, 나는 셰리의 풍부한 목소리와 언어들에 귀를 기울인다. 하지만 그 안에는 우울한 어조가 깔려 있다. 나는 그녀에게 지금도 마음의 눈 때문에 슬픔에 잠겨 있는 것처럼 들린다고 말한다. 그녀는 웃는다. "그래요, 그걸 감추기는 좀 힘들어요. 안 그렇겠어요? 그건 저 자신이자 제가 몸 담고 있던 삶의 일부였으니까요. 다들 쉬는 날이 되면 뭔가 기분 좋은 일을 떠올리잖아요? 할머니가 돌아가신 후에도 할머니와 함께한 추억들, 할머니를 바라보던 시간들을 여전히 떠올릴 수 있을 거예요. 그런데 제겐 그런 게 하나도 없어요. 이곳이 너무 외롭게 느껴져요. 기쁠 때나 슬플 때나 곁에 있던 시각 이미지가 사라졌으니까요. 이제 그 자리는 텅 비어 있고, 저 홀로 어떤 심연에 들어앉은 기분이에요."

그렇다면 신경계의 결함이 고전적인 '외부' 감각들(바깥 세계를 보여주는 창문)에만 영향을 미치는 게 아니라는 말이다. 우리의 '내부' 감각(우리의 세계를 내면화하고, 회상하고, 눈을 감은 채 의식적으로 자각하게 되는 정신적 능력)도 마찬가지로 손상될 수 있다. 여기에는 고전적인 외부 감각과도 유사점이 많다. 가장 분명한 것은 올리버와 던(올리버는 태어날 때부터 시각적 한계가 있었고, 던은 살면서 갖게 되었다)처럼, 감각 상실의 영향력은 살면서 그 감각을 경험했었는지, 아니면 한 번도 경험한 적 없는지에 달려 있다는 것이다. 아담 제만이 밝혀냈듯, 상당수의 사람은 평생 시각 이미지를 가져본 바 없다. 그들은 태어날 때부터 아판타시아 상태였다.

예로 마음속 눈을 잃은 셰리와, 같은 증상을 겪는 그녀의 한 친구를 비교해 보자. 셰리는 말한다. "사실 새로 사귄 친구들 중 한 명이 아판타시아라는 걸 알게 됐어요. 개 행사에서 만났는데, 둘 다 같은 품종의 개를 키우고 있었죠. 만난 지 얼마 안 됐지만 금방 믿을 수 있는 사람이라는 느낌이 왔어요. 조금 이야기를 나누다가 그 친구가 말했어요. '어, 나도 그런데. 난 평생 그렇게 살아왔어.' 저와 그 친구의 차이점은, 그 친구는 항상 그 상태였다는 거예요. 친구는 그 사실을 덤덤하게 받아들이고 자신감을 잃지도 않아요. 친구에게 아판타시아는 자신의 일부일 뿐인데, 제게는 장애로 느껴지죠. 친구는 그걸 전혀 장애라고 생각하지 않아요." 자신의 진단명을 알게 된 이후, 셰리는 아판타시아를 가진 다른 사람들을 여럿 만났다. 심지어 아판타시아를 가진 예술가들의 전시회도 있었다. 셰리는 어떤 작품에서는 아판타시아의 증거를 발견할 수 있었고, 어떤 작품에서는 전혀 눈치 채지 못했다고 말한다.

프랜시스 골턴과 아담 제만이 보여주었듯, 아판타시아는 인류의 스펙트럼에 확고히 자리 잡고 있다. 소수의 사람들은 정상 두뇌를 가지고 있음에도 마음의 눈이 없다. 사실, 마음의 눈 자체가 가진 힘은 천차만별이다. 어떤 사람들은 비범한 시각화 능력을 가진 반면, 어떤 사람들은 그렇지 않다. 외부 세계 그리고 내부 세계를 해석하는 능력은 우리 모두 조금씩 다르다. 다시 말해 아판타시아는 우리의 내부 현실이 질병의 결과뿐 아니라, 정상 범위의 일부로서도 서로 다르다는 것을 보여주는 셈이다.

✦ ✦ ✦

James, 지하철역의 맛을 본 남자

그렇다면 외부 현실은 어떨까? 하나의 감각만이 아니라, 전체적인 현실이 어떤 식으로든 다르거나 변질된 사람들도 있을까? 물론, 정신 질환 환자들과 거기서 비롯된 환각과 망상 증상을 겪는 사람들도 있다. 앞서 잠시 언급한 대로, 이런 유형의 경험은 감각 입력의 과잉 해석과 관련이 있다. 감각이 말해주는 것보다 스스로 갖고 있는 세계의 모델이 훨씬 더 압도적이어서 그렇다. 그러나 모든 면에서 건강하고 '정상'적인 개인들의 또 다른 범주가 있는데, 그들이 경험하는 현실은 우리의 것과는 다소 다르다. 제임스도 그렇다. 그는 공감각자다. 두 개 이상의 감각이 융합된 공감각을 경험하며, 그의 경우에는 청각과 미각이 해당된다.

이제 60대가 된 그가 기억하는 한, 공감각은 그의 삶의 일부였다. "소리와 맛 혹은 식감이 결합된 것을 처음 인지한 건, 런던 지하철을 타고 유치원을 오갈 때였습니다. 당시에 저는 네 살 정도였고, 어머니는 틈만 나면 읽고 쓰는 법을 가르쳐 주셨지요. 그래서 지하철역 이름을 읽고 써보곤 했는데, 역에 정차하거나 지나갈 때마다 다른 맛이 느껴졌어요. 그 맛도 같이 적었지요. 머리 위에 붙어 있는 노선도를 보고 공부하기도 했고요. 저는 그 시절 이름, 음식, 맛을 연결시켜 적어 둔 낡은 공책을 아직도 갖고 있는데, 거기 적힌 맛은 지금 그 단어를 볼 때 느껴지는 맛과 정확히 일치합니다. 또 매일 아침 학교에서 주기도문을 외우던 기억도 자세히 납니다. 주기도문을 외우면, 아주 강한 베이컨 맛과 식감이 느껴졌어요." 제임스는 어머니에게 그 사실을 털어놓았다가 무시당한 것을 기억한다. 세상 모든 사람이 그런 경험을 하지 않는다는 사실을 몰랐을 것이다. 그는 학교 친구들에게도 이야기를 하기 시작했는데, 돌아온 건 대개 무반응, 불신, 영혼 없는 수용 등이었다.

하지만 그의 공감각은 그가 열다섯이 될 때까지만 해도 별 문제를 일으키지 않았다. "넓고 소리가 울리는 체육관에서 학년말고사를 치렀습니다. 한창 시험을 보는데, 소리 때문에 도저히 집중을 할 수가 없었어요. 창문은 열려 있는 데다(여름에는 항상요), 연필은 책상에서 굴러 떨어져 체육관 나무 바닥에서 달그락거리곤 했지요. 정신이 마구 흐트러졌어요. 너무 산만한 나머지 문제를 읽을 수조차 없었습니다. 그래서 어머니에게 병원에 데려가 달라고 부탁했습니다." 50, 60년대 일반의의 반응이 어땠을지 상상이 된다. 제임스는 웃으면서 내 짐작을 그대로 확인시켜 주었다. "의사는 제가 어렸을 때부터 늘 엉뚱한 상상을 해왔고, 그것도 성장 과정의 일부라고 하더군요. 의사 반응은 그랬습니다."

일반의의 평가는 혹독했지만 이해는 간다. 지금도 제임스가 하는 말을 온전히 이해하기는 어렵고, 거의 기이하게 들리기까지 한다. 그는 어린 시절 지하철 여행에 대해 들려준다. "제가 가장 좋아했던 역은 '토트넘 코트 로드Tottenham Court Road'였습니다. 사랑스러운 단어가 한가득이거든요. '토트넘Tottenham'은 소시지의 맛과 식감이에요. '코트Court'는 달걀 같은데, 반숙 말고 맛있게 잘 구워진 바삭바삭한 달걀 프라이죠. '로드Road'는 토스트입니다. 다 합치면 미리 차려진 아침식사가 되는 셈입니다. 하지만 센트럴 라인을 따라 더 가다 보면 맛이 최악인 역이 나옵니다. 헤어스프레이를 뿌렸을 때 같은 에어로졸 캔 맛이 나는데, 그 역 이름은 '본드 스트리트Bond Street'예요." 나는 제임스에게 공감각 때문에 개인적으로 다른 결정을 내려야 했던 적이 있는지 물었다. 그는 돌아보면 오래된 친구들은 전부 이름이 맛있는 사람들이었다고 했다. 여성에게 느끼는 매력도 이름이 주는 맛에서 영향을 받았다. 한편 그의 친구 한 명은 이름이 덩어리진 구토물 맛이 나는 여자와 결혼했다. 제임스는 그 이름을 말하며 얼굴을 찡그린다. 당연하게도 그는 친구의 배우자 선택을 이해할 수 없었다.

그의 가족들 모두 각자 독특한 맛과 식감을 갖고 있다. "어머니 이름은 도린Doreen이에요. 맛이라 부르지만, 사실은 그보다 훨씬 풍부한 경험에 가깝습니다. 아주아주 차가운 물이나 아이스크림을 먹을 때 뇌가 어는 것처럼 머리가 찌르르하잖아요. 어머니 이름은 그런 느낌입니다. 아버지는 피터Peter인데, 통조림 완두콩 맛이 납니다. 여동생은 블랙커런트 요거트 맛이고요. 할머니는 크림처럼 아주 진한 농축 연유 맛이에요. 할머니 이름은 메리Mary예요. 할아버지 윌리엄William은 음, 으깬 아스피린 맛입니다. 별로 안 좋아요." 나는 그의 가엾은 친구 아내처럼 걸쭉한 구토 맛은 아니길 바라며, 약간 두려운 마음으로 머뭇거리면서 내 이름은 어떤 맛인지 물어본다. "단어의 소리가 주는 느낌은 맛과 식감이 섞여 있어서 좀 설명하기 복잡한데, 약간 퍼지 같습니다. 그렇게 달진 않고, 꽤 쓰네요. 하지만 직접 만나서 목소리를 들으면 그 맛과 식감 위에 또 다른 맛이 한층 더해집니다. 맛도 발전을 한다고 할까요? 퍼지의 맛과 식감은 여전히 남아 있지만, 단맛이 더해져 훨씬 낫습니다." 나는 안도의 한숨을 내쉬고, 그 정도면 충분히 만족스럽다고 말한다.

나는 제임스와 시간을 보내면서 이해할 수 없는 것들을 이해하려고 노력해 본다. 그의 경우는 단순히 청각 더하기 미각으로만 볼 수도 없다. 제임스의 이야기를 들어보면 특정 물질의 실제 입안촉감, 식감, 맛, 냄새가 전부 포함되어 있다. 본질적으로 맛보다는 풍미에 가깝다. 그런 현상은 주로 단어와 소리에서 발생하지만, 반드시 그렇기만 한 것도 아니다. 시험장에서 연필이 바닥에 굴러 떨어지는 소리가 그랬듯이, 제임스는 음악을 들을 때도 똑같이 맛을 느낀다. "음악을 듣는 건 정말 환상적입니다. 대부분 달콤한 맛이 흘러 넘치거든요. 식감도 아주 좋고, 매우 사랑스러워요. 음악을 들으면서 맛을 보지 않는다는 건 상상도 할 수 없습니다. 그 모든 게 경험의 일부니까요." 부드러운 피아노 음악은 통조림 파인애플 맛, 헤비메탈은 통밀 비스킷 위에 얹은 초콜릿 맛이다. "라이브 음악은 별로 좋아하지 않아요. 재즈 음악 같은 건 제게는 악몽입니다. 그 안에 온갖 맛과 식감이 다 혼합되어 있어서 한 가지 맛이 다른 맛으로 계속 바뀌어요. 꼭 음식을 입에 마구마구 쑤셔 넣는 느낌이지요."

그러나 단순히 단어의 소리나 음악에 관한 문제가 아닌 것은 분명하다. 이 모든 것에는 의미적 요소가 들어 있다. 그는 해리 벡Harry Beck(런던지하철공사에서 근무하며 지하철 노선도에 문제가 많다는 사실을 깨닫고 전기 배선도를 본뜬 새 노선도를 만들었다. -옮긴이)의 런던 지하철 노선도 원본을, 제임스식

소리와 맛으로 대체한 경험 지도를 만들었다. 워털루Waterloo는 탄산수 맛, 킬번Kilburn은 썩은 고기 맛(아마도 '킬kill'이란 단어 때문이다), 홀본Holborn은 불에 탄 성냥 맛('본born'이 '번burn'과 발음이 비슷해서 그런 듯하다), 리버풀 스트리트Liverpool Street는 당연하게도 간liver과 양파 맛이다. 이렇게 분명한 연관관계가 있는 경우도 있지만 대부분은 코드를 제대로 파악하기 어렵다.

해리 벡의 런던 지하철 노선도

제임스에게 맛을 유발하는 것은 아예 실제 소리가 아니기도 하다. 그는 내면의 말도 같은 효과가 있고, 심지어 어떤 사물을 볼 때도 그런 경험을 하게 된다고 말한다. 우리가 대화할 때, 그는 거실을 둘러보고 있었다. 그러다가 그의 시선은 텔레비전 화면에 고정된다. "텔레비전을 보면, 젤리jelly의 맛과 식감이 느껴집니다."(아마도 '텔리telly(텔레비전의 줄임말 -옮긴이)'와 운율이 맞아서 그런 게 아닐까.) 방 한구석에는 빨간색 안락의자가 있다. 나는 그것도 어떤 맛이 있는지 묻는다. "네, 있어요. 병 바닥에 남은 걸쭉하고 끈끈한, 약간 액체 상태의 잼 맛이지요."

그 모든 이야기가 매우 억지스럽게 들리는 걸 생각하면, 제임스의 일반의가 그의 말을 믿지 않았던 것도 이해할 수 있다. 하지만 경험담이 무척 생생하다는 점 외에도, 제임스의 경험에는 풍부한 상상력의 산물이라기보다 매우 실제적이라는 증거가 있다. 우선, 그가 말하는 단어나 사물의 맛은 완전히 고정되어 있다. 제임스의 어린 시절 공책을 보면, 그가 느끼는 지하철역 이름의 맛은 예나 지금이나 똑같음을 알 수 있다. 사람들의 이름과 지하철역의 맛은 변하지 않는다. 물론 단지 그의 기억력이 좋아서 그럴 수도 있지만, 단어와 맛을 연관 지어 일일이 외우기에는 그 수가 너무 많다. 이는 꽤 설득력이 있지만, 그것만으로 공감각이 실제 현상이라고 단정 짓기에는 이르다. 일부 공감각자들에게 그 연관성을 지배하는 규칙들은 너무 복잡해서, 무어라 설명을 할 수도 없고 이해하기도 어렵다. 심리언어학 전문가들은 그런 규칙을 풀기 위해 몇 년 동안 노력을 쏟아부어야 했다.

하지만 그보다 훨씬 더 설득력 있는 것은 공감각자들의 뇌에 관한 연구였다. 연구자들은 신경과학자들에게 언제나 유용한 도구인 기능성 자기공명영상fMRI을 이용해 공감각자와 비공감각자의 차이를 명확히 입증해냈다. 예를 들어, 단어 또는 문자로 색을 인지한다고 보고한 사람들에게서는 언어를 해석하는 동안 뇌의 색상 선별 영역이 활성화되는 것이 관찰되었다. 이것은 그들의 세계 경험을 구성하는 근본적인 신경학적 토대를 분명히 보여준다. 공감각자들의 뇌 내에 있는 초연결 영역을 보여주는 연구들도 있다. 대뇌피질의 서로 다른 부위 사이에 연결 통로가 뚜렷하게 확장되어 있어, 여러 감각 간의 교차 대화가 가능해진 것으로 추정된다.

✦ ✦ ✦

Valeria, 선율에 색을 칠하는 여자

공감각의 마지막 세 번째 증거는 바로 유전학에 있다. 유전학 연구에서 공감각과 관련된 인간 게놈의 영역이 확인되었고, 그 현상에는 분명 유전적 기반이 있음을 암시한다. 그 점은 공감각이 가족 내력일 수 있다는 견해를 뒷받침한다. 여기서 다시 프랜시스 골턴이 등장하는데, 그는 1880년 「시각화된 숫자Visualised numerals」라는 제목의 논문을 《네이처》에 발표한다. '공감각'이라는 용어를 사용하지 않았지만, 그는 숫자를 들었을 때 숫자가 보이는 사람들을 명확하게 기술하고 있다.

> 우리 과학학회 지점의 사무 담당자 이야기다. "'56fifty-six' 같은 단어가 들리면 그 숫자가 아주 분명하고, 쉽게, 즉각적으로 시각화되어 나타난다. 거의 자동적으로 그렇게 된다. '천thousand'이라고 말하거나 들을 때는 한 묶음으로 숫자가 나타난다……. 수치들은 항상 시각적으로 보인다. 신문 헤드라인에 주로 나타나는 글씨체, 글자크기와 비슷하다. 하지만 배경은 없다. 공간에 단순히 숫자만 떠오른다."

이 일화로 볼 때, 공감각은 소리와 풍미의 단순한 결합으로만 나타나는 것이 아니라 다른 감각에도 영향을 미친다. 발레리아는 이 같은 공감각의 다른 형태를 경험하며 그것을 유용하게 사용한다. 이제 20대 중반인 그녀는 런던에서 음악심리학을 공부하면서 음악가 겸 가수로도 일하고 있다. 나는 발레레아가 아르바이트로 일하는 코벤트 가든 로열 오페라 하우스에서 그녀를 만났다. 그녀는 밝은 눈에, 크고 환하게 선뜻 미소 지으며, 감미롭게 노래하는 것 같은 이탈리아 원어민 억양으로 말한다.

나는 그녀에게 언제 자신이 다른 사람들과 다르다는 것을 처음 깨달았는지 묻는다. "열세 살인가 열네 살 때였어요. 학교에서 책 한 권에 관해 10분쯤 되는 짧은 영상을 만들어야 했어요. 친구들 모두 제가 피아노 치는 걸 알고 있어서, 제게 음악을 맡아 달라 부탁했죠. 아빠한테 이런 이야기를 했던 기억이 나요. '책 표지가 녹색이니까, D장조로 만들면 될 것 같아요.' 아빠는 제가 무슨 말을 하는 건지 이해하지 못했어요. 다시 설명했죠. '책 표지가 녹색이고, D장조도 녹색이잖아요. 같은 색깔로 하면 좋을 것 같아요.' 아빠가 말해줬어요. '보통은 음악을 들을 때 색이 보이지 않아.'라고요." 그때 발레리아는 자신의 세상이 주변 사람들의 세상과 다르다는 것을 처음 알게 되었다.

공감각은 늘 그녀와 함께한다. "그냥 딱히 생각하지 않아요. 그건 항상 거기 있는 거예요. 음식을 먹을 때 냄새도 함께 맡아지는 것처럼, 제게 음악과 색도 마찬가지예요. 곡을 듣고 피아노 선생님께 어떤 느낌인지, 음악성과 곡 해석에 대해 말할 때도 음악의 질감과 감각이 한데 어우러져요. 하지만 저는 그런 말이 은유일 뿐이고 실제가 아니라는 것을 결코 깨닫지 못했어요. 정상이 아니라는 걸 알고, 그때부터는 저 혼자만 간직하기 시작했어요."

우리가 이야기를 나누는 동안 발레리아는 그랜드 피아노 건반을 하나 둘 두드리고, 로열 오페라 하우스의 로비를 음악이 가득 채운다. 그녀는 녹색 책을 기반으로 만든 자작곡을 연주하기 시작한다. 곡을 통해 발레리아는 자신의 음악적 경험을 묘사한다. 그녀는 한 화음을 연주하며 말한다. "이 화음은 초록색이고 아주 신선해요. 라임을 반으로 갈라 그 속살을 만졌을 때의 느낌과 거의 비슷하죠. 이 곡을 연주할 때면 그런 느낌이 들어요." 그녀는 키를 바꾸더니, 이제 색이 파란색으로 바뀌었다고 한다.

나는 그 색들이 마음의 눈으로만 보이는 것인지, 실제 시각 세계까지 침투해 오는지 묻는다. "여기 있어요." 발레리아는 손을 머리 옆으로 들어 올리며 말한다. "주변 시야로 보여요. 머리 바로 뒤에서 빛이 비추는 것 같아요. 바로 앞에서는 볼 수 없지만 주변에서 그 기운을 볼 수 있죠. 보려고 고개를 돌리면 그 빛도 같이 움직여서 똑바로 보긴 어려워요." 또 다른 중요한 변화, 또 다른 시각적 경험도 있다. "두 가지 색의 혼합이 있어요. 마치 기존의 초록색을 파란색 물감을 묻힌 붓으로 쓸어버리는 느낌이에요." 그녀는 마지막 화음을 연주한다. "그리고 이 5도는, 파란 바탕에 찍힌 노란

점이에요.”

발레리아의 음악적 경험은 청각과 시각의 결합으로만 이루어진 것이 아니다. 그녀에게도 음악은 감각적 경험이다. 그녀는 피부에 질감을 느낀다. “좋은 느낌일 수도 있고 나쁜 느낌일 수도 있어요. 음악을 들을 때는 대개 무엇인가 저를 껴안는 느낌이 들어요. 등 윗부분과 어깨, 팔 같은 데요. 보통은 좋은 느낌이에요.” 발레리아는 피아노 건반을 마구 눌러 시끄럽고 부서지는 듯한 불협화음을 소리내 보인다. “하지만 이런 곡을 연주할 때는 꽤 날카로워요. 노란색인데, 굉장히 강렬한 노란색이에요. 여기 허리 아래쪽에서 찌르는 느낌이 나요. 좀 불편해요.”

발레리아는 자작곡 연주를 멈추고는 드뷔시의 아라베스크 1번으로 옮겨간다. 그녀는 연주하면서 말로 그림을 그린다. 그녀에게는 말 그대로 그림이다. 그녀는 한 음을 연주하며 내게 말한다. “소리의 한 점에서부터 시작해 봐요. 그건 소리와 색으로 만들어진 공이에요. 그러다가 점점 더 진한 파랑으로 물들어요. 수채화하고는 달라요. 이건 바로 지금 존재하는 거예요. 캔버스에 유채 같아요. 훨씬 더 사실적이고 강렬하죠. 마치 직접 붓을 들고 페인트통에 넣은 다음 또 다른 색을 더한 것 같아요. 그 색은 잘 섞이지 않아요. 노란색 위에 파란색을 올려놓으면 초록색이 되는 거랑은 달라요. 소리가 층층이 쌓이는 것처럼, 색도 겹겹이 쌓여요.”

발레리아는 이 이야기를 하는 내내 연주를 멈추지 않고 각 화음마다, 전조가 이뤄질 때마다 새로운 색, 새로운 감각을 묘사한다. 밝은 주황, 인디고, 보라, 노랑의 색은 얼굴에 내려앉는 따스함, 바닷바람, 척추 주변의 찌르르한 느낌과 일치한다. 음악과 조명 혹은 음악과 불꽃놀이를 결합시킨 프랑스의 음악쇼 ‘송에뤼미에르son et lumière’가 생각난다. 나의 하루하루가 그런 것으로 짜여 있다면 분명 놀라운 일일 것이다. 발레리아가 경험하는 음악은 완전히 다른 차원인 것 같다. 어떤 작곡가들의 음악은 소리를 시각적, 감각적 경험에 맞추는 데 특히 적합한 반면, 발레리아에게 그런 감각적 경험을 제대로 불러일으키지 않는 곡들도 있다. "저는 드뷔시, 라벨, 알베르니즈가 모두 공감각자였을 거라고 확신해요. 음악에 그렇게 많은 색과 변주를 넣은 걸 보면, 그들도 현실을 각기 다른 색으로 보고 있지 않았을까 싶거든요."

송에뤼미에르

"완전한 아름다움이다 싶은 느낌이 한 가지 있어요." 그녀는 연주를 중단하고 말한다. "행복감에 젖어 눈물이 날 때 느끼는 감각이에요." 나는 그녀가 아름다운 신체 현상에 대해 들려줄 거라고 기대했지만 내 짐작은 틀렸다. "그럴 때면 엄지손가락에 통증이 느껴져요. 통증이 있는데 이상하게 행복감이 솟구쳐요. 지금껏 아주 특별한 곡을 들을 때에만, 아주 드물게 느낄 수 있었어요. 그중 하나는 베토벤 교향곡 9번이에요. 엄지손가락이 너무 아픈 순간이 있는데, 그 순간이 가장 아름다워요. 모든 게 색과 질감으로 가득 차요. 라벨의 피아노 협주곡도요. 오보에가 들어오는 순간은 정말 완벽해요……."

발레리아의 청각 유도 시각은 공감각의 가장 일반적인 형태지만, 증상은 다양한 형태로 나타난다. 촉각으로 유발되는 시각이나 (제임스와 같은) 단어에서 촉발되는 미각이 그러하며, 그 밖에도 감각 교차의 가능한 조합이 존재한다. 하지만 공감각을 단순히 감각의 융합으로 여기는 것은 잘못된 해석일 수 있다. 어떤 공감각자들에게는 그게 사실이지만, 다른 공감각의 경우는 그렇게 명쾌하지 않기 때문이다. 이런 감각의 교차 양상 경험을 촉발시키는 요인은 원시적 감각 경험이 아니라 공감각 경험을 생성하는 보다 추상적인 무엇인가의 고차인지 구조일 수 있다.

제임스의 단어와 미각이 결합된 공감각을 떠올려보자. 적어도 일부 쌍의 경우에 그 관계는 단어의 의미나 어근으로 결정되는 것으로 보인다. 거기에는 단순히 청각적 요소만이 아니라 언어적·의미적 요소가 있다. 하지만 어떤 공감각자는 발음이 전혀 다른 단어라도 같은 철자로 시작한다면(예를 들어 popcorn(팝콘), psychiatry(정신 의학), phone(전화)), 똑같은 색을 보게 된다. 어떤 공감각자는 알파벳 문자마다 다른 색을 경험한다. 그건 글자의 소리일 수도 있고, 글자의 기하학적 구조일 수도 있다. 글자가 쓰인 방식(서체, 대문자, 소문자 등)에 상관없이 글자마다 같은 색을 보는 경우도 있다. 다시 한번 말하지만 공감각의 기원은 단순한 원시적 감각 경험보다 훨씬 더 복합적이다.

실제로, 특정 공감각의 경험은 단순한 감각 융합과는 상당히 거리가 멀어 보인다. 어떤 공감각자들은 문자, 숫자, 월 이름 같은 배열을 성별이나 성격을 가진 각각의 존재로 인식한다.(예를 들어 P는 남성 혹은 슬픈 사람을 나타낸다.) 또 어떤 공감각자는 공간 속에 시간 개념을 배치하는 경험을 하는데, 가령 눈앞에 요일이 타원형으로 늘어서 있는 식이다. 일부 전문가들은 어디까지 섬세하게 구분하느냐에 따라 다르지만, 약 150가지 유형의 공감각이 있다고 주장한다.

분명한 것은 공감각이 사람들이 세상을 경험하는 방식을 근본적으로 바꾼다는 것이다. 그리고 이것은 드문 현상이 아니다. 그 빈도에 대한 추정치는 다양하지만, 일부 연구에 따르면 그 사실을 항상 인지하지는 못할지언정, 스무 명 중 한 명은 공감각의 요소를 경험한다고 한다. 그런 사람들 대부분은 '정상'이다. 정상적인 뇌와 유전자를 가졌고, 독소 감염도, 병도 없다. 그들은 모든 면에서 '정상적인 인간'이다. 하지만 그들이 경험하는 현실은 다소 미묘하게, 혹은 그리 미묘하지만은 않게 다른 사람들이 겪는 현실과는 다르다.

만약 공감각이 그렇게 흔하고 유전적 기반을 갖고 있는 현상이라면, 공감각에 기여하는 유전자가 왜 그렇게 많아졌는지 의문을 제기해볼 필요가 있다. 공감각을 가질 때의 진화적 이점은 무엇일까? 발레리아를 보면 공감각이 그녀를 얼마나 더 나은 음악가로, 작곡가로 만들었는지, 얼마나 더 창의적이고 재능 있는 사람으로 만들었는지 알 수 있다. 그녀는 "가수 겸 음악가가 되는 데 제 음악성이 큰 비중을 차지했고, 그건 공감각 덕분이라고 생각해요. 연습이나 연주, 노래를 할 때 자연스럽게 제가 선호하는 질감이나 색을 표현하게 되니까요. 공감각은 제가 음악적 커리어를 어떤 식으로 꾸려갈지 확실하게 알려줘요." 실제로 공감각자들은 보통 사람들보다 예술계에 종사할 가능성이 훨씬 더 크다.

그렇지만 공감각이 그 소유자에게 어떻게 본인과 자손의 생존 확률을 끌어올리는 기술을, 진화적 이점을 제공하는지는 바로 알기가 어렵다. 창의성은 초연결된 두뇌나 그런 뇌의 부위를 갖기 때문에 나타나는 부작용 혹은 눈속임일 수도 있다. 공감각의 존재는 외부 환경을 더 잘 인지하거나 이해하게 해주고, 그것은 생존을 용이하게 한다. 나뭇가지가 툭 부러지는 소리를 상상해 보자. 그것은 먹잇감 혹은 포식자의 존재를 의미한다. 그런데 나뭇가지 부러지는 소리에 곁들여 시야에 빨간 섬광이 보인다면, 공감각이 어떻게 생존에 이로운지 쉽게 이해할 수 있을 것이다.

또 공감각자들에 대한 연구를 보면 그들이 익숙하지 않은 언어로 된 단어를 들었을 때, 공감각이 소리만으로 단어의 의미를 더 잘 유추하도록 돕는다고 한다. 당신이 선사시대 사람이라고 생각해 보자. 동굴 속에서 부족의 언어 체계를 정립하는 작업을 하고 있는데, 만일 공감각자라면 부족 사람의 우가우가하는 소리의 의미를 더 잘 추측할 수 있을 것이다. 의사소통이 원활해지면 사냥 및 채집 행위, 안전 확보도 더욱 성공적으로 이루어진다. 현대라면 단어 습득에 유난히 능숙한 사람으로 해석될 수 있겠다. 마찬가지로 다른 유형의 공감각은 또 다른 감각 영역에서 이점을 가질 수 있다.

공감각에서 얻을 수 있는 이점이 있다면 단점도 있다. 공감각은 한 사람의 삶을 풍요롭게 만들 수도, 문제를 일으킬 수도 있다. 특히 놀라울 만큼 산만해질 가능성이 높다. 발레리아는 그 예시를 알려준다. "뮤지컬에서 한 인물을 맡아 곡을 연습한다고 해봐요. 개인적으로 노래에 대해서는 구체적이고 좋은 느낌을 가질 수 있지만, 배역은 전혀 다른 문제거든요. 자신이 느끼는 감정과 배역이 느낄 감정을 분리할 줄 알아야 해요." 발레리아에게 그 작업은, 자신이 인지하는 노래의 색이나 느낌과 배역이 표현해야 할 감정이 질적으로 다르다면 꽤 어려운 일이 될 수 있다.

제임스도 비슷한 이야기를 한다. 학창 시절 학교 시험장에서 했던 경험 외에 다른 사례도 많다. "어느 공간에 들어가자마자 맛이 느껴질 때가 있습니다. 그게 좀 강한 맛이라면 주의가 정말 산만해지죠. 어디서 그 맛이 나는 건지 주위를 둘러보아야 합니다." 분주한 환경에서 끊임없이 새로 느껴지는 입안촉감과 풍미는 집중을 힘들게 할 수 있다. 뷔페에서 계속 입에 음식을 밀어 넣는 것과도 같다. 영국의 공감각 전문가인 줄리아 심너Julia Simner는 두 가지 다른 예를 든다. 둘 다 어린이 환자의 케이스였다. 한 여자아이는 사람들이 머리카락 이야기를 할 때마다 숨을 쉬려고 애써야 한다. 목구멍에 머리카락이 걸린 것처럼 느껴지기 때문이다. 또 다른 아이는 숫자 4에 대해 병적인 공포를 느낀다. 그녀의 숫자 4는 불량배이다.

더 최근에는 자폐증을 가진 사람들이 공감각 현상을 더 빈번하게 경험한다는 사실이 밝혀졌다. 이 연관성의 본질은 아직 완전히 해석되지 않았지만, 뇌의 조직적 변화나 인지 과정에 근본적인 변화가 생겼기 때문일 수 있다. 감각 과부하 경향이 자폐 스펙트럼 장애를 가진 사람들에게서 흔히 나타난다는 것은 놀랍다. 이들 중 다수가 시각적으로 어지러운 광경과 소음이 많은 분주한 장소에서 너무 많은 감각이 입력되어 버거워한다. 공감각도 부분적으로는 세계의 과도한 감각 경험과 관련이 있을 수 있다.

✦ ✦ ✦

내가 왜 이런 이야기를 하는지 궁금할 것이다. 이런 사람들의 경험에 대한 호기심은 차치하고, 이전 장의 내용들과 무슨 관련이 있을까? 자, 우리는 앞에서 우리와 주변 현실 간 관계가 얼마나 취약한지를 알았다. 감각은 세계에 관해 꼼꼼하고, 정확하며, 민감한 정보를 전달한다. 감각을 삶의 목표를 추구하는 데 도움을 주는 데이터 해석자로 여기면 좋을 듯하다. 음식을 찾고, 배우자를 찾고, 생식(유전자의 지속적인 생존을 보장하는 것)에 도움을 주는 존재 말이다. 그런데 감각이 세계의 물리적 본질에 대해 우리에게 들려주는 말은 우리 삶을 용이케 하는 데만 초점을 맞춰 추상화되거나, 속기록처럼 지극히 제한된 형태일 수 있다. 그리고 이 관계는 궁극적으로 우리 신경계(우리 몸 외부의 정보를 포착하고 그 신호를 의미 있는 것으로 변환하는 메커니즘)의 기능적·구조적 완전성에 크게 의존한다. 앞서 살펴본 대로 질병,

부상, 다른 병리적 현상은 세계에 대한 우리의 이해에 잠재적인 영향을 미칠 수 있다. 그것은 정상인들의 범주 내에서도 마찬가지다.

사고 실험을 하나 해보자. 공감각자 열 명이 테이블에 둘러앉아 빨간 사과를 바라본다. 이들은 모두 정상이지만 그 사과에 대해서는 제각기 다른 경험을 할 것이다. 예를 들어, 한 사람은 사과를 바라볼 때 코카콜라 맛을 느낀다. 다른 사람은 사과를 볼 때 목 뒤가 따끔거린다. 사과는 그에게 따끔한 '촉감'을 준다. 세 번째 사람은 사과의 빨강을 보고 물소리를 듣는다. 그녀에게 빨간 사과는 시냇물이다. 그런 식으로 사람마다 다른 경험을 하고, 각 사람의 사과 모두 그들에게는 현실이다. 열 가지 다른 현실이 있는 셈이다. 나는 제임스에게 이 시나리오를 제시하고, 열 명의 공감각자 중 누가 진정한 현실을 경험하고 있냐고 물어본다. 그는 당연하다는 듯 말한다. "형태는 달라도 모두 진정한 현실을 경험하고 있는 거지요." 그가 옳다. 진정한 현실은 하나만 존재하지 않는다. 그 다양한 현실 전부가 진실이다.

또 다른 사고 실험이 있다. 지구상의 모든 사람이 발레리아의 재능을, 음악과 색의 공감각을 갖고 있다고 상상해 보는 것이다. 누구나 D장조의 곡을 들을 때 라임의 초록색을 볼 것이다. 그 세상에서 우리는 같은 음악을 들으며 같은 것을 보고 느낀다. 소리가 다채로운 색을 가졌고, 감각으로 가득 차 있다는 사실은 인간 경험의 현실이다. 그 현실은 당연히 우리 뇌의 초연결성, 공감각의 기반을 이루는 신경학적 변화 때문에 생겨났을 터이다. 그 점을 바탕으로 생각해 보면, 그런 연결고리, 초연결이 없는 상황에서 현재 우리가 받아들이는 현실도 뇌에 전적으로 의존하는 셈이다. 우리의 현실은 몸의 산물이고, 뇌의 구성물이다.

나의 이런 접근 방식이 너무 단순하고 순진하다고 생각할지도 모른다. 공감각과 다중 현실 시나리오에는 결함이 있다고 반박할 수도 있다. 거의 모든 사람이 적록색맹이고, 소수의 사람들만 완전한 색을 볼 수 있는 세계가 있다고 해보자. 그렇다고 그 세계에서 반영되는 현실이 달라지는 것은 아니며, 진정한 물리적 특성을 경험으로 변환하는 여러 다른 능력이 반영될 뿐이다. 색 인식은 두 그룹에서 다르게 나타나겠지만, 두 경우 모두 '색은 우리가 보는 물체의 분자가 빛을 반사한 것'이라는 불변의 물리적 특성을 반영하기는 매한가지다.

여러분은 이 사례가 음악에서 색을 인지하는 것 같이, 물리적 세계에 근거가 없는 공감각 시나리오와는 본질적으로 다르다 볼 수도 있다. 그러나 이 책이 전하는 메시지가 있다면, 그건 바로 우리의 인식이 종종 물리적 세계와는 동떨어져 있다는 것이다. 우리의 경험과 차갑고 엄연한 현실은 완전히 분리되어 있다. 특정 구조의 분자와 그것을 통한 냄새나 풍미의 경험처럼 말이다. 세계에 대한 우리의 경험은 뇌의 구성물이자 환경과의 상호작용을 나타내는 라벨이다. 그러므로 만약 우리 모두가 공감각자가 되고, 그 공감각이 하나의 규칙을 따른다면(세상 모든 직각 물체에서 장미향이 나고, 모든 동그란 물체에서 치즈 냄새가 난다면), 이 물체들에 대한 우리의 인식은 아마도 실제 물체의 물리적 특성과 관련이 있을 것이다.

발레리아, 제임스, 그 밖에 다른 공감각자들에 대한 견해가 어떻든 간에, 그들이 삶을 경험하는 방식에는 그런 선물을 받지 못한 우리와 비교해 마법 같은 무엇인가가 있다. 발레리아는 말한다. "저는 제 공감각에 감사해요. 음악을 들을 때 색을 볼 수 있다는 건 매우 특별한 일이죠. 박물관이나 갤러리에 갔을 때 그림을 듣는 것처럼요. 그게 얼마나 특별한지 저도 알아요. 그걸 당연하게 여기냐고요? 음, 때로는 그래요. 그건 항상 거기 있으니까요." 그녀는 잠시 생각에 잠겼다가 말한다. "세상을 경험하는 방법은 아주 많아요."

Epilogue

진실에 관한 진실

"우리의 모든 지식은 감각에서 시작해 이해로 나아가다가
이성으로 끝난다."

○
임마누엘 칸트(Immanuel Kant)

실패는 인간의 조건이다. 몸의 실패는 결국 우리 모두에게 찾아온다. 몇몇 운이 좋은 경우도 있지만 대부분은 몸과 마음의 실패를 인생의 동반자처럼 데리고 산다.

나도 지금까지는 운이 좋아서 심각한 병에는 걸리지 않았다. 하지만 내 몸은 실패에 익숙하다. 나는 심한 근시로, 흔히 말하듯 박쥐처럼 눈이 나빠 일곱 살부터 늘 안경이나 콘택트렌즈를 끼고 다녔다. 학교에서 럭비를 많이 했는데, 콘택트렌즈가 보편화되기 전에는 일주일에 몇 시간씩 흐릿한 세상 속을 헤매며 럭비 경기장을 뛰어다녔다. 높이 차올린 공을 잡으려고 기다리는 일도 대부분 추측으로 이루어졌고, 선명한 타원형의 형체가 시야에 잡히는 건 공이 팔에 안착하기 불과 몇 초 전이었다(아니면 종종 그랬듯 바닥으로 떨어지고 나서야 또렷이 보였다). 팀원들은 짙은 파랑의 셔츠 색

으로만 알아볼 수 있었고, 다른 걸로는 구분이 불가능했다. 그나마 유일한 장점이라 할 수 있는 체격과 힘으로 약점을 보완했다. 하지만 안경만 쓰면 시야는 정상으로 돌아왔고, 나는 반 친구들과 동일한 세상을 경험할 수 있었다.

내가 견뎌낸 육체적 실패는 얼마든지 더 있다. 어떤 것은 평범했거나 잠깐 사이에 지나갔고, 어떤 것은 조금 더 의미 있는 것이었다. 나는 가끔 이상한 자세로 앉아 있곤 하는데, 그럴 때마다 무릎 바깥쪽 바로 아래 돌출된 종아리뼈 머리 위쪽, 정강신경에 압박이 가해진다. 의자에서 일어나 바닥에 발을 딛고는 발에서 아무 느낌도 안 난다는 것을 깨달았을 땐 이미 늦는다. 내 발이 어디 있는지 전혀 모르겠고, 심지어 그 존재조차 느껴지지 않아 비틀거리며 넘어진다. 언젠가 새 자전거를 샀다가 조정을 잘못해 핸들에 기대는 손과 손목에 장시간 압박이 가해지고, 그 결과 척골신경마비를 겪은 적도 있었다. 손에 이어진 신경 하나가 눌려 그렇게 된 것이다. 그 후 몇 주 동안 팔에 깊고 따끔거리는 통증이 남았는데, 어디서부터 시작되는지 알 수 없었고 팔이나 손을 어떻게 뒤틀어 봐도 완화되지 않았다. 현관문 열쇠를 돌리거나 양파를 썰 때도 오른손에 힘을 줄 수 없었다. 자가 검진 결과 새끼손가락의 감각이 떨어져 있었고, 동료에게 근전도 검사를 해달라고 조르던 와중에 어느 순간 저절로 손가락이 회복되는 것을 발견했다.

뭐가 문제인지 정확히 알고 있었고, 증상이 몇 주밖에 지속되지 않았는데도 그 경험은 몹시 당황스러운 것이었다. 다른 사람이 으레 그렇듯 의학적 문제에서 자신의 취약성, 신체적 약점이 부각되었기 때문은 아니었다 (물론 그것만으로도 충분하지만). 내 경우는 오히려 내 손의 힘과 감각이 비정상적이라는 사실을 깨닫는 데 2주나 걸렸다는 것이 더 충격이었다. 나의 지각력이 자기 몸의 결함을 알아채지 못할 만큼 취약할 수 있다는 사실 말이다. 일부 시야가 없는 올리버나 통증이 부재한 폴을 변명거리 삼을 수는 없다. 태어날 때부터 그런 상태였던 두 사람이 다른 점을 모르는 건 어쩌면 당연하기 때문이다. 반면 내 문제는 갑자기 닥쳐왔고, 처음에 나는 정상적인 감각과 힘을 갖고 있다가 나중에야 몸이 저리고 쇠약해졌다. 이 일을 계기로 나는 스스로의 능력과 감각을, 세계에 관해 내 몸이 보고하는 증거의 진실성을 의심하게 되었다. 그때 나는 현실과 인식 간의 괴리를 몸소 체험한 것이다.

"인식은 통제된 환각에 지나지 않는다." 인지신경과학에서 흔히 쓰이는 문장이다. 본질적으로 우리 뇌는 예측기여서, 우리가 만들어 놓은 세계 모델의 맥락에 맞춰 감각을 통해 들어오는 정보를 해석한다. 우리의 인식은 세계에 대해 기존에 갖고 있던 믿음, 감각기관으로부터 제공받는 정보가 우주의 가상현실 시뮬레이션과 상호작용하는 방식과 관련이 있다. 그 증거는 이 책에서 설명한 대로, 우리 주위 어디에나 착각의 형태로 존재한다. 딱 두 가지만 이야기해 보면, 기다리는 전화가 있을 때 주머니에서 휴대폰이 진동하는 느낌이 들었던 적이 많이들 있을 것이다. 휴대폰을 반복해서 꺼내 보며 전화가 오지 않았다는 사실을 확인하면서도 착각은 지속된다. 또 다른 하나는 인터넷에서 유명한 밈이 된 검정과 파랑 드레스 논쟁이다. 혹은 흰색과 금색 드레스라고 해야 할까? 아마 조명 조건에 대한 각자의 예상 때문에 드레스 색에 대한 인식이 영향을 받았을 수 있다. 한 연구에서는 아침형 인간들은 드레스가 자연광 때문에 밝게 보인다고 생각하는 경향이 있는 반면, 올빼미형 인간들은 인공광이 덧입혀졌다고 해석하는 경향이 있다고 추측한다. 그에 따라 같은 사진 속 드레스를 두고 아침형 인간은 흰색과 금색, 저녁형 인간은 검정과 파랑이라고 보고한다는 것이다.

이런 예는 지금 또는 앞으로 일어날 일에 대한 기대감이 우리의 세계 인식에 직접 영향을 미친다는 사실을 보여준다. 이전에 이야기한 바와 같이, 이런 식의 작업은 절실히 필요하다. 예측 요소가 없다면, 우리의 시스템은 고장 나 버릴지 모른다. 예측 없이는 극복할 수 없는 세 가지 문제가 있다. 감각 정보는 내재적으로 지연될 수밖에 없고, 그 정보가 우리 뇌에 도달해 우리가 인지할 때쯤이면 이미 벌어지고 난 일이다. 우리의 신경계는 뇌에 모든 감각 신호를 전달할 만큼 대역폭이 크지 않고, 그렇다 하더라도 뇌가 그 신호를 전부 처리할 능력도 없다. 또 감각 정보는 본질적으로 모호하고, 그 문제를 해결하려면 최선의 예측을 이용할 필요가 있다.

그래서 이 '통제된 환각controlled hallucination'이라는 개념은 우리 감각이 주변 세계를 이해하는 데 필수적이지만, 세계에 대한 우리의 인식은 뇌 자체의 가상현실에 확고히 뿌리를 두고 있다는 사실을 기반으로 한다. 감각이 우리에게 하는 말은 우리가 감각 신호를 쉽게 이해할 수 있도록 시뮬레이션된 환경을 통해 들어온다. 그 감각이 내면의 세계관과 충돌하면 앞에서 설명한 것처럼 환각을 경험하기도 하고, 내면 시뮬레이션이 더 혼란스럽거나 광란적인 극단적 상황에서는 본격적으로 정신병을 일으킬 수도 있다.

이 출발점에서부터 우리는 이미 진정한 현실(우리 주변의 고정된 분자)과 그것에 대한 우리의 인식 사이에는 편차가 있음을 알게 된다. 우리가 진짜라고 인식하는 것은 어느 정도 정신의 산물이며, 뇌를 구성하는 뉴런의 네트워크가 만들어낸 것이다. 하지만 일부 인지신경학자들은 그것이 너무 보수적인 설명이고, 문자 그대로만 해석한 세계관이라 여긴다. 어떤 과학자들은 우리는 현실이 정말 어떤 것인지 근본적으로 전혀 이해하지 못한다고 주장한다. 그들은 돌팔이도 아니고, 사이비 과학자도 아니며, 존경받는 저명한 인물들이다.

캘리포니아 어바인 대학교 교수인 도널드 D. 호프만Donald D. Hoffman도 그렇다. 호프만은 우리의 뇌는 현실을 해석하기 위해서가 아니라, 반대로 우리에게서 현실을 '감추기' 위해 발전해 왔다고 주장한다. 우리의 정신은 생존을 위해 단순화되고 코드화된 세상을 구성한다. 지금 이 문장을 쓰는 동안에도, 그의 가설을 아무리 많이 읽거나 들어도, 내게는 말도 안 되는 우스꽝스러운 주장처럼 보인다. 내가 '알고' 있는 것, 매일 경험하는 것과 정반대이기 때문이다.

그가 인정하지 않는 정통 견해는 바로, 우리가 "현실을 전체적으로 보지는 못하더라도 생존에 필요한 측면은 볼 수 있다"란 것이다. 따라서 우리가 물체를 볼 때 그 물체는 실제로 존재하며, 우리가 인지하는 측면을 그대로 갖고 있다. 가령 테이블 위 빨간 사과는 실제로 빨강이라는 색과 동그란 형태라는 물리적 특성을 가진다. 세상에는 우리 생존에 중요한 진실들이 있으며, 우리는 그것들을 꽤 정확하게 인지한다. 우리가 보는 것은 그 사과를 구성하는 원자와 그것의 특성을 합리적으로 요약해 놓은 정보다.

우리 세계에는 생존에 별 영향을 미치지 않는 다른 진실도 있다. 그래서 진화는 그런 것들에 대해서는 인지해야 한다고 강요하지 않는다. 가장 좋은 예는 전자기 복사다. 우리는 가시광선을 감지하지만, 이것은 전자기 스펙트럼에서 극히 일부분에 불과하다. 우리는 우리 눈에 보이지 않는 전파(라디오파)와 우주선cosmic ray(우주에서 끊임없이 지구로 내려오는 높은 에너지의 입자선 -옮긴이)에 둘러싸여 있다. 잠재적으로는 해가 될 수도 있지만, 적어도 우리 세대에서 그것 때문에 죽을 일은 없을 것 같고, 유기체가 이런 광선을 인식해야 한다는 진화적 필요성도 없었다.

그런데 호프만의 견해는 좀 다르다. 그는 이 정통 이론이 "근본적으로 완전히 잘못된 것"이라고 단언한다. 호프만은 현실의 본질에 의문을 제기한다. 그는 내게 말한다. "나는 우리가 가진 최고의 과학 이론들(자연선택에 의한 진화, 양자역학, 아인슈타인의 일반상대성이론)이 모두 같은 결론을 가리킨다고 생각합니다. 우리는 수세기 동안 시간과 공간, 또는 시공간의 결합을 근본적이고 객관적인 현실이라 믿어왔고, 시공간은 원자 입자처럼 객관적 현실의 일부라고 여깁니다. 하지만 우리의 최고 과학은 지금 우리에게 시공간은 운명을 다했고, 근본적인 것이 아니며, 시공간 밖 현실을 더 깊이 이해해야 한다고 말하고 있는 겁니다."

호프만은 우리의 뇌가 시간과 공간, 물리적 사물을 인식하기는 해도, 그것은 현실을 있는 그대로 보여주지 못한다고 주장한다. 그가 '사용자 인터페이스user interface'라고 부르는 그 시스템은 현실의 본질을 감추고 우리의 생존을 도울 뿐으로, 실제로 우리는 자신이 무엇을 하고 있는지 전혀 모른다는 것이다. 그는 이것을 컴퓨터에 비유해 설명한다. 컴퓨터에서 문서를 열기 위해 아이콘을 클릭할 때, 우리 눈에 보이는 것은 그 문서 프로그램을 상징하는 그림일 뿐이다. 마이크로소프트 워드의 파란색 W가 있는 아이콘은 컴퓨터의 내부 배선이나 인코딩된 데이터를 구성하는 디지털 코드의

도널드 D. 호프만의 TED 강연

특성, 0과 1 배열에 대해 아무 정보도 주지 않는다. 그건 단순히 사용 가능한 형식을 제공하는 표현에 불과하다.

호프만의 가설은 이상하게 들리지만, 이를 뒷받침하는 증거들은 있다. 그럼에도 나는 그의 이론을 받아들이기 어렵다. 나는 호프만에게 그의 이론을 듣고 있으면, 키아누 리브스가 주인공으로 출연한 공상과학 3부작 영화 <매트릭스>가 떠오른다고 말했다. 호프만은 대답했다. "네, 그렇습니다. 하지만 <매트릭스>의 네오는 매트릭스 밖으로 나와 시공간의 세계로 발을 내딛잖습니까. 내가 말하고자 하는 바는 훨씬 더 급진적입니다. 우리가 시공간이라는 헤드셋을 벗을 수 있다면, 공간과 시간에 대한 개념이 전혀 없는 현실 세계에 있으리란 것이지요." 결론이 무엇이 됐든, 우리의 인식은 우리에게 진실을 보여줄 능력이 없다.

호프만의 이론은 책으로도 출간됐고, 인지에 대해서만 책 열 권은 더 써낼 수 있을 정도로 아직 할 말이 많다고 한다. 다만 내가 한 가지 강조하자면 호프만의 관점과는 정반대에 있는 지각에 대한 전통적이며 정통적인 견해조차도, 우리가 현실을 꼭 인식하고 있는 것은 아니며, 뇌는 우리가 보고, 듣고, 느끼고, 냄새 맡고, 맛보길 원하거나 필요로 하는 것을 말해줄 뿐이라고 본다는 사실이다. 우리가 인지하는 것이 반드시 진리이지는 않다.

물론, 인식의 경로는 양방향 차선이다. 우리의 경험은 궁극적으로 들어오는 감각 입력과 세계의 내부 모델 사이의 균형, 즉 '상향식' 정보와 '하향식' 정보 간에 이루어지는 미묘한 균형이다. 하지만 우리의 내부 모델, 가상현실 환경조차도 근본적으로 감각의 기능이다. 우리 세계의 내부 모델은 경험에 따라 끊임없이 수정되고, 변경되고, 미세 조정된다. 우리는 그런 방식으로 걷고, 말하고, 상호작용하는 법을 배운다. 심지어 보고 듣는 것도 그런 식으로 배운다. 우리는 그런 기술을 가지고 태어나는 게 아니다. 우리의 감각은 외부 세계로 통하는 창이며, 우리 자신과 다른 모든 것 사이의 연결고리이자, 우리가 세상을 이해하게 해주는 안내자다. 아리스토텔레스는 말했다. "감각은 지성으로 가는 관문이다. 감각을 통하지 않는 지성은 없다." 감각은 우리의 모든 것, 우리가 아는 모든 것, 우리가 믿는 모든 것, 우리의 가치관과 윤리의 기초가 된다. 하지만 내가 허락을 받고 여기 펼쳐 놓은 비범한 사람들의 이야기는, 그 감각의 기반이 단단한 암석이 아닌 모래로 이루어져 있음을 잘 보여준다. 손상이나 질병이라는 아주 작은 지진, 약간의 진동만으로도 감각의 기반은 흔들리고 현실의 벽은 무너져 내린다.

이 책에 등장하는 개인들의 이야기는 철학적 문제도 불러일으킨다. 첫째, 그들은 인지와 의식 같은 정신적 속성과 관련된 학문인 정신 철학의 핵심 문제에서 몇 가지 결점을 드러낸다. 약 4세기 전 르네 데카르트에 의해 제기된 '정신-육체' 문제는, 우리의 육체적 존재와 정신적 존재를 구성하는 것 사이의 관계를 다룬다. 데카르트에게 있어, 정신과 육체는 서로 다른 물질로 만들어졌고, 둘은 서로에게 영향을 주지만 완전히 분리되어 있는 것이었다. 우리의 영적 정신(자유의지, 마음, 영혼을 구성하는 것)과 우리의 육체 간 관계의 본질, 특히 의식의 본질에 관한 한 철학적 논의가 끝없이 진행 중이다. 하지만 나는 의사이자 과학자지 철학자가 아니다. 내가 보기에, 우리 몸의 물리적 특성은 모든 정신적 측면을 설명해줄 가능성이 크다. 몸과 정신의 이원론은 잘못된 이분법이다.

이 책에 등장하는 인물들과 그들의 세계에 대한 경험은 아주 작은 신체적 변화가 감각뿐 아니라 인식과 현실까지 근본적으로 바꿀 수 있음을 시사한다. 그것들은 우리의 우주와 우리의 의식에 영향을 미치며, 인간 의식은 생명 작용의 한 기능이라는 점을 직접적으로 증명해 준다. 나는 특히 폴에 대해 생각한다. 폴의 모든 세계(우주에 대한 이해)는 그의 유전자 코드의 작은 변화로 달라졌다. 나는 폴의 감정에 공감하며 그의 통증의 부재를 합리화하고, 그 영향력을 파악할 수는 있다. 그렇지만 폴처럼 되는 것이 무슨 일인지, 그와 같은 방식으로 세상을 인지하는 게 어떤 것인지 진정으로 이해한다고 할 수 있을까? 나는 한순간도 그의 마음속에 들어가 볼 수 없다. 그 모든 건 폴의 DNA 염기쌍 배열의 변화가 만들어낸 결과다.

✦ ✦ ✦

앞서 썼듯이, 이 책을 집필하는 현재(2021) 영국에서는 코로나19 제2차 유행이 한창이다. 오늘 아침 뉴스에는 내가 일하는 병원의 후배 의사가 야간 근무를 마치고 병원을 나서다 코로나 음모론자들의 시위대와 마주쳤다는 보도가 나왔다. 나는 이 멍청이들, 백신반대자들과 과학불신자들, 그리고 현재 상황의 진실을 경시하며 아무 말이나 떠들어대는 이들에게 분노를 느낀다. 그들은 스스로와 자신의 세계관, 자기 버전의 진실에 대한 확신으로 가득 차 있고, 의심하지 않으며, 증거를 검토해 보려고도 하지 않는다. 하지만 이는 전체 그림의 작은 일부에 불과하다. 우리는 갈라진 세상에서 살고 있다. 이 세상은 다른 세계관을 가진 사람들로 점점 더 양극화된다. 브렉시트는 비록 예측 가능한 단층선 아래로 내려갔지만 결국 영국 사회를 분열시켰다. 미국 정치는 그보다 더하다. 지난 몇 년 동안 자라난 건 맹목적인 당파심뿐이다. 우리 주변에서도 정치, 세계관, 견해의 차이를 쉽게 목격할 수 있다.

물론 (적어도 호프만의 이론을 무시한다면) 궁극적 진리도 있다. 우리의 인식이나 의견에 의존하지 않고, 측정이나 세계의 물리 규칙에 의존하는 사실들 말이다. 하지만 인간의 영역에서는 거의 모든 부분에서 세계관이 불일치하며, 그게 그리 놀랄 일도 아니다. "내 귀로 직접 듣고 내 눈으로 직접 보았으니 이것은 진실이다." 세계에 대한 우리의 이해는 감각에 확고히 뿌리를 두고 있지만, 이런 감각들은 틀릴 수 있고, 일관성이 없으며, 개인 간의 차이와 질병에 취약하다. 그렇다고 이것이 멍청한 행동을 위한 변명이 되어주지는 않겠지만, 적어도 왜 우리가 각자 다른 세상을 보고 다른 의미로 알아듣는지에 대한 일종의 설명은 된다. 세계의 절대적 진리에 대한 자신의 신념과 지식을 확신하는 일은 매우 위험하다. 반드시 그에 대한 의문 제기나 반대 증거의 검토가 이루어져야 한다. 어쩌면 자신의 감각에 대한 믿음도 잘못된 것일 수 있다. 우리 신경계는 마치 <오즈의 마법사>에 나오는 커튼 뒤에 숨은 사람처럼, 레버를 당기고 버튼을 눌러 마법을 일으킨다.

그렇다. 우리는 무시하고 있지만, 현실의 기초는 위태롭기 짝이 없다.

감사의 말

작가들은 종종 글쓰기를 혼자 하는 활동인 것처럼 묘사하곤 한다. 백지나 컴퓨터의 흰 화면에 깜박이는 커서 앞에 앉은 사람의 모습으로 말이다. 원고가 배달되기를 기다리는 화가 난 편집자와 작가 사이에는 작업을 미루는 습관이나 글이 써지지 않는다는 점 외에 방해받을 것은 없다. 그건 아마 소설 작가들에게나 해당되는 이야기일 것이다. 내 경험은 엄청나게 달랐다. 나는 책 한 권에 얼마나 많은 사람들이 관여하는지, 얼마나 큰 규모의 팀이 책 한 권에 생명을 불어넣는지 보고 놀라지 않을 수 없었다.

이 책의 주인공은 말할 것도 없이 용기 내어 자신의 경험을 들려준 사람들이다. 그들은 비슷한 문제를 가진 사람들의 고통을 완화하고, 그들을 위해 탐색자 역할을 하고, 대부분의 사람이 마주칠 일 없고 생각조차 못하는 증상에 대한 이해도를 높일 수 있으리라는 희망으로 이야기를 들려주었다. 동료들이나 내가 쓴 이런 종류의 책들은 때로 빅토리아 시대의 기이한 쇼나 의학에 대한 호기심, 혹은 공포의 전시물이라는 비난을 받기도 하지만 그것은 완전히 핵심을 벗어난 이야기다. 이런 이야기들을 들려주는 데에는 더 큰 목적이 있다. 교육하고, 공감을 불러일으키고, 더 폭넓은 인간 조건에 대한 통찰을 제공하기 위해서다. 익명성을 유지하기 위해 이름이나 다른 세부 사항을 변경한 것 외에는(그런 경우는 분명히 명시했다), 환자의 요청이 있었던 경우가 아니고는 모든 내용을 그대로 기록했고, 명확한 구분을 위해 직접 인용으로 표시했다. 이 책에 적극적으로 참여해 주신 모든 분께 큰 감사를 표하며, 특히 내 환자이거나 환자였던 분들께 감사드린다. 그들은 의사로서, 작가로서 내게 두 번의 신뢰를 보내주었다.

이전 저서인 『야행성 뇌The Nocturnal Brain』처럼, 이 책도 BBC 월드 서비스와 BBC 라디오4의 시리즈와 떼려야 뗄 수 없는 관계에서 탄생했다. 『감각의 거짓말 감각은 당신을 어떻게 속이는가The Man Who Tasted Words』는 BBC 시사 라디오의 훌륭한 프로듀서인 샐리 에이브러햄스와 그녀의 동료인 리처드 바돈(총괄 프로듀서), 휴 레빈슨에게 상당한 도움을 받았다. 그렇게 영리하고, 창의적이고, 적극적인 사람들과 함께 일하게 된 것은 큰 특권이었다. 라디오 방송국 식구들, 배경 인터뷰에 많은 시간을 할애해 준 전문가들에게도 감사드린다. 기즈 병원과 세인트토머스 병원 그리고 킹스 칼리지 런던의 동료인 수이 웡, 도미닉 피체, 루이자 머딘에게도 감사의 마음을 전한다. 아울러 옥스퍼드의 데이비드 베넷, 엑세터의 아담 제만, 서섹스의 줄리아 심너, 이스트앵글리아의 칼 필포트, 드레스덴의 토머스 험멜, 시드니의 매튜 키어넌, 홍콩의 얀 슈눕, 예일의 다나 스몰, 마지막으로 캘리포니아 어바인의 도널드 D. 호프만 모두 아낌없이 시간을 할애해 주거나, 이 책의 주제 일부를 찾는 데 도움을 주었다. 얀 슈눕이 이스라엘 넬켄, 앤드루 킹과 공동 집필한 뛰어난 저서 『청각신경과학Auditory Neuroscience』은 청력을 이해하는 데 환상적인 참고 도서가 되었다. 도널드 D. 호프만의 책 『현실에 반하는 사례: 진화는 어떻게 우리의 눈에서 진실을 숨겼는가The Case Against Reality: How Evolution Hid the Truth from Our Eyes』는 내게 큰 충격이었고, 아직도 내가 완전히 이해했는지 확신은 서지 않는다. 전통적 임상신경학을 넘어선 영역으로까지 견문을 확장할 수 있었던 것은 큰 영광이었다. 독자들 모두 나의 연구 및 임상 활동에 대한 기본적 이해를 얻었기를 바란다. 또 임상 실습과 병행한 나의 다소 특이할 수 있는 활동을 이해해준 기즈 병원과 세인트토머스 병원 동료들, NHS 병원에도 감사드린다.

이 책의 기반이 되어준 많은 사람이 있다. 런던에 있는 나의 에이전트 루이지 보노미가 없었다면 한 글자도 쓰지 못했을 것이다. 그의 동료인 잉크웰의 조지 루카스와 ILA의 니키 케네디도 마찬가지다. 런던의 사이먼 앤 슈스터의 프리타 숀더스, 뉴욕 세인트마틴 프레스의 마이클 플라미니 등의 편집자들은 이 책의 집필을 제안했을 뿐 아니라, 한 장 한 장 내용을 다듬는 데 지혜를 보태주었다.

또 아낌없는 비평으로 큰 도움을 준 친구들에게도 감사하다. 이 세상에 자기 자신을 내보이는 일, 특히 평생 알고 지낸 사람들에게 초고를 보여주는 일은 늘 주저하게 된다. 조너선 터너, 트레이시 페텐길 터너, 헬렌 클락슨은 문학과 역사, 과학의 영역을 아울러 원고의 기반을 다지는 데 도움을 주었다. 나의 아버지 마이클 레슈차이너는 동료들 과학 논문을 평가해줄 때처럼 나의 원고를 부지런히 검토해 주었다. 과학 저널에는 어울리지 않을 법한 불완전한 문장들을 사용한 것을 너그러이 봐 주시길!

마지막으로, 나의 아름다운 가족에게 너무너무 고맙다고 말하고 싶다. 나의 두 딸들, 이 최악의 봉쇄와 환자들로 넘쳐나는 병원, 재택근무 증후군이 최고로 끔찍했던 한 해 동안 위안과 즐거움을 안겨준 에이바와 내게 눈부신 미소를 보여주고, 원고 일부를 읽으며 '엄지 척'을 해준 마야 그리고 나의 아내 카비타가 없었다면 이 모든 작업은 불가능했을 것이다. 카

비타는 이 책의 모든 측면에 기여했다. 아이디어 테스터도 되어주고, 벽에 부딪칠 땐 창의력의 샘이 되어주었다. 내가 글을 쓰는 데 몰두해 있으면 한두 시간 동안 지나다닐 때 발소리도 죽여주었다. 아내는 지난 1년뿐 아니라 지나온 24년 동안 나의 절대적 반석이었다. 나는 정말 운이 좋은 남자다.

The Man Who Tasted Words